U0190233

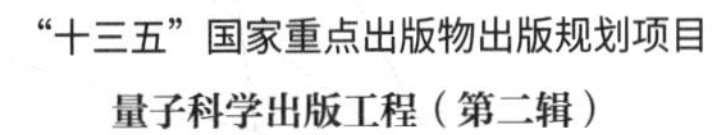

Photon-hadron Interactions

理查德·费曼 著
刘娟 浦实 王群 译

量子科学出版工程
Quantum Science Publishing Project

光子-强子相互作用

中国科学技术大学出版社

安徽省版权局著作权合同登记号:12211982 号

Photon-hadron Interactions /by Richard P. Feynman/ISBN: 9780201360745

图书在版编目(CIP)数据

光子-强子相互作用/(美)费曼(R. P. Feynman)著;刘娟,浦实,王群译. —合肥:中国科学技术大学出版社,2021. 3
(量子科学出版工程. 第二辑)
书名原文:Photon-hadron Interactions
国家出版基金项目
"十三五"国家重点出版物出版规划项目
ISBN 978-7-312-05175-3

Ⅰ. 光… Ⅱ. ①费… ②刘… ③浦… ④王… Ⅲ. 量子力学 Ⅳ. O413. 1

中国版本图书馆 CIP 数据核字(2021)第 042597 号

光子-强子相互作用
GUANGZI-QIANGZI XIANGHU ZUOYONG

出版 中国科学技术大学出版社
安徽省合肥市金寨路 96 号,230026
http://press. ustc. edu. cn
https://zgkxjsdxcbs. tmall. com
印刷 合肥华苑印刷包装有限公司
发行 中国科学技术大学出版社
经销 全国新华书店
开本 787 mm×1092 mm 1/16
印张 16. 75
字数 336 千
版次 2021 年 3 月第 1 版
印次 2021 年 3 月第 1 次印刷
定价 98. 00 元

费曼生平

理查德·费曼1918年出生于纽约布鲁克林,1942年在普林斯顿大学获得博士学位.尽管在二战期间他还很年轻,但他仍在洛斯阿拉莫斯的"曼哈顿计划"中扮演了重要角色.随后,他分别在康奈尔大学和加州理工学院任教.1965年,由于在量子电动力学方面的工作,他与朝永振一郎和朱利安·施温格一起获得了诺贝尔物理学奖.

费曼博士除了在量子电动力学方面取得了成功,他还创造了一个数学理论,解释了液氦的超流现象.此后,他与默里·盖尔曼一起在弱相互作用领域(例如β衰变过程)做了基础性的工作.在随后几年里,费曼提出了高能质子碰撞过程的部分子模型,该模型在夸克理论发展中发挥了关键作用.

除了这些成就之外,费曼博士还将新的计算技巧和符号引入了物理学,其中最重要的就是无处不在的费曼图,相比近代科学史上的任何其他形式,费曼图改变了基本物理过程的概念化和计算方式.

费曼还是一位非常出色和卓有成效的教育家.在他获得的众多奖项中,让他特别感到自豪的是1972年获得的奥斯特(Oersted)教学奖.《费曼物理学讲义》最初发表于1963年,曾被《科学美国人》的一位评论员形容为"难啃,但营养丰富,充满味道.25年后的今天,它被当做教师和最好的入门学生的指南".为了增进公众对物理学的了解,费曼博士还撰写了科普作品《物理定律的属性》和《量子电动力学:光与物质的奇特理论》.他还撰写了一些高级读物,它们已成为研究人员和学生的经典参考资料和教科书.

理查德·费曼于1988年2月15日去世.

译者的话

费曼是20世纪后半叶最具影响力的理论物理学家之一，他在物理学的多个领域都做出了重要贡献，比如量子电动力学、电子深度非弹性散射、量子场论的费曼图、超流、量子计算等. 最具特色的是他的研究风格，影响了几代人. 费曼也是一位伟大的教师和演讲者，他的教学技巧和讲述物理的方式备受推崇并影响深远. 本书是费曼于1971—1972年在加州理工学院开设的研究生课程"理论物理学专题"的讲课笔记，主要讲述深度非弹性散射的部分子模型. 部分子模型的思想和概念为我们理解强子结构铺平了道路，最终导致强作用的基本理论——量子色动力学的建立. 至今部分子模型仍然是描述高能粒子碰撞实验的基础，被无数当代研究者应用. 虽然书中的表述方式和记号有些久远，但是读者可以从中窥探费曼怎样从实验事实出发一步一步构造部分子模型的，整个过程反映了费曼的风格和洞察力，是当代物理学工作者和学生学习物理的一本经典读物.

本书是讲课笔记，文字是用打字机打印的，语言非常口语化，有时语言不够连贯，所有公式和符号都是手写或用打字机打印的，非常不规范，还有很多错误，所以本书翻译工作比较有挑战性．一方面，翻译要忠实于原文，原文中语焉不详之处要仔细琢磨上下文以尽量澄清其真实含义；另一方面，又要以流畅和准确的中文翻译口语化的表述，此外还要把一些公式错误尽量改正过来．这些都大大增加了工作量．由于译者工作繁忙和时间仓促，中国科学技术大学核物理理论组的成员或前成员参与了部分初始翻译和校对工作，包括(按姓氏拼音排序)：邓建、董辉、方仁洪、高建华、李慧、李斯文、庞锦毅、宋军、宋玉坤、夏晓亮、徐浩洁、杨阳光、张俊杰，核物理理论组的一些研究生也参与了部分早期工作．在此向所有参与的老师和同学表示衷心的感谢．

译者

2021 年 2 月 10 日

编辑推荐

自 1961 年以来,艾迪生-韦斯利出版公司(Addison-Wesley Publishing Company)出版的“物理学前沿”系列丛书使顶尖的物理学家能够以和谐连贯的方式传达他们对最激动人心和最活跃的物理学领域的近期发展的观点,从而无需他们花费额外的时间和精力撰写正式的综述或专著.在近四十年中,该系列强调了风格和内容的非正式性以及通俗易懂性.随着时间的推移,由于这些著作所介绍的前沿问题正逐渐融入物理知识的主体且读者对其的兴趣逐渐减弱,这些非正式著作将会被更正式的教科书或专著取代.然而,对本系列中的一些著作而言,情况并非如此:许多著作仍有需求并一再被重印,而另一些著作具有内在价值,物理学界要求我们延长它们的生命期.

“高级经典图书系列”就是为满足上述需求而设计的,它将继续出版“物理学前沿”系列或其姊妹系列“物理学讲义和补充”中的一些独特的且长期受人关注的专题著作.这些经典著作通过大量印刷将以相对适中的价格提供给读者.

本书在25年前第一次出版，它是理查德·费曼在加州理工学院关于光子与强子相互作用专题所做演讲的讲义，他在演讲中介绍了他发展的部分子理论.与费曼所有其他演讲一样，这部讲义展现了他深刻的物理洞察力、理解物理的新颖和创造性方式以及通俗易懂的教学绝技.本书介绍了高能强子-强子相互作用，对任何有兴趣了解作为夸克胶子理论的量子色动力学(QCD)发展的读者，本书永远是重要的基础文献.

大卫·佩因斯(David Pines)

厄巴纳，伊利诺伊州

1997年12月

序

我们中有很多人是从这本书第一次知道部分子模型概念的.在那个时代,一个很有竞争力的观点是不存在基本粒子,每个粒子都被认为是由其他粒子组成的复合粒子.本书的思想和概念为我们理解强子组成结构铺平了道路,并且最终导致描述夸克和胶子的量子色动力学(QCD)理论的建立.与大多数费曼的书籍一样,如果读者之前对这个领域有所了解,那么本书将使其获益最大.在此领域有扎实知识背景的读者将会深刻体会到费曼独特的视角.

虽然这本书从出版至今已有近 18 年,但它仍然是一本很好的参考书.它出现在当前所有关于 QCD 书籍的推荐列表中.这本书给出了部分子模型发明者对这个模型的深刻认识.在 QCD 之前的理论或朴素部分子模型中,强子内部的组分被假定束缚在横向.在高能强子内部找到一个具有大横动量部分子的概率被假定遵循高斯分布或指数分布.QCD 理论告诉我们这个假设并不完全正确,它给出横动量按照幂律衰减.正因如此,许多朴素部分子模型给出的预言需要(以一种重要的方式)引进对数因子来修正.当费曼的部分子模型被提及是一个朴素模型时,费曼总是笑着说:“至少我得到了一个精确到对数阶的模型”.我们都非常怀念费曼,正是通过像这样的书,他的思想得以延续.

菲尔德(R. D. Field)

1989年3月

前言

在加州理工学院，最高级的研究生理论物理课程是“理论物理学专题”.教授每年都会选择他将选讲的课题.今年(1971—1972 年)，我刚刚从康奈尔大学举办的 1971 年高能电子与光子相互作用国际研讨会上回来，讨论会的主题引起了我的兴趣，于是我选择分析与这次会议相关的各种理论问题.这个系列讲座的内容如此广泛，使我们决定将其汇集成书，以飨对此有兴趣的读者.康奈尔会议的文集应该作为此讲义的配套卷.此讲义给出的参考文献远非完整，完整的文献列表在研讨会文集中给出.该文集由康奈尔大学核研究实验室于 1972 年 1 月出版.

本讲义所涉及的知识是高年级水平的，比如，假设读者熟悉关于强子－强子相互作用理论.我试图详细分析现在关于此课题的理论处于什么状态.所涉及的内容不是全面和平衡的，例如，我本应该更详细地探讨衰变理论，虽然这是我力所能及的.另一方面，关于矢量介子主导和深度非弹性散射的讨论则有很多，我们也充分讨论了部分子模型的可能结果.

由于时间仓促，我无法完成原先计划的包含弱相互作用流理论，它与电磁流密切相关.

非常感谢 Arturo Cisneros，在此讲义中，他编辑、修正和扩展了我的讲课笔记. 如果没有他的努力，这本书是不可能完成的. 我还要感谢 Helen Tuck 夫人将本讲义打字成册.

理查德·费曼

帕萨迪纳市，加州理工学院，1972 年夏天

目录

第 1 章

理论背景介绍

第 1 讲

在实验上, 研究强相互作用粒子 (强子) 的一个非常有效的方式, 就是用一个已知的粒子作为探针去撞击它, 尤其常用光子作为探针 (事实上, 也没有其他已知的粒子了). 以光子为探针不仅能更精细地控制实验变量, 并且可能降低相互作用的理论复杂度. 在常见的强子–强子碰撞过程 (比如, $\pi p \to \pi p$) 中, 我们让两个具体信息未知的粒子相互碰撞, 然而, 我们只能控制碰撞能量, 而不能控制 π 介子的 q^2, 因为 q^2 必须等于 m_π^2. 事实上, 一个远离质壳的 π 介子可能是没意义的, 至少是非常复杂的情况. 另一方面, 在

$\gamma+\mathrm{p}\to\mathrm{p}+\pi$ 碰撞中, 我们知道 γ 是单一且明确的, 我们可以改变虚光子的 q^2, 而虚光子可以利用比如电子散射过程 $\mathrm{e}+\mathrm{p}\to\mathrm{e}+\mathrm{p}+\pi$ 产生.

假设我们确实了解光子. 量子电动力学被反复验证过, 所以我们知道如果光子的传播子有一个偏差因子 $(1-q^2/\Lambda^2)^{-1}$, 那么 Λ 会大于 4 GeV 或 5 GeV. 当 q^2 高达 1 GeV^2 时, 振幅的误差约为 5%. 此后在本讲座中, 我们都假设量子电动力学是精确的. 正如我们将看到的, 已经有证据表明, 在虚光子–强子碰撞过程中, 高达 6 GeV 至 8 GeV 的能标 Λ 下, 光子的行为如预期的一样 (即符合量子电动力学预言).

无论如何, 我们都假设量子电动力学是精确的, 这里我们说的量子电动力学是指用于描述电子、μ 子和光子的标准相互作用理论. 这种说法准确但不完整, 因为强子带电, 也参与量子电动力学系统的相互作用. 首先, 我们将讨论如何描述这种强子和光子之间的相互作用.

由于 e^2 非常小, 因此很自然地, 可以将它们之间的相互作用按 e 进行级数展开. 例如, 单光子交换过程、双光子交换过程, 等等. (有人或许会认为, 为了描述强子和光子之间的耦合, 我们必须知道强子动力学的理论细节. 当然这是我们的最终目标, 但无论强子的动力学理论是什么, 对矩阵元都能给出一些一般限制, 而这些限制, 正是本讲座中我们想要探讨的.)

强子和光子无耦合的情况没什么问题. 强子系统从入射态 $|n,\,\mathrm{in}\rangle$ 到出射态 $\langle m,\,\mathrm{out}|$ 的振幅因子为

$$S_{mn}=\langle m,\,\mathrm{out}|n,\,\mathrm{in}\rangle \tag{1.1.1}$$

S 矩阵是从由"in"表示的入射态到由"out"表示的出射态之间的跃迁矩阵

$$\sum_n S_{mn}\langle n,\,\mathrm{in}|=\langle m,\,\mathrm{out}| \tag{1.1.2}$$

$|n,\,\mathrm{in}\rangle$ 态表示遥远过去的状态, 是渐近自由的稳定强子态 (这里说的稳定, 只是在强相互作用中稳定, 例如, π^0 是"稳定的"), 该态由指标 n 所标记的动量和螺旋度描述. $\langle m,\,\mathrm{out}|$ 态有类似的指标 m, 指标空间是相同的, 但 $\langle m,\,\mathrm{out}|$ 态表示的是在遥远未来渐近处于 m 态.

因此, S 矩阵是混合表象下的幺正[①]矩阵, 它由入射态和出射态共同标记. 假设这些状态都存在, 概率守恒要求

$$S^\dagger S=1 \qquad (\text{即} \sum_m (S_{mn'})^* S_{mn}=\delta_{nn'}) \tag{1.1.3}$$

(在特殊情况下, 状态 n 表示一个稳定的单粒子, 其入射态和出射态相同).

① 译者注: 原文为"unit matrix", 作者想表达的应该是"unitary matrix", 幺正矩阵.

领头阶耦合

电子和强子的一般耦合可以用图 1.1 来表示.

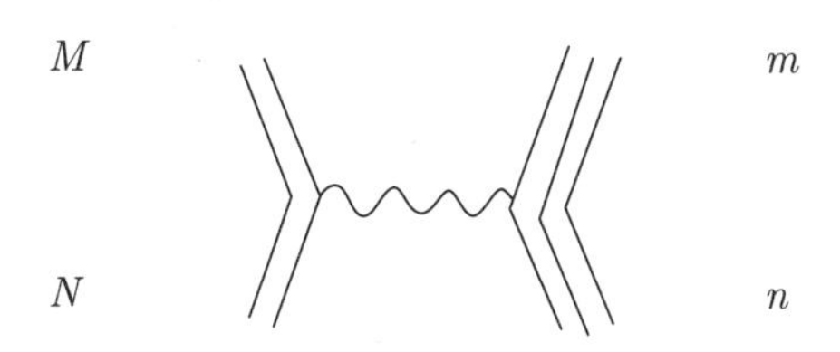

图1.1

电子–光子系统从 N 态变化成 M 态, 强子从 n 态演化成 m 态. 我们假设, 这个过程中的相互作用仅通过交换光子来完成, 这个光子的极化为 μ, 动量为 q, 于是得到

$$\text{振幅} = \langle M|j_\mu(q)|N\rangle \frac{4\pi e^2\mathrm{i}}{q^2}\langle m,\mathrm{out}|J_\mu(q)|n,\mathrm{in}\rangle \tag{1.1.4}$$

也就是说 (假设我们可以测量振幅), 在一个给定的实验中我们定义如下物理量:

$$\mathcal{J}_\mu(q)_{mn} = \langle m,\mathrm{out}|J_\mu(q)|n,\mathrm{in}\rangle \tag{1.1.5}$$

这样做是从实验测量得到的振幅中去掉已知 (量子电动力学理论计算出的) 因子①

$$\langle M|j_\mu(q)|N\rangle 4\pi e^2\mathrm{i}/q^2$$

下面, 我们的第一个假设是, $\mathcal{J}_\mu(q)_{mn}$ 只依赖于强子系统的 m 和 n 态, 以及虚光子的动量 q 和极化 μ. $\mathcal{J}_\mu$ 完全不依赖于光子是如何产生的 (例如, 对于给定动量 q 和极化的光子, 无论它是由 μ 子或电子产生的, 还是由不同角度和不同能量下的电子产生的, $\mathcal{J}_\mu$ 都一样).

这是一个很强的假设. 实验上测量的质子形状因子, 很好地验证了这个假设, 人们经常做这个假设以验证不同的实验装置和比较不同实验室的结果等. 这里我们就做这个假设.

这里我们强调一下, $\mathcal{J}_\mu(q)$ 是一个实验上定义的量, 原则上对所有 q 都可定义.

我们发现比较方便的是, 在非混合表象下定义一个新的矩阵 $J_\mu(q)_{kn}$

$$J_\mu(q)_{kn} = \langle k,\mathrm{in}|J_\mu(q)|n,\mathrm{in}\rangle \tag{1.1.6}$$

① 译者注: 原文公式误为 $\langle M|j_\mu(q)|N\rangle = 4\pi e^2\mathrm{i}/q^2$.

从而可以写出[1]

$$\mathcal{J}_{\mu}(q)_{m,n}=\sum_{k}S_{mk}J_{\mu}(q)_{kn} \tag{1.1.7}$$

为了稍微抽象地处理这个问题, 在量子电动力学中, 对于轻子, $j_{\mu}\cdot 4\pi e^{2}/q^{2}$ 可以由矢量势算符 $a_{\mu}(q)$ (在轻子之间) 的矩阵元描述, 它在量子电动力学中被认为是已知的, 且对任何特定情形都是一样的. 因此领头阶的相互作用可以用下面的矩阵描述

$$1+\mathrm{i}\int a_{\mu}(q)J_{\mu}(q)\mathrm{d}^{4}q+\text{高阶}$$

其中, 1 来自于第零阶 (我们可以看到在非混合表象下, S 矩阵确实是单位矩阵).

幺正性要求领头阶满足 (其中 $a^{\dagger}(q)=a(-q)$[2])

$$\left(1-\mathrm{i}\int a_{\mu}^{\dagger}(q)J_{\mu}^{\dagger}(q)\mathrm{d}^{4}q+\cdots\right)\left(1+\mathrm{i}\int a_{\mu}(q)J_{\mu}(q)\mathrm{d}^{4}q+\cdots\right)=1 \tag{1.1.8}$$

或者, 由于 $a_{\mu}(q)$ 是任意的, 要求 $J_{\mu}^{\dagger}=J_{\mu}$, 即 J_{μ} 是厄米的. 由于所有 q 值都可知, 我们可以定义 Fourier 变换

$$J_{\mu}(x,y,z,t)=\int e^{-\mathrm{i}q\cdot x}J_{\mu}(q)\mathrm{d}^{4}q/(2\pi)^{4}$$

(对 a_{μ} 也可以定义 Fourier 变换.)

因此, 耦合为

$$\int a_{\mu}(1)J_{\mu}(1)\mathrm{d}\tau_{1}$$

第 2 讲

流守恒

你可以简单地假设强子流守恒 $\nabla_{\mu}J_{\mu}=0$, 或者关注以下的讨论.

① 译者注: 原文误为对 m 求和.

② 译者注: 原文错误, 已改正.

严格来说, 式 (1.1.5) 的 $\mathcal{J}_\mu$ 不能完全由实验测出. 这是因为 $a_\mu(q)$ 并非完全任意的. 通常图的规则满足 $q_\mu a_\mu(q)=0$. 因此 a_μ 的一个分量 (沿 q_μ 方向的分量) 总是为零 (除非 $q^2=0$), 因此 J_μ 的一个分量, 即 q_μ 方向的分量也为零. 我们选择 $q_\mu J_\mu=0$ 来定义 J_μ.

我们按下面的方式来做. 首先, 对于 $q^2=0$, 极化为 e_μ 的自由光子[①]的耦合为 $e_\mu J_\mu(q)$, 但自由光子的极化 e_μ 没有确切定义, 而是可以相差任意 αq_μ 项 ($e'_\mu=e_\mu+\alpha q_\mu$). 这没什么影响, 因为它与量子电动力学的要求 $q_\mu J_\mu=0$ 是一致的, 至少在 $q^2=0$ 时是这样. 这也是 J_μ 必须满足的物理性质. 对于一般的 q^2, 如果不满足 $q_\mu J_\mu=0$, 我们可以重新定义新的 $J'_\mu=J_\mu-q_\mu(q_\nu J_\nu)/q^2$ 来替换旧的 J_μ. 显然有 $q_\mu J'_\mu=0$, 并且新的 $1/q^2$ 项不会在 $q^2=0$ 处引入新的极点, 因为该项的分子 $q_\nu J_\nu$ 在 $q^2=0$ 时等于零.

$J_\mu(1)$ 还有其他限制吗? 这也是我们希望寻找的. 例如, 由于它是一个局域算符, 如果强子受背后的场论所支配, 则对于任意两个类空的点 1 和点 2 (表示为 1 2), 有 $[J_\mu(1),J_\nu(2)]=0$. 你可以将这个对易关系作为假设, 但有意思的是, 我们可以通过假设该强相互作用系统与量子电动力学发生作用来证明它 (由于默认的假设, 证明中会有系统误差. 这可能并不重要, 但却非常有趣, 所以我将花费一些时间来证明它).

二阶耦合

二阶耦合可以通过图 1.2 来计算.

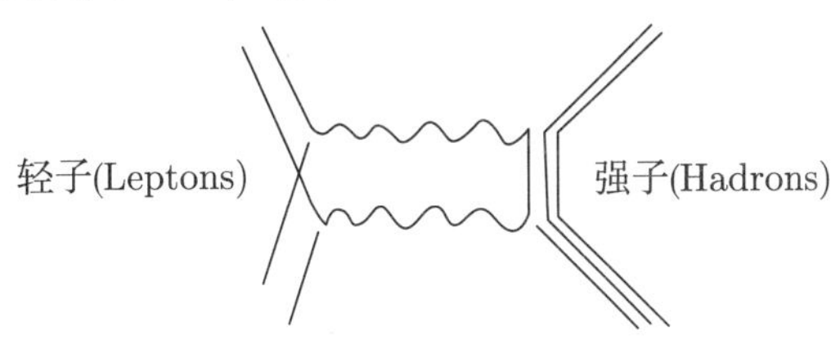

图1.2

跃迁振幅取决于两部分的乘积: 来自于轻子[②]的可计算的因子, 以及与两个虚光子的动量和极化相关的矩阵元 $-1/2V_{\mu\nu}(q_1,q_2)$. 如定义所示, 由于光子间遵循的玻色统计使得

① 译者注: 原文误为"质子".

② 本书的第 1 讲中, "轻子"只包括 e^-, e^+, μ^-, μ^+.

我们无法区分光子, 这个矩阵元在 $q_1 \leftrightarrow q_2$, $\mu \leftrightarrow \nu$ 下有交换对称性, 所以实验上再没有其他形式的函数. 选择无混合的表象, 在坐标空间 (做两次 Fourier 变换), 我们可将振幅表示为

$$-\frac{1}{2}\iint V_{\mu\nu}(1,2)\left\{a_\mu(1)a_\nu(2)\right\}_T \mathrm{d}\tau_2\mathrm{d}\tau_1 \tag{1.2.1}$$

根据量子电动力学, 每个图的轻子部分都可以被写出来, 它通常可表示为算符 $a_\mu(1)$ 和 $a_\nu(2)$ 编时乘积 (记为$\{\}_T$) 的 (在光子-轻子的入射态和出射态之间的) 矩阵元. 由于可构造任意的 $a(1)a(2)$, 所以 $V_{\mu\nu}$ 可以通过实验来测量.

现在, 我希望能证明一些结论, 我们将积分限制在 $t_1 > t_2$ 的区间, 前两阶的结果为

$$T = 1 - \mathrm{i}\int J_\mu(1)a_\mu(1)\mathrm{d}\tau_1 - \iint\limits_{t_1>t_2} V_{\mu\nu}(1,2)a_\mu(1)a_\nu(2)\mathrm{d}\tau_1\mathrm{d}\tau_2 \tag{1.2.2}$$

很明显我们可以写出到任意阶的完整级数.

二阶幺正性

展开到二阶, 从 $T^\dagger T = 1$ 可得到如下限制 (利用 $a^\dagger = a$):

$$\begin{aligned}&-\iint\limits_{t_1>t_2} V^\dagger_{\mu\nu}(1,2)a_\nu(2)a_\mu(1)\mathrm{d}\tau_1\mathrm{d}\tau_2 + \iint\limits_{\text{所有}t} J_\mu(1)J_\nu(2)a_\mu(1)a_\nu(2)\mathrm{d}\tau_1\mathrm{d}\tau_2\\&\quad-\iint\limits_{t_1>t_2} V_{\mu\nu}(1,2)a_\mu(1)a_\nu(2)\mathrm{d}\tau_1\mathrm{d}\tau_2 = 0\end{aligned} \tag{1.2.3}$$

第二个积分是在 t_1 和 t_2 的全区域进行的. 我们可以将全区域划分为 $t_1 > t_2$ 和 $t_2 > t_1$ 两个子区域, 在后一个子区域中交换变量 1 和 2 (以及 μ 和 ν), 得到

$$\begin{aligned}&\iint\limits_{t_1>t_2}[J_\mu(1)J_\nu(2) - V_{\mu\nu}(1,2)]a_\mu(1)a_\nu(2)\mathrm{d}\tau_1\mathrm{d}\tau_2\\&\quad+\iint\limits_{t_1>t_2}[J_\nu(2)J_\mu(1) - V^\dagger_{\mu\nu}(1,2)]a_\nu(2)a_\mu(1)\mathrm{d}\tau_1\mathrm{d}\tau_2 = 0\end{aligned} \tag{1.2.4}$$

现在, 如果我们假设在可能的量子电动力学态的范围内, 可以生成任意的 $a_\mu(1)a_\nu(2)$ 值 (这确实是正确的), 同时也可以独立地生成任意 $a_\nu(2)a_\mu(1)$ (这是不正确的), 我们将得到

$$V_{\mu\nu}(1,2) = J_\mu(1)J_\nu(2) \qquad (\text{对}t_1 > t_2) \tag{1.2.5}$$

但是比如在光锥之外, 有 $[a(2),a(1)]=0$, 这两者并不相互独立, 它们是相等的. 更细致地写出

$$a_\nu(2)a_\mu(1)=a_\mu(1)a_\nu(2)+[a_\nu(2),a_\mu(1)]$$

可以得到

$$\begin{aligned}&\iint_{t_1>t_2}\left[J_\mu(1)J_\nu(2)+J_\nu(2)J_\mu(1)-V_{\mu\nu}(1,2)-V_{\mu\nu}^\dagger(1,2)\right]a_\mu(1)a_\nu(2)\mathrm{d}\tau_1\mathrm{d}\tau_2\\&\quad+\iint_{t_1>t_2}\left[J_\nu(2)J_\mu(1)-V_{\mu\nu}^\dagger(1,2)\right][a_\nu(2),a_\mu(1)]\mathrm{d}\tau_1\mathrm{d}\tau_2=0\end{aligned}\tag{1.2.6}$$

现在, 我们可以先考虑 $a(2)$ 和 $a(1)$ 互相对易的情况 (例如, 一个光子来自电子, 另一个光子来自最低阶的 μ 子), 第一项等于零, 于是我们得到如下恒等式:

$$J_\mu(1)J_\nu(2)+J_\nu(2)J_\mu(1)=V_{\mu\nu}(1,2)+V_{\mu\nu}^\dagger(1,2)\tag{1.2.7}$$

通过该式, 可以确定 $V_{\mu\nu}(1,2)$ 的实部. 此外, 更一般地, 我们必定有 (取第二项的共轭):

$$\iint_{t_1>t_2}[J_\mu(1)J_\nu(2)-V_{\mu\nu}(1,2)][a_\mu(1),a_\nu(2)]\mathrm{d}\tau_1\mathrm{d}\tau_2=0\tag{1.2.8}$$

在光锥外部, 对易子为零. 在光锥内部, 我想我们可以将对易子取为任意值 (尽管在特殊情形下需要进一步的研究来证明这一点), 于是我们可以推断出, 如果 1 在 2 的向前光锥内部, 即形如 • 1 2, 则

$$V_{\mu\nu}(1,2)=J_\mu(1)J_\nu(2)\tag{1.2.9}$$

我们几乎已经证明了式 (1.2.5), 但并不是对任意 $t_1>t_2$, 而仅仅对 1 处于 2 的光锥内部的情形. 这种差别非常重要, 因为式 (1.2.5) 的相对论不变性要求在光锥外部有 $[J_\mu(1),J_\nu(2)]=0$. 当然, 如果强子可以由任何底层的场论描述, 式 (1.2.5) 就是很自然的一件事. 在这种情况下, 如果 $t_1>t_2$, 我们的耦合图 (图 1.3) 可以在 t_1 和 t_2 之间的 t 被剪开; 第一个耦合是 $J_\mu(1)$, 第二个耦合是 $J_\nu(2)$, 所以我们得到的是乘积项. 但是, 人们或许不同意强相互作用在任意时刻可用一组完备的态来描述 (且这组完备态可以作为 $|n,\mathrm{in}\rangle$) 的假设. 不过, 为了继续要求到第四阶都与量子电动力学保持一致, 我们可以这么做.

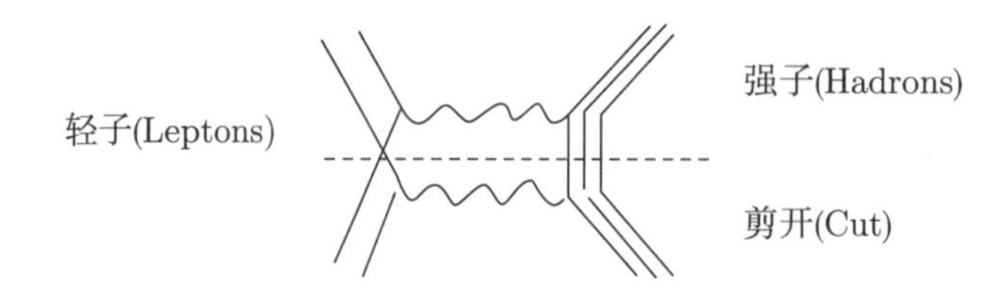

图1.3

证明

虽然并不重要, 但为了完整性我们确实要给出证明. 如果式 (1.2.5) 是正确的, 那么 T 为 $\left\{\exp\left(-\mathrm{i}\int J_\mu(1)a_\mu(1)\mathrm{d}\tau_1\right)\right\}_T$. 一般来说, 它是 $a_\mu(1)$、 $\{a_\mu(2)a_\nu(1)\}_T$、$\{a_\mu(1)a_\nu(2)a_\sigma(3)\}_T$ 等的多项式 (从现在开始, 我们省略极化下标, 它们总是明显地与坐标对应). 第一阶要与 $J_\mu(1)$ 保持一致, 因此, 一般来说我们可以得到 ($U(1,2)$ 表示当 $t_1>t_2$ 时 $V(1,2)$ 与 $J(1)J(2)$ 的差值)

$$\begin{aligned}T=\mathrm{e}^{-\mathrm{i}\int J_\mu(1)a(1)\mathrm{d}\tau_1}\Bigg[&1+\mathrm{i}\iint_{t_1\geqslant t_2}U(1,2)a(1)a(2)\\&+\iiint_{t_1\geqslant t_2\geqslant t_3}U(1,2,3)a(1)a(2)a(3)\\&+\iiiint_{t_1\geqslant t_2\geqslant t_3\geqslant t_4}U(1,2,3,4)a(1)a(2)a(3)a(4)+\cdots\Bigg]\end{aligned}\tag{1.2.10}$$

现在我们希望通过考察表达式 $T^\dagger T$ 来检查幺正性, 在这个表达式里 $\exp(-\mathrm{i}\int Ja)$ 因子被消去了. $U(1,2,3)$ 项在 a 的第二阶和第四阶都没有出现. 到二阶为止有

$$-\int U^\dagger(1,2)a(2)a(1)+\int U(1,2)a(1)a(2)=0$$

因此我们得出结论: U 是厄米的, 即在任意点都满足 $U^\dagger=U$, 并且与之前一样, 如果是 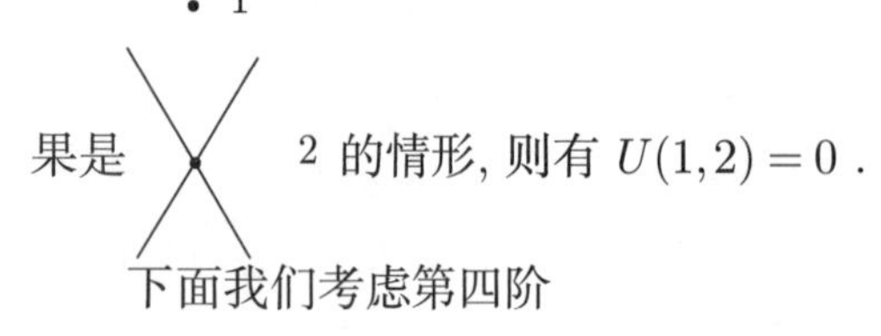 的情形, 则有 $U(1,2)=0$.

下面我们考虑第四阶

$$\int_{t_1>t_2>t_3>t_4}U^\dagger(1,2,3,4)a(4)a(3)a(2)a(1)+\int_{t_1>t_2>t_3>t_4}U(1,2,3,4)a(1)a(2)a(3)a(4)$$

$$+\int_{t_5>t_6,t_7>t_8} U(5,6)U(7,8)a(5)a(6)a(7)a(8)=0 \tag{1.2.11}$$

在最后一个积分中, 我们有 $t_5>t_6$ 和 $t_7>t_8$, 但是 t_5 和 t_7 没有确切关系, 有六种相对关系. 将所有可能的关系列出来, 做变量代换, 可以得到

1 ·	5 ·	5 ·	5 ·	· 7	· 7	· 7
2 ·	6 ·	· 7	· 7	5 ·	5 ·	· 8
3 ·	· 7	6 ·	· 8	6 ·	· 8	5 ·
4 ·	· 8	· 8	6 ·	· 8	6 ·	6 ·

令

$$a(1)=A$$
$$a(2)=B$$
$$a(3)=C$$
$$a(4)=D$$

最后一项可以给出

$$\begin{aligned}
U(1,2)U(3,4)a(1)a(2)a(3)a(4) &: \quad ABCD=ABCD\\
U(1,3)U(2,4)a(1)a(3)a(2)a(4) &: \quad ACBD=A[C,B]D+ABCD\\
U(1,4)U(2,3)a(1)a(4)a(2)a(3) &: \quad ADBC=A[D,B]C+AB[D,C]+ABCD\\
U(2,3)U(1,4)a(2)a(3)a(1)a(4) &: \quad BCAD=B[C,A]D+[B,A]CD+ABCD\\
U(2,4)U(1,3)a(2)a(4)a(1)a(3) &: \quad BDAC=B[D,A]C+[B,A]DC+AB[D,C]\\
&\qquad\qquad +ABCD\\
U(3,4)U(1,2)a(3)a(4)a(1)a(2) &: \quad CDAB=C[D,A]B+[C,A]DB+AC[D,B]\\
&\qquad\qquad +A[C,B]D+ABCD
\end{aligned} \tag{1.2.12}$$

且第一项为

$$\begin{aligned}
U^{\dagger}(1,2,3,4)DCBA=&[D,C]BA+C[D,B]A+CB[D,A]+[C,B]AD\\
&+B[C,A]D+[B,A]CD+ABCD
\end{aligned} \tag{1.2.13}$$

现在我们得到了很多直观的关系式. 比如说, $ABCD$ 的系数应该为零 (假设全部四种势是对易的). 我们有理由认为矢量势 a 是关于时空的任意函数, 因而我们可以选择矢

量势使其只在时空点 1, 2, 3, 4 的微小区域内非零 (记这四个时空区域为 $\sigma_1,\sigma_2,\sigma_3,\sigma_4$). 对于我们这里关心的问题, 令相应的变量满足如下的光锥性质:

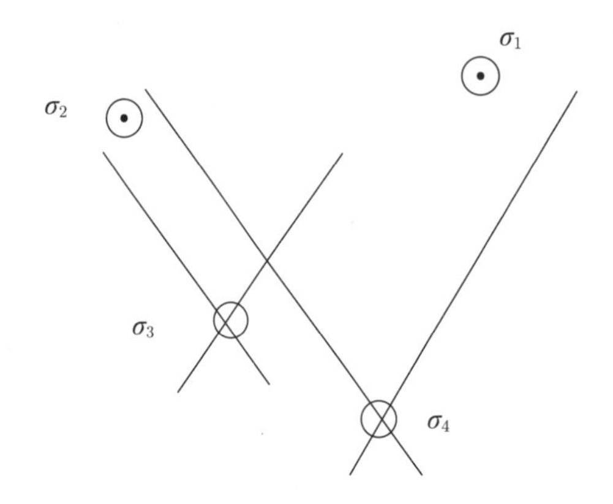

图1.4

$$\begin{aligned}&[A,C]=0=[A,B]\\&[B,D]=0=[D,C]\end{aligned}\quad (\text{只有}[B,C]\neq 0\ \text{和}\ [A,D]\neq 0)$$

1 在 2 的光锥外面, 3 在 4 的光锥外面. 这样, 略去我们已知等于零的 $ABCD$ 项, 由剩下的项可以得到

$$\begin{aligned}\iiiint\limits_{\sigma_1+\sigma_2+\sigma_3+\sigma_4}&\{U^+(1,2,3,4)\{[C,B]AD+CB[D,A]\}\\&+U(1,3)U(2,4)[C,B]AD\\&+U(2,4)U(1,3)[D,A]BC\\&+U(3,4)U(1,2)\{[D,A]CB+[C,B]AD\}\}\mathrm{d}\tau_1\mathrm{d}\tau_2\mathrm{d}\tau_3\mathrm{d}\tau_4\end{aligned}\tag{1.2.14}$$

只有第三项需要先转换为等价的形式 $[D,A]CB+[D,A][B,C]$, 这样处理之后所有的项都是 $[C,B]AD$ 或 $CB[D,A]$ 的系数, 并且最后这些系数项必须全部为零. 最终只剩下 $U(2,4)U(1,3)[D,A][B,C]$ 这一项, 或者说我们得到

$$\iiiint\limits_{\sigma_1+\sigma_2+\sigma_3+\sigma_4} U(2,4)U(1,3)[a(2),a(3)]\cdot[a(4),a(1)]\mathrm{d}\tau_1\mathrm{d}\tau_2\mathrm{d}\tau_3\mathrm{d}\tau_4=0\tag{1.2.15}$$

由于对易子可以取任意值, 所以我们可以得出结论, 只有当被积函数为零时积分才为零, 且即使 1 在 3 的光锥外, $U(1,3)=0$. 证毕

因此, 我们可以得出结论

$$V_{\mu\nu}(1,2)=J_\mu(1)J_\nu(2)\quad (\text{当}\ t_1>t_2\text{时})\tag{1.2.16}$$

在式 (1.2.9) 和式 (1.2.16) 的证明中, 我们假定了 $a(\boldsymbol{x}_1,t_1)$ 和 $[a(\boldsymbol{x}_1,t_1),a(\boldsymbol{x}_2,t_2)]$ 是 1 和 2 的一般函数 (当 2 处于 1 的光锥中时). 我们认为这个假设是正确的. 我们将这个结论的验证留给那些对更严格的证明感兴趣的人, 他们或许可以建立一个更完备的基础.

第 3 讲

在上一讲中, 我们发现

$$V_{\mu\nu}(1,2)=J_\mu(1)J_\nu(2) \qquad (\text{当}t_1>t_2\text{时}) \tag{1.3.1}$$

此外, 对 1 ╳ 2 • 的情形, 有

$$[J_\mu(1),J_\nu(2)]=0 \tag{1.3.2}$$

这说明, 原始的对称项 $V_{\mu\nu}(1,2)$ 可以写成如下形式:

$$V_{\mu\nu}(1,2)=\{J_\mu(1)J_\nu(2)\}_T+(\mathrm{SG})_{\mu\nu}\delta^4(1-2) \tag{1.3.3}$$

其中, $(\mathrm{SG})_{\mu\nu}$ 表示“海鸥”项, 这一项的出现是由于其中可能存在一个 $\delta(t_1-t_2)$ 项, 或考虑相对论性, 有一个 $\delta^4(1-2)$ 项, 或其梯度项, 而这一项在 Fourier 变换下产生一个常数或动量多项式项.

这些“海鸥”项的存在表明 T 的抽象表达式为

$$\left\{\exp\left[-\mathrm{i}\left(\int J_\mu(1)a_\mu(1)\mathrm{d}\tau+\int S_{\mu\nu}(1)a_\mu(1)a_\nu(1)\mathrm{d}\tau_1+\cdots\right)\right]\right\}_T$$

我们看到上式有一个 $a(1)$ 的二次局域项, 正如在标量 QED 出现的情况. 当然, 它也可以包含梯度, 如 $F_{\mu\nu}(1)F_{\mu\nu}(1)$. 对于更高的阶数还可以有相对应的高阶项. 简而言之, 我们发现, T 一定可以表示为 $T=\left\{\exp\left[-\mathrm{i}\int L(1)\mathrm{d}\tau_1\right]\right\}_T$ 形式, 其中 $L(1)$ 是一个只依赖于 $a(1)$ 的算符, 例如可以取 $J_\mu(1)a_\mu(1)+S_{\mu\nu}(1)a_\mu(1)a_\nu(1)+\cdots$ 形式, 其中 J 和 S 是依赖于强子变量的算符. 这种形式当然也是假定强子局域场论成立得到的结果.

研究问题

什么样的实验最能确定“海鸥”项存在与否?

在量子电动力学中, 自旋为 1/2 的情形没有“海鸥”项, 而自旋为零的情形有“海鸥”项 (但通过引入 Kemmer Duffin 矩阵可以消除此项, 这个问题得到了解决!). 由于所有的量都是由实验来定义的, 所以对于强子来说, 这种“海鸥”项的实际存在与否是可以通过实验来确定的.

因此我们看到, 只要掌握了 J_μ 的矩阵元的信息, 就可以单独由此确定出所有的散射振幅 V .

式 (1.3.2) 对 J_μ 的矩阵元的限制非常重要. 它导致了许多物理关系, 例如色散关系. 我们稍后在讨论深度非弹性 ep 散射时再回到这个话题. 这些表达式中某些项的高度发散性导致了一些特殊的技术困难, 因此需要注意数学严谨性. 而在实践中, 由于它们只在真空期望值 (例如 $V_{\mu\nu}$) 中造成麻烦, 而不会带来其他问题, 所以我们可以忽略它们. (Schwinger 曾经分析过这些项, 这些项又被称为 Schwinger“平庸”项).

流守恒

现在我们在传统意义上假设流是守恒的, 即我们认为量子电动力学不能完全确定 $a_\mu(1)$, 也就是可以任意地增加一个梯度项, 而不改变物理: $a_\mu(1)+\nabla_\mu\chi(1)(\chi(1)$ 是一个任意的函数而非算符). 它对应于轻子理论中一种不同的规范. 因此由 $T[a]=T[a+\nabla\chi]$ 得到

$$\begin{aligned}&1-\mathrm{i}\int J_\mu(1)a_\mu(1)\mathrm{d}\tau_1-\frac{1}{2}\int V_{\mu\nu}(1,2)\left\{a_\mu(1)a_\nu(2)\right\}_T\mathrm{d}\tau_1\mathrm{d}\tau_2+\cdots\\&\quad=1-\mathrm{i}\int J_\mu(1)[a_\mu(1)+\nabla_\mu(\chi(1))]\mathrm{d}\tau_1\\&\qquad-\frac{1}{2}\int V_{\mu\nu}(1,2)\left\{[a_\mu(1)+\nabla_\mu\chi(1)][a_\nu(2)+\nabla_\nu\chi(2)]\right\}\mathrm{d}\tau_1\mathrm{d}\tau_2+\cdots\end{aligned}\tag{1.3.4}$$

通过比较 χ 的一阶项, 有

$$\nabla_\mu J_\mu(1)=0\tag{1.3.5}$$

$$\nabla_\mu^{(1)}V_{\mu\nu}(1,2)=0\tag{1.3.6}$$

我们已经在前面讨论过式 (1.3.5); 而式 (1.3.6) 则是新的公式. 从式 (1.3.3) 得到

$$\nabla_\mu V_{\mu\nu}(1,2) = \nabla_\mu \{J_\mu(1)J_\nu(2)\}_T + \nabla_\mu (\mathrm{SG})_{\mu\nu}\delta^4(1,2)$$

但不能通过式 (1.3.5) 直接得到

$$\nabla_\mu \{J_\mu(1)J_\nu(2)\}_T = \{\nabla_\mu J_\mu(1)J_\nu(2)\}_T = 0$$

因为 ∇_μ 与如下表达式中的编时运算不对易:

$$\{J_\mu(1)J_\nu(2)\}_T = \theta(t_1-t_2)J_\mu(1)J_\nu(2) + \theta(t_2-t_1)J_\nu(2)J_\mu(1).$$

我们也必须求 θ 函数关于 t 的微商. 因此, 当 $\mu=0$ 时, 我们得到一个额外项, $J_0(1)$ 和 $J_\nu(2)$ 的等时对易:

$$\delta(t_1-t_2)[J_0(1),J_\nu(2)]$$

因此, 一般而言有

$$\nabla_\mu \nabla_{\mu\nu}(1,2) = \{\nabla_\mu J_\mu(1),J_\nu(2)\} + \delta(t_1-t_2)\,[J_0(1),J_\nu(2)] + \nabla_\mu (\mathrm{SG})_{\mu\nu}\delta^4(1-2)$$

由此可导出

$$\delta(t_1-t_2)\,[J_0(1),J_\nu(2)] = -\nabla_\mu (\mathrm{SG})_{\mu\nu}\delta^3(\boldsymbol{x}_1-\boldsymbol{x}_2)\delta(t_1-t_2)$$

或

$$[J_0(1),J_\nu(2)]_{t_1=t_2} = -\nabla_\mu (\mathrm{SG})_{\mu\nu}\delta^3(\boldsymbol{x}_1-\boldsymbol{x}_2) \tag{1.3.7}$$

实际上, 我已经对“海鸥”项的讨论进行了简化, 因为 $\delta^4(1,2)$ 也有梯度, 不过我们想要证明的是荷密度和流的等时对易关系是由“海鸥”项决定的. 特别是, 如果正如很多人 (如 Gell-Mann) 所提议的那样, “海鸥”项消失 (类比于量子电动力学, 自旋为 1/2 的场的耦合项仅有 $\int \bar{\psi} A_\mu \gamma_\mu \psi \mathrm{d}\tau$, 没有“海鸥”图), 我们可以得到

$$[J_0(1),J_\nu(2)]_{t_1=t_2} = 0 \tag{1.3.8}$$

我们目前还不能直接验证这个结果 (虽然我们已经验证了 $\nabla_\mu \nabla_{\mu\nu}(1,2)=0$).

备注

Schwinger 指出式 (1.3.8) 是不可能成立的. 因为若 $J_0=\rho$, $J_{\nu=1,2,3}$ 写成矢量 $\boldsymbol{J}$ 形式, 则该式为

$$[\rho(\boldsymbol{x}_1),\boldsymbol{J}(\boldsymbol{x}_2)]=0$$

所以, 取散度之后有 $[\rho(\boldsymbol{x}_1),\nabla_2\cdot\boldsymbol{J}(\boldsymbol{x}_2)]=0$, 或者由于 $\nabla\cdot\boldsymbol{J}=\dfrac{\partial\rho}{\partial t}$, 有 $\left[\rho(\boldsymbol{x}_1),\dfrac{\partial\rho}{\partial t}(\boldsymbol{x}_2)\right]=0$. 再由于 $\dfrac{\partial\rho}{\partial t}$ 是算符 $H\rho-\rho H$, 其中 H 是系统的哈密顿量 (假设它存在, 一般情况下它是态算符的能量), 从而有

$$\rho H\rho-\rho\rho H=0$$

现在取真空期望值. 设中间产物状态 n 的能量为 E_n, 有

$$\sum_n(\rho_{0n}E_n\rho_{n0}-\rho_{0n}\rho_{n0}E_0)=0$$

而 $\rho_{0n}=\rho_{n0}^*$, 且若真空态是最低能态, 有 $E_n-E_0>0$, 所以有

$$\sum_n(E_n-E_0)\left|\rho_{n0}\right|^2=0^{①}$$

然而这是不可能成立的.

而这种论证也适用于量子电动力学, 我们知道原始 QED 拉氏量场算符中是没有“海鸥”项的. 它的引入是因为我们并不是真的将形式场论与实验结果直接进行对比, 而是在一开始就去掉了一些发散的真空图. 这个问题完全是由真空相关的问题所引起的, 可以不去考虑. 我们确实可以完全类比量子电动力学, 即没有“海鸥”项且除了在真空中式 (1.3.8) 都是成立的. 准确来说, 式 (1.3.8) 只有在对易子中扣除真空期望值乘以单位矩阵才成立.

① 译者注: 原文公式有误, 已改正.

第 4 讲

同位旋, 奇异性, 广义流

J_μ 的矩阵元如 $\langle m|J_\mu|n\rangle$ 中的强子态 n 和 m, 可以按确定的非动力学量子数同位旋和奇异性来分类 (我们假设在上述强相互作用系统中, 这两个量子数都严格守恒). 在不同量子数的态之间, J 矩阵可能有非零矩阵元, 但它一定保证电荷守恒. 从发生概率极低的 $\mathrm{K}^0 \to \pi^0 + \gamma$ 及 $\Lambda \to \gamma + \mathrm{n}$ (虽然 $\Sigma^0 \to \mathrm{n} + \gamma$ 发生得足够快), 我们得知弱相互作用牵扯其中. 因此我们认为强相互作用中 J 在不同奇异数态之间的矩阵元为零. 在不同的同位旋态之间, 我们可以把同位旋变化的结果描述为 J 的几个部分: $I=0$(同位旋标量) 部分, $I=1$(同位旋矢量) 部分, $I=2$(同位旋张量) 部分等, 并利用适当的 Clebsch-Gordan 系数将不同模式间的各个振幅关联起来. 例如, 对于同位旋矢量部分, 因为 J 算符并不改变电荷, 它仅仅涉及同位旋矢量的第三分量. 质子和中子的电荷分别为 +1 和 0 的事实说明 J 不是纯粹的同位旋标量, 也不是纯粹的同位旋矢量 (因为会导致电荷反号), 而是两者的线性组合. 实验上似乎没有 $I=2$ 的部分, 但我并不清楚这一结论在怎样的精度和广度上被验证. 最近, 在 Δ 共振能量附近对比 $\gamma\mathrm{p} \to \pi^+\mathrm{N}$ 和 $\gamma\mathrm{N} \to \pi^-\mathrm{p}$ 两种反应时, 发现了一些关于 $I=2$ 成分的实验迹象, 不过这似乎是因为在氘核结构 (其中 γ 中子产率从 $\gamma\mathrm{D}$ 数据推断而来) 修正的分析中出了差错.

现在大多数的理论物理学家会假定 J_μ 只有 $\Delta I=1$ 或 $\Delta I=0$. (这明显是一个基本问题, 因为它会告诉我们 J 是怎样形成"末态"耦合的; 保持同位旋守恒的进一步强相互作用不会改变这一规则, 至少因为强耦合保持同位旋守恒这一特性, 我们才能从这种角度通过强作用动力学耦合观察"初态".)

对于众多 n 态和 m 态, 有了矩阵元 $\langle m|J_\mu|n\rangle$, 所有这些同位旋多重态总可以通过恰当的线性组合, 将同位旋标量部分和同位旋矢量部分分离开来. 因此, 我们能定义 $J_\mu^S(q)$ 和 $J_\mu^{V_3}(q)$ 的矩阵元和算符. 对于矢量, 我们也能计算 (根据 Clebsch-Gordan 系数) 矢量流 $J_\mu^{V_+}(q)$ 或 $J_\mu^{V_-}(q)$ (同位旋为 +1 或 −1) 中其他成分的给定态之间的矩阵元. 通过这种方式, 可以定义新的流.

这当然可以看作关于 Clebsch-Gordan 系数的练习, 但我们认为其中一些流在物理上也很重要. 我们认为流 $J_\mu^{V_+}(q)$ 是一种奇异数守恒、宇称守恒的弱相互作用流 (称为

CVC 假说). 这就导致了一个观点, 即这些推广的流在理论上非常有用 (Gell-Mann).

量子电动力学中的 J_μ 耦合, 或弱相互作用中的 J_μ^{V+} 耦合, 是一种与强相互作用无关的巧合 (至少在我们的讲座中是如此). 它们仅仅提供了研究强子的一种工具, 但强子相互作用可以独立分析. 尽管如此, 通过假设这些流来自于强子场论的算符, 或者强子本身就能与弱微扰场耦合 (我们将采用这个假设), 我们仍然推出了很多关系式. 我们可以预期, 对于任意两个类空的点 1 和点 2, 即^2 ╳ $\bullet^1$, 它们的流 $J_\mu^a(1)$ 和 $J_\nu^b(2)$ 可对易:

$$\left[J_\mu^a(1), J_\nu^b(2)\right] = 0 \quad (\text{对于类空间隔的时空点 1 和 2}) \tag{1.4.1}$$

这是一种新假设. 我们尝试对 J 和强子系统推导新的性质和限制. 我们知道, 对于类空间隔的情形, 有 $[J_\mu(1), J_\nu(2)] = 0$, 其中的电磁流 J 是同位旋标量和同位旋矢量. 如果只分析同位旋, 那么我们能在多大程度上证明同位旋矢量部分$\left[J_\nu^+(1), J_\mu^+(2)\right]$ 等是对易的? 在同位旋方面, 我们这里假定, 类空对易关系不仅对总的流 $J^S + J^{V_3}$ 成立, 而且对同位旋标量之间、同位旋矢量之间、同位旋标量和同位旋矢量之间以及扩展到同位旋矢量其他不同同位旋分量之间, 也全都成立.

我们也可以通过 $V_{\mu\nu}^{ab}(1,2)$ 来描述一个 a 类型的矢量虚 "光子" 到 b 类型的光子的散射.

也就是将矢量势 $a_\mu(1)$ 的概念进行推广, 引入另一个指标 a, 以表征同位旋或奇异数等. 于是与外部势的耦合为

$$T = 1 - \mathrm{i}\int J_\mu^a(1) a_\mu^a(1) \mathrm{d}\tau_1 - \frac{1}{2}\int\int V_{\mu\nu}^{ab}(1,2)\left\{a_\mu^a(1) a_\nu^b(2)\right\}_T \mathrm{d}\tau_1 \mathrm{d}\tau_2 + \cdots \tag{1.4.2}$$

从而

$$V_{\mu\nu}^{ab}(1,2) = \left\{J_\mu^a(1) J_\nu^b(2)\right\}_T + (\mathrm{SG})_{\mu\nu}^{ab}\delta^4(1-2) \tag{1.4.3}$$

广义流守恒

我们想要类似 $\nabla_\mu V_{\mu\nu}(1,2) = 0$ 的守恒定律. 先讨论第一种情形: 同位旋严格守恒. 我们考虑一个同位旋 $I = 1$ 的粒子通过 J_μ^{V+} 发生散射. 末态的荷比初态高 1, 因此

$$\left[Q, J_\mu^{V_+}(1)\right] = J_\mu^{V_+}(1) \tag{1.4.4}$$

这里 $Q = \int J_0^{V_3}(1)\mathrm{d}^3\boldsymbol{x}$, 所以

$$\begin{aligned}\left[\int J_0^{V_3}(t_1,\boldsymbol{x})\mathrm{d}^3\boldsymbol{x},\, J_\mu^{V_+}(t_1,\boldsymbol{x}')\right] &= J_\mu^{V_+}(t_1,\boldsymbol{x}')\\ &= \int \mathrm{d}^3\boldsymbol{x}\left[J_0^{V_3}(t_1,\boldsymbol{x}),\, J_\mu^{V_+}(t_1,\boldsymbol{x}')\right]\end{aligned} \tag{1.4.5}$$

而根据式 (1.4.1) 的假设, 最后一个等时对易子在光锥外部为零, 它必须正比于 $\delta^3(\boldsymbol{x}-\boldsymbol{x}')$, 也就是有如 $s(\boldsymbol{x})\delta^3(\boldsymbol{x}-\boldsymbol{x}')$ 的形式. 式 (1.4.1) 表明 s 必为 $J_\mu^{V_+}(\boldsymbol{x})$. 因此等时对易子的结果为

$$\left[J_0^{V_3}(t_1,\boldsymbol{x}_1),\, J_\mu^{V_+}(t_1,\boldsymbol{x}_2)\right] = \delta^3(\boldsymbol{x}_1-\boldsymbol{x}_2)J^{V_+}(t_1,\boldsymbol{x}_1) \tag{1.4.6}$$

(这里假设了没有其他特殊项, 只有 $\delta^3(\boldsymbol{x}_1-\boldsymbol{x}_2)$, 因此可以直接积掉, 这个问题我们将再次看到与"海鸥"有关.)

式 (1.4.6) 和它到更大的 $SU_3\times SU_3$ 群的推广就是所谓的 Gell-Mann 等时对易关系. 它们代表了强子的第一个动力学的猜测性质, 这不能简单地从相对论量子力学一般原理得到.

我们也可以从散射函数 $V_{\mu\nu}^{ab}$ 的性质来描述. 假设一个势的同位旋为 $+$, 另一个为 I_3. 由于流守恒, 你可能首先想到 $\nabla_{\mu 1}V_{\mu\nu}^{3+}(1,2)=0$, 但问题在于位置 2 处的势的荷为 $+$. 因此, 只有当电磁势 (耦合 3) 也耦合到荷 $+$ 的介子, 荷才守恒. 如图 1.5 所示.

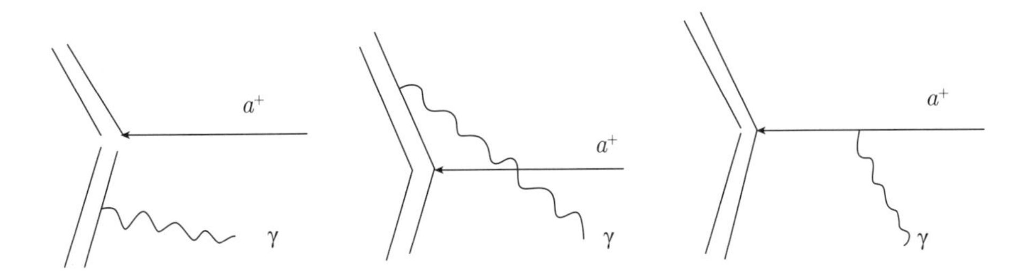

图1.5

把它们加起来, 荷是守恒的, 并且如果光子的极化 $e_\mu=\alpha q_\mu$ 与自身动量成正比, 则总和为零. $\nabla_{\mu\nu}^{3+}(1,2)$ 只是前两个的和, 最后一个易于计算, 显然是流 J_μ 的一阶强子矩阵元, 在这种情况下即 J^+ 自身. 因此, 简单易得

$$\nabla_\mu J_\mu^+(1)=0 \qquad (\text{来自}\nabla_\mu J_\mu^3(1)=0\text{的同位旋})$$

$$\nabla_\mu V^{3+}_{\mu\nu}(1,2)=\delta^4(1-2)J^+_\nu(2) \tag{1.4.7}$$

稍后我们将证明, 如果不存在“海鸥”项, 则式 (1.4.7) 等同于式 (1.4.6); 如果确实存在“海鸥”项, 则式 (1.4.7) 成立, 而式 (1.4.6) 必须修改. 式 (1.4.7) 是更基本的关系.

为了显示式 (1.4.7) 与式 (1.4.6) 的关系, 我们将式 (1.4.3) 代入式 (1.4.7), 得

$$\nabla_\mu\left\{J^3_\mu(1),J^+_\nu(2)\right\}_T=\left\{\nabla_\mu J^3_\mu(1),J^+_\nu(2)\right\}_T+\delta(t_1-t_2)\left[J_0(t_1,\boldsymbol{x}_1),J^+_\nu(2)\right]_{t_1=t_2} \tag{1.4.8}$$

所以将式 (1.4.7) 右边写为 $\delta^4(1-2)$ 或者 $\delta(t_1-t_2)\delta^3(\boldsymbol{x}_1-\boldsymbol{x}_2)$, 由于 $\nabla_\mu J^3_\mu=0$, 我们得到式 (1.4.6). 一般必须加上“海鸥”项, 但我们不知道它们是否存在.

推广到一般李群, 其生成元为 G^a, 对易关系 $\left[G^a,G^b\right]=f^c_{ab}G^c$ (定义为 $=G^{a\times b}$, $(a\times b)_c=f^c_{ab}$), 我们得到

$$\nabla_\mu J^a_\mu(1)=0 \tag{1.4.9}$$

$$\nabla_{\mu 1}V^{ab}_{\mu\nu}(1,2)=\delta^4(1-2)J^{a\times b}_\nu(1) \tag{1.4.10}$$

注意到规范变换 $a_\mu\to a_\mu+\nabla_\mu\chi$ 在群中的推广为 $a^a_\mu\to a^a_\mu+\nabla_\mu\chi^a+(\chi\times a_\mu)^a$, 则可得到上面的方程. 假设在这个变换下 $T[a]$ 不变, 我们发现

$$T\left[a+\nabla\chi+\chi\times a\right]=T[a]$$

作为泛函关系式, 进行泛函变分 $\delta T/\delta a(1)$, 可简单得到

$$\int\left[\nabla\chi(1)+\chi(1)\times a(1)\right]\frac{\delta T}{\delta a(1)}\mathrm{d}\tau_1=0$$

对所有的 $\chi(1)$ 都成立, 所以分部积分得到

$$\nabla_\mu\frac{\delta T}{\delta a^a_\mu(1)}=a_\mu(1)\times\frac{\delta T}{\delta a_\mu(1)} \tag{1.4.11}$$

将 T 写成式 (1.4.2) 中的幂级数形式并代入式 (1.4.11) 时, 零阶和一阶项给出式 (1.4.9) 和式 (1.4.10).

由于同位旋严格守恒, 即式 (1.4.9), 所以当限制在矢量流的三个自旋分量时, 式 (1.4.10) 严格成立. 那么对于只是“几乎”满足的 SU_3, 情况如何呢? Gell-Mann 提出, 尽管 SU_3 并非对整个强子系统严格满足, 但当涉及的时空间隔越来越小时, SU_3 可能会越来越准确. 如果基础场论中含有满足 SU_3 的传播子的梯度项, 但类质量项破坏 SU_3, 就是这种情况了. (比如, $\bar{q}\nabla\!\!\!\!/\, q+\bar{q}mq$ 中, m 为非 SU_3 不变的矩阵, q 是夸克算符). 如果 J^a 是有奇异性改变的流, 比如有一个 Λ 和 N 之间的矩阵元, 那么 $\nabla_\mu J^a_\mu(1)\neq 0$,

因为 Λ 和 N 的质量不同. (如果 Λ 和 N 是静止的, 即 $\langle\Lambda\left|J_{xyz}^{a}\right|\mathrm{N}\rangle=0$, $\langle\Lambda|J_{0}^{a}|\mathrm{N}\rangle=\alpha$, 那么 $\left\langle\Lambda\left|\frac{\partial J_{0}^{a}}{\partial t}\right|\mathrm{N}\right\rangle-\langle\Lambda|\nabla\cdot J^{a}|\mathrm{N}\rangle=(\omega_{\Lambda}-\omega_{\mathrm{N}})\alpha$ 不可能为零.) 这样 $\nabla_{\mu}J_{\mu}^{a}(1)$ 等价于另外一个算符, 记为 $n^{a}(1)$. 于是

$$\nabla_{\mu}V_{\mu\nu}^{ab}(1,2)=\delta(t_{1}-t_{2})\left[J_{0}^{a},J_{\nu}^{b}\right]_{t_{1}=t_{2}}+\left\{n^{a}(1)J_{\nu}^{b}(2)\right\}_{T} \tag{1.4.12}$$

后者很可能不会包含一个像 $\delta^{4}(1-2)$ 那么强的奇点, 但如果在足够小的距离下 SU_{3} 是满足的, 那么我们可以说 $\nabla_{\mu}V_{\mu\nu}^{ab}$ 的奇点正如式 (1.4.10) 中所给出的 $\delta^{4}(1-2)$. 于是我们有

$$\nabla_{\mu}V_{\mu\nu}^{ab}(1,2)=\delta^{4}(1-2)J_{\nu}^{a\times b}(2)+\text{ “smooth”} \tag{1.4.13}$$

其中, “smooth” 指没有 $\delta^{4}(1-2)$ 那么强的极点. 从而, 我们仍可以在上述对 SU_{3} 破缺项的平滑性假设下, 推导出等时对易关系. 将式 (1.4.12) 和式 (1.4.13) 的奇点项对比, 我们有

$$\left[J_{0}^{a},J_{\nu}^{b}\right]_{t_{1}=t_{2}}=\delta^{3}(\boldsymbol{x}_{1}-\boldsymbol{x}_{2})J_{\nu}^{a\times b}(2) \tag{1.4.14}$$

这里省略了“海鸥”项.

这些关系式非常有意思, 因为它们是非线性的, 要求绝对标度. 因此 (如果成立的话) 它们可以为流提供绝对标度的定义, 这样一来, 强子的弱相互作用是 $V+A$(而不是 $V-0.7A$) 的规则就是可以被定义和检验的. Adler 和 Weisberger 已经使用 PCAC, 从轴矢流的散度 π 介子耦合来进行过这个特别的检验了. 后面我们将讨论如何通过中微子散射进行更直接的检验.

光锥上的奇点

如果 1 在 2 的光锥的外面, 对易子 $[J_{\mu}(1),J_{\nu}(2)]$ 为零, 在里面则非零. 如果它刚好或者接近于穿过光锥, 对易子有哪种奇点呢? 场论中任何质量的自由场, 对于光锥上的两点, 其对易子有一个 $\delta(s_{12}^{2})$ 类型的奇点, 其中 s_{12} 是从 1 到 2 的间隔. 电子和质子的非弹性散射的实验表明, $[J_{\mu}(1),J_{\nu}(2)]$ 的奇点是 $\delta(s_{12}^{2})$ (包含其梯度) 类型. 在讨论这些实验时, 我们会非常详细地讨论这件事. 现在, 我们还将进一步研究 J_{μ} 算符的对易子或者编时乘积的其他属性. 因此, 这些问题推迟到后面再讨论, 因为我发现在考虑某些实验时, 讨论这些问题更容易.

$V_{\mu\nu}(1,2)$的真空期望值

为了不让这个理论讨论完全空洞, 我会展示它的一个应用, 最简单的即 $V_{\mu\nu}(1,2)$ 的真空期望值. 这是一个仅依赖于 1 和 2 之差的函数. 为了计算强子的真空极化修正 (到 e^2 阶), 需要用到它的 Fourier 变换形式 $V_{\mu\nu}(q)$. 如图 1.6 所示.

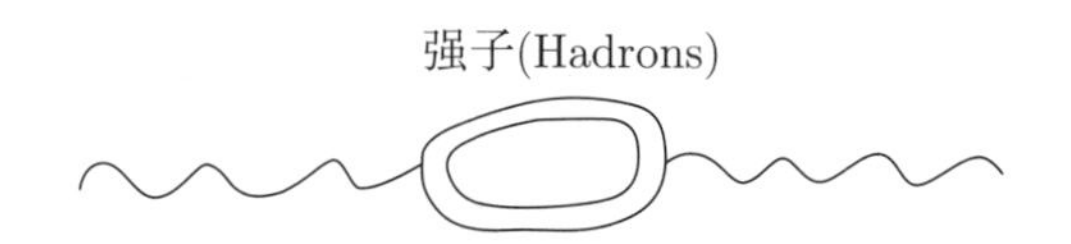

图1.6

如果在动量空间中, 考虑相对论不变性, 我们可以写出 $\langle 0|V_{\mu\nu}(-q,q)|0\rangle = -q_\mu q_\nu v(q^2) + \delta_{\mu\nu} b(q^2)$. 规范不变性要求 $b = q^2 v$, 或者说

$$\langle 0|V_{\mu\nu}(-q,q)|0\rangle = (\delta_{\mu\nu} q^2 - q_\mu q_\nu) v(q^2) \tag{1.4.15}$$

如果我们写成 $(\delta_{\mu\nu} - q_\mu q_\nu / q^2) b$, 就会看到当 $q \to 0$ 时, 为了避免在 $q^2 = 0$ 处产生一个新的极点, b 必须趋向于 0. 作用于守恒流时, 上式右面会消失.

两个流之间的一系列气泡图如下所示

$$+\cdots$$

$$\begin{aligned}
&= s_\mu \frac{4\pi e^2 \mathrm{i}}{q^2} s_\nu + s_\mu \frac{4\pi e^2 \mathrm{i}}{q^2} \cdot q^2 v(q^2) \frac{4\pi e^2 \mathrm{i}}{q^2} s_\nu + s_\mu \frac{4\pi e^2 \mathrm{i}}{q^2} \cdot q^2 v(q^2) \frac{4\pi e^2 \mathrm{i}}{q^2} \cdot q^2 v(q^2) \frac{4\pi e^2 \mathrm{i}}{q^2} s_\nu + \cdots \\
&= 4\pi e^2 s_\mu \frac{1}{q^2 (1 - 4\pi e^2 \mathrm{i} v(q^2))} s_\nu
\end{aligned} \tag{1.4.16}$$

我们注意到光子没有质量重整化, 极点仍然在 $q^2 = 0$ 处, 但是留数变成了 $\dfrac{4\pi e^2}{1 - 4\pi e^2 \mathrm{i} a}$, 其中的 $a = v(0)$ (或许是无穷大) 在电荷重整化时消失掉. 如果我们在 $q^2 = 0$ 附近展开得到 $v(q^2) = a + q^2 b$, 我们可以将重整化后的传播子展开到 e^2 的一阶项, 即

$$\frac{1}{(q^2 - 4\pi e^2 \mathrm{i} b q^4)}$$

因此 $4\pi e^2 ib$ 表征了在低能量子电动力学问题比如 Lamb 位移中, 由强子所引起的真空极化修正.

在 $q^2>0$ 时, $v(q^2)$ 的虚部是“虚光子寿命”, 并且给出了在电子-正电子对撞中强子产率. 因为振幅的虚部代表了一个光子仍为光子的概率损失

$$+\qquad = 1+4\pi e^2 \mathrm{i} v(q^2)$$

即概率 $=1+4\pi e^2\mathrm{i}(v-v^*)$. 因此它可以直接从实验获得. 实部通过色散关系与虚部相关联. 通过适当的实验, 强子的真空极化效应 (到 e^2 阶) 可以完全确定. 我们将在下一讲中详细讨论这个问题.

第 5 讲

$\mathrm{e}^+ + \mathrm{e}^- \to$ 任意强子

考虑 $\mathrm{e}^+ + \mathrm{e}^- \to$ 强子态 m_{out} 的过程. 它由如下振幅支配 (图 1.8):

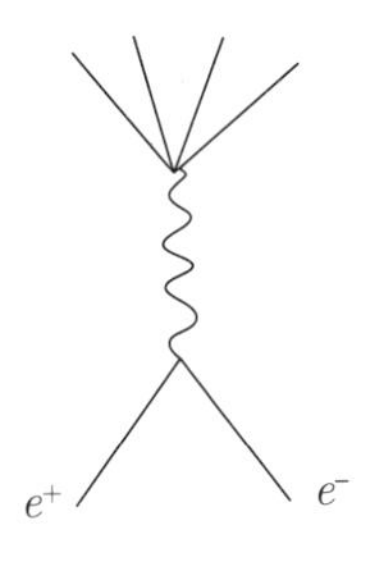

图1.8

$$(\bar{u}_2\gamma_\mu u_1)\frac{4\pi e^2\mathrm{i}}{q^2}\langle m_{\text{out}}|J_\mu(q)|0\rangle \tag{1.5.1}$$

于是概率正比于

$$|\langle m_{\text{out}}|J_\mu(q)|0\rangle|^2 = \langle 0|J_\mu(-q)|m_{\text{out}}\rangle\langle m_{\text{out}}|J_\mu(q)|0\rangle$$

因此, 如果我们能够测量 $e^+ + e^- \to$ 任意强子态的总截面关于电子或正电子的能量 $E(q_0 = 2E, \overline{Q} = 0, q^2 = 4E^2)$ 的函数关系, 就能直接测量下面的物理量

$$\sum_{m_{\text{out}}} \langle 0|J_\mu(-q)|m_{\text{out}}\rangle\langle m_{\text{out}}|J_\nu(q)|0\rangle = \langle 0|J_\mu(-q)J_\nu(q)|0\rangle = p_{\mu\nu}(q) \tag{1.5.2}$$

相对论和规范不变性让我们可以将这个式子写成 $(q_\mu q_\nu - q^2\delta_{\mu\nu})\theta(q_0)p(q^2)$ 的形式, 因为我们知道当 $q_0 < 0$(真空态最低), 强子态 m_{out} 不能被激发. 当 $q_0 < 0$ 时 $p_{\mu\nu}(q) = 0$. (事实上, 如果 q 的类空动量 Q 非零, 可能的最低能量 m_{out} 态是一对带有动量 Q 的 π 介子对, 因此 $p_{\mu\nu}(q) = 0$, 除非 $q_0 > 2\sqrt{m_\pi^2 + Q^2/4}$ 或者 $q^2 > (2m_\pi)^2$ 且 $q_0 > 0$.) 因此 $p(q^2)$ 仅在 $q^2 > (2m_\pi)^2$ 时非零. 比如, 当 $q^2 < 0$ 即 q^2 类空, 有 $p(q^2) = 0$. 更进一步, $p(q^2)$ 必为正, 比如若 $q = (q_0, 0, 0, 0)$ 且虚光子的极化为 x, 式 (1.5.2) 右侧的绝对值平方和必为正. 因此当 $q^2 > (2m_\pi)^2$ 时, $p(q^2)$ 为正数, 当 $q^2 < (2m_\pi)^2$ 时, $p(q^2)$ 为零.
因此, 有

$$\langle 0|J_\nu(1)J_\mu(2)|0\rangle \overset{\text{F.T.}}{=} \langle 0|J_\nu(-q)J_\mu(q)|0\rangle = (q_\mu q_\nu - \delta_{\mu\nu}q^2)\theta(q_0)p(q^2) \tag{1.5.3}$$

$$\langle 0|J_\mu(2)J_\nu(1)|0\rangle \overset{\text{F.T.}}{=} \langle 0|J_\mu(q)J_\nu(-q)|0\rangle = (q_\mu q_\nu - \delta_{\mu\nu}q^2)\theta(-q_0)p(q^2) \tag{1.5.4}$$

这里, F.T. 表示 Fourier 变换.

现在我们可以计算对易子和编时乘积. 将式 (1.5.3) 减去式 (1.5.4), 我们得到对易子为

$$\langle 0|\,[J_\nu(1), J_\mu(2)]\,|0\rangle \overset{\text{F.T.}}{=} (q_\mu q_\nu - \delta_{\mu\nu}q^2)\text{sgn}(q_0)p(q^2) \tag{1.5.5}$$

它可以写成

$$(q_\mu q_\nu - \delta_{\mu\nu}q^2)\text{sgn}(q_0)\cdot\int_{(2m_\pi)^2}^\infty \delta(q^2 - m^2)p(m^2)\mathrm{d}m^2 \tag{1.5.6}$$

于是空间中对易子的真空期望值是

$$(\nabla_{\mu 1}\nabla_{\nu 1} - \delta_{\mu\nu}\nabla_1^2)\int_{(2m_\pi)^2}^\infty \mathrm{d}m^2\, p(m^2)\cdot C^m(1,2) \tag{1.5.7}$$

由于 $C^m(1,2)$ 在光锥外为零, 故真空期望值在光锥外为零. 有意思的是, 假定相对论之后, 对易子的真空期望值在光锥外为零的证明如此简单. (本讲义最后列出了对易子、传播子和它们的 Fourier 变换). 为了得到编时乘积, 我们需要[①]

$$\langle 0\left|\{J_\nu(1)J_\mu(2)\}_T\right|0\rangle = \langle 0|\theta(t_1 - t_2)J_\nu(1)J_\mu(2) + \theta(t_2 - t_1)J_\mu(2)J_\nu(1)\,|\,0\rangle$$

① 译者注: 原文误为 $1(t_1 - t_2)$.

为了得到 Fourier 变换, 我们需要 $\theta(t_1-t_2)$ 的 Fourier 变换

$$\int\theta(t)e^{+\mathrm{i}(q_0t-\boldsymbol{Q}_0\cdot\boldsymbol{x})}\mathrm{d}^3\boldsymbol{x}\mathrm{d}t = (2\pi)^3\delta^3(\boldsymbol{Q})\frac{\mathrm{i}}{q_0+\mathrm{i}\varepsilon}$$

$$\int\theta(-t)e^{+\mathrm{i}(q_0t-\boldsymbol{Q}_0\cdot\boldsymbol{x})}\mathrm{d}^3\boldsymbol{x}\mathrm{d}t = (2\pi)^3\delta^3(\boldsymbol{Q})\frac{-\mathrm{i}}{q_0+\mathrm{i}\varepsilon}$$

因此

$$\begin{aligned}&\text{F. T.}\ \langle 0\left|\{J_\nu(1)J_\mu(2)\}_T\right|0\rangle\\&=\frac{\mathrm{i}}{2\pi}\int\left(\frac{1}{q_0-q_0'+\mathrm{i}\varepsilon}\theta(q_0')-\frac{1}{q_0-q_0'-\mathrm{i}\varepsilon}\theta(-q_0')\right)(q_\mu'q_\nu'-\delta_{\mu\nu}q'^2)p(q'^2)\mathrm{d}q_0'\\&=V_{\mu\nu}(q)\end{aligned}\tag{1.5.8}$$

其中, q' 指 $(q_0',\boldsymbol{Q})$. 首先, 考虑 $\mu,\nu=t,t$ 的情况, 于是 $q_\mu'q_\nu'-\delta_{\mu\nu}q'^2=Q^2=q_tq_t-\delta_{tt}q^2$ 并积分. 再改变第二行积分中 q' 的符号, 得到

$$\begin{aligned}\langle 0|\{J_t(1)J_t(2)\}|0\rangle &\overset{\text{F.T.}}{=}\frac{\mathrm{i}}{2\pi}(q_tq_t-\delta_{tt}q^2)\int p(q'^2)\theta(q_0')(\frac{1}{q_0-q_0'+\mathrm{i}\varepsilon}\\&\quad-\frac{1}{q_0+q_0'-\mathrm{i}\varepsilon})\mathrm{d}q'=V_{tt}(q)\end{aligned}$$

这个积分就是

$$\frac{\mathrm{i}}{2\pi}\int p(q'^2)\theta(q_0')2q_0'\mathrm{d}q_0'\frac{1}{q_0-q_0'^2+\mathrm{i}\varepsilon}$$

或做变量代换, 将 q_0' 代换为 $q_0'^2-Q^2=m^2$, 得到

$$V_{tt}(q)=\left(q_tq_t-\delta_{tt}q^2\right)\int\frac{p(m^2)\mathrm{d}m^2}{q^2-m^2+\mathrm{i}\varepsilon}-\mathrm{i}S_{tt}\tag{1.5.9}$$

其中, S_{tt} 是真空中可能的“海鸥”项期望值的 Fourier 变换. 它一定是个常数, 或者 q 的有限阶多项式, 且必为实数. 我们可以猜测 (从 t,t 推广到 μ,ν, 详见下文), 如果写成 $V_{\mu\nu}(q)=(q_\mu q_\nu-\delta_{\mu\nu}q^2)v(q^2)$, 那么我们有

$$v(q^2)=\frac{\mathrm{i}}{2\pi}\int_{(2m_\pi)^2}^{\infty}\frac{p(m^2)\mathrm{d}m^2}{q^2-m^2+\mathrm{i}\varepsilon}-\mathrm{i}S\tag{1.5.10}$$

其中的 S, 最坏的情况是 q 的有限阶多项式, 最好的情况为零. 如前所述, 从物理考量得到 $\mathrm{i}v(q^2)$ 的虚部 $=(1/2)p(q^2)$, 我们也可以写为

$$\mathrm{i}v(q^2)=-\frac{1}{\pi}\int\frac{\mathrm{Im}\left(\mathrm{i}v(q^2)\right)_{q^2=m^2}}{q^2-m^2+\mathrm{i}\varepsilon}\mathrm{d}m^2+S\tag{1.5.11}$$

这就是 $v(q^2)$ 的色散关系, 用 v 的虚部 (在这种情况下 (a) 只在 $q^2>(2m_\pi)^2$ 时非零, (b) 实验上实际可测的) 来表示任意 q^2 的 v.

如果 $\sigma(s)$ 是电子-正电子湮灭并产生强子对应的散射截面, s 是质心系的总能量平方, 那么我们有 $\sigma(s)=(4\pi e^2)^2p(s)/2$, 真空极化直接由实验给出

$$4\pi e^2\mathrm{i}\left[v(q^2)-v(0)\right]=\frac{q^2}{\pi(4\pi e^2)}\int_{4m_\pi^2}^{\infty}\frac{\sigma(s)\mathrm{d}s}{s-q^2} \tag{1.5.12}$$

由于强子真空极化引起的 Lamb 位移修正 (或者电子磁偶极矩修正等) 依赖于 $4\pi e^2\mathrm{i}v'(0)$, 由 $\dfrac{1}{4\pi^2e^2}\int\dfrac{\sigma(s)\mathrm{d}s}{s}$ 给出.

目前, 出于某些我们之后会讨论的理由, 如果 s 比较大, $\sigma(s)$ 被认为是接近常数的, 所以上式中的积分收敛并可以通过实验确定.

一般来说, 为了最大限度地利用上述关系, 必须求解出 S 的可能形式. 否则, 如果 $v(q^2)$ 在某些 q^2 处的值已知 (例如在 0 或者 ∞ 处), 我们可以转换为减除色散关系. 也就是说, 假设 S 是一个常数, 而不是 q^2 的多项式, 并且 $v(q_1^2)$ 的值已知. 从式 (1.5.10) 中减去该式在 $q^2=q_1^2$ 的值, 我们得到

$$v(q^2)-v(q_1^2)=\frac{\mathrm{i}}{2\pi}\int\frac{p(m^2)\mathrm{d}m^2(q_1^2-q^2)}{(q^2-m^2+\mathrm{i}\varepsilon)(q_1^2-m^2+\mathrm{i}\varepsilon)} \tag{1.5.13}$$

这里 S 不再出现. 类似的技巧同样可用于 m^2 的积分发散的情况. 现在, m^2 的积分在大 m^2 处的收敛行为可能更好.

在实际应用中, 我们对任何常数 S 都不感兴趣, 我们知道 $v(0)$ 的值不重要, 因为它在电荷重整化时消失. 于是, 假设 S 没有 q^2 项 (假设没有糟糕的"海鸥"项), 我们可以写出量 $v(q^2)-v(0)$ 对应的色散关系, 这是唯一有物理意义的量

$$v(q^2)-v(0)=\frac{\mathrm{i}q^2}{2\pi}\cdot\int_{(2m_\pi)^2}^{\infty}\frac{p(m^2)\mathrm{d}m^2}{(q^2-m^2+\mathrm{i}\varepsilon)m^2} \tag{1.5.14}$$

因此, 我们期待在不久的将来 (当 $p(m^2)$ 的实验结果更加完善时), 我们能够在量子电动力学计算中给出强子圈引起的 (e^2 一阶) 修正.

在 $\sigma(\mathrm{e}^+\mathrm{e}^-\to\mu^+\mu^-)$ 的最近一次测量中, 已经观测到 ϕ 共振对 $p(m^2)$ 的贡献效应. 这一效应源自图 1.9 在 q^2 接近于 m_ϕ^2 处的干涉.

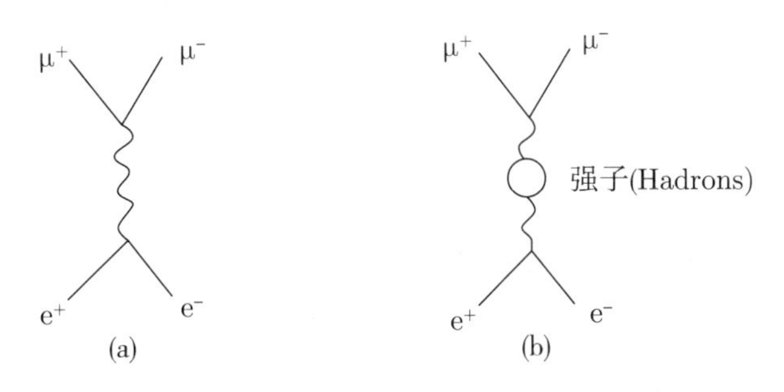

图1.9

在上述效应贡献的一阶, 只有 $\mathrm{i}(v(q^2)-v(0))$ 的实部被观测到, 表现为 σ 在 $q^2=m_\phi^2$ 附近存在轻微振荡.

作为一个例子, 我们计算 $\sigma(\mathrm{e^+e^-}\to\mu^+\mu^-)$ 的修正, 其中图 1.9 考虑的"强子"仅为 ϕ 共振. 这种情况下

$$p(m^2)=\frac{C}{(m^2-m_\phi^2)^2+\Gamma^2/4} \tag{1.5.15}$$

代入式 (1.5.12) 中得到

$$\mathrm{i}\Big(v(q^2)-v(0)\Big)=\frac{-q^2}{2\pi}\int_{4m_\pi^2}^{\infty}\frac{C}{(m^2-m_\phi^2)^2+\Gamma^2/4}\frac{\mathrm{d}m^2}{(m^2-q^2-\mathrm{i}\varepsilon)m^2} \tag{1.5.16}$$

$$\mathrm{Im}\bigg(\mathrm{i}\Big(v(q^2)-v(0)\Big)\bigg)=\frac{1}{2}\frac{C}{(q^2-m_\phi^2)^2+\Gamma^2/4} \tag{1.5.17}$$

$$\mathrm{Re}\bigg(\mathrm{i}\Big(v(q^2)-v(0)\Big)\bigg)=\frac{-q^2}{2\pi}\mathrm{P}\int_{-\infty}^{\infty}\frac{C}{(m^2-m_\phi^2)^2+\Gamma^2/4}\frac{\mathrm{d}m^2}{(m^2-q^2)m^2} \tag{1.5.18}$$

这里 P 表示积分主值.

由于共振态的宽度非常窄, 在可忽略的误差范围内, 式 (1.5.18) 的下限可以被定为 $-\infty$. 算出该积分后我们发现

$$\mathrm{Re}\left(\mathrm{i}\left(v(q^2)-v(0)\right)\right)=\frac{q^2C}{\Gamma}\frac{m_\phi^2(m_\phi^2-q^2)-\Gamma^2/4}{(m_\phi^4+\Gamma^2/4)\left((m_\phi^2-q^2)^2+\Gamma^2/4\right)} \tag{1.5.19}$$

因此, 从 $\mathrm{e^+e^-}$ 产生 $\mu^+\mu^-$ 的截面是

$$\sigma=\sigma_0\left[1-\frac{4\pi e^2q^2C}{\Gamma}\frac{m_\phi^2(m_\phi^2-q^2)-\Gamma^2/4}{(m_\phi^4+\Gamma^2/4)\left((m_\phi^2-q^2)^2+\Gamma^2/4\right)}\right] \tag{1.5.20}$$

其中, σ_0 是不含 ϕ-光子相互作用的过程的截面.

事实上, 为了计算 $\mathrm{i}v(q^2)$ 的实部, 我们不必直接算出式 (1.5.18). 式 (1.5.15) 告诉我们, $\mathrm{i}v(q^2)$ 是在下半平面没有极点的解析函数, 因此, $\mathrm{Im}\,(\mathrm{i}v(q^2)) = (1/2)p(m^2)$. 为了得到 $\mathrm{Re}\,(\mathrm{i}v(q^2))$, 我们仅仅需要做的就是猜出一个虚部为 $(1/2)p(m^2)$ 且在上半平面具有正确极点的解析函数. 不难猜出该函数为

$$\mathrm{i}v(q^2) = \frac{C/\Gamma}{(q^2 - m_\phi^2) - \mathrm{i}\Gamma/2} \tag{1.5.21}$$

因此

$$\mathrm{Re}\left(\mathrm{i}v(q^2)\right) = \frac{C(q^2 - m_\phi^2)/\Gamma}{(q^2 - m_\phi^2)^2 + \Gamma^2/4} \tag{1.5.22}$$

减去其在 $q^2 = 0$ 处的值, 我们得到式 (1.5.19).

附注: 难点

让我们来计算式 (1.5.8) 中其他的 $\mu\nu$ 分量.

首先考虑 tx 分量, 有 $q'_\mu q'_\nu - \delta_{\mu\nu} q'^2 = q'_0 Q_x$. 所以有

$$\frac{q'_0 Q_x \theta(q'_0)}{q_0 - q'_0 + \mathrm{i}\varepsilon} + \frac{-q'_0 Q_x \theta(q'_0)}{q_0 + q'_0 - \mathrm{i}\varepsilon} = \frac{2q_0 Q_x \cdot q'_0 \theta(q'_0)}{q'^2_0 - q_0^2 - \mathrm{i}\varepsilon}$$

这是合理的, 因为 $q_0 Q_x$ 因子所乘的积分与 tt 分量的情况是一样的. 问题在于, 在 xx 分量的情况中, 系数是 $Q_x^2 - (q'^2_0 - Q^2)$, q'^2_0 没有按所需要的那样直接转变成 q^2. 不过我们已经用额外的修正 $q'^2_0 - q^2$ 来替换, 它可以与分母相消. 所以, 我们有

$$V_{xx}(q) = \frac{\mathrm{i}}{2\pi}(Q_x Q_x - \delta_{xx} q^2) \int \frac{p(m^2)\mathrm{d}m^2}{q^2 - m^2 + \mathrm{i}\varepsilon} + \frac{\mathrm{i}}{2\pi} \int p(m^2)\mathrm{d}m^2$$

或者

$$V_{\mu\nu}(q) = \frac{\mathrm{i}}{2\pi}(q_\mu q_\nu - \delta_{\mu\nu} q^2) \int \frac{p(m^2)\mathrm{d}m^2}{q^2 - m^2 + \mathrm{i}\varepsilon} + \frac{\mathrm{i}}{2\pi}(\delta_{\mu\nu} - \delta_{\mu t}\delta_{\nu t}) \cdot C + \mathrm{i}S_{\mu\nu} \tag{1.5.23}$$

其中, $C = \int p(m^2)\mathrm{d}m^2$ 是一个常数 (无疑是无穷大的).

我们可以通过一个海鸥型的项来去掉 C, 但是这使我们感到困惑, 因为编时乘积本身看起来并非相对论不变的. 在光锥外部有 $\langle 0 \mid [J_\mu(1), J_\nu(2)] \mid 0 \rangle = 0$ 显然是不够的. 或许, 对于 $t_1 = t_2$ 时 $\boldsymbol{x}_1 = \boldsymbol{x}_2$ 附近的奇异行为的一些限制也是需要的 (来保证相对论不变性), 不过这里并不满足, 但对其他实际问题却是满足的. 从现在起我们放下它, 并假设

在哈密顿量中加入一些类似 $\int \boldsymbol{A}\cdot\boldsymbol{A}\mathrm{d}^3\boldsymbol{x}$ 的项来避免此问题. 这被称为平庸的 Schwinger 项. 在量子电动力学中, 平庸的 Schwinger 项可以通过计算正规化子来控制, 也就是, 质量为 m^2 的电子传播子减去一个质量为 $m^2+\Lambda^2$ 的传播子项, 所以, $p(m^2)$ 不需要是正的, $\int p(m^2)\mathrm{d}m^2$ 取为零.

某些函数及它们的变换很重要. 传播子

$$I_+^m(\boldsymbol{x},t)=\int\frac{\mathrm{e}^{-\mathrm{i}p\cdot(t,\boldsymbol{x})}}{p^2-m^2+\mathrm{i}\varepsilon}\frac{\mathrm{d}^4p}{(2\pi)^4}=-\frac{1}{4\pi}\delta(s^2)+\frac{m}{8\pi S}H_1^{(2)}(ms) \tag{1.5.24}$$

$$H_1^2=J_1-\mathrm{i}N_1$$

其中, 在类时区域 $s=+\sqrt{t^2-x^2}$, 在类空区域 $s=-\mathrm{i}\sqrt{t^2-x^2}$. 对于大的 s, H 的渐近形式为 $H\sim\mathrm{e}^{-\mathrm{i}ms}$, 对于小的 s, 有

$$I_+^m(\boldsymbol{x},t)=-\frac{1}{4\pi}\delta(s^2)+\frac{\mathrm{i}}{4\pi^2s^2}+\frac{m^2}{16\pi}-\frac{\mathrm{i}m^2}{8\pi^2}\left[\ln(\frac{1}{2}ms)+\gamma-\frac{1}{2}\right]+\cdots \tag{1.5.25}$$

$$\gamma=0.5772\cdots$$

对与质量为 m 的自由场, 它就是 $\langle 0\mid\{\phi(2),\phi(1)\}_T\mid 0\rangle$.

对易子

对易函数

$$C(\boldsymbol{x},t)=\operatorname{sgn}t\cdot\operatorname{Re}(I_+(\boldsymbol{x},t)) \tag{1.5.26}$$

$$\text{F. T. } C(\boldsymbol{x},t)=\operatorname{sgn}q_0\,\delta(q^2-m^2) \tag{1.5.27}$$

对于自由场, 它是 $\langle 0|[\phi(2),\phi(1)]|0\rangle$

$$C(\boldsymbol{x},t)=\operatorname{sgn}t\left[-\frac{\delta(s^2)}{4\pi}+\frac{m}{8\pi s}J_1(ms)\right]$$

这仅对于实数 s, 在光锥外部为零, 对于小的 s, 有

$$C(\boldsymbol{x},t)=\operatorname{sgn}t\left[-\frac{\delta(s^2)}{4\pi}+\frac{m^2}{16\pi}-\frac{m^4s^2}{128\pi}+\cdots\right] \tag{1.5.28}$$

问题 5.1

证明从能量为 $E+E$ 的 $\mathrm{e}^+ + \mathrm{e}^-$ 产生任意强子的总截面为 $\sigma = \dfrac{(4\pi e^2)^2}{2q^2} p(q^2)$ (其中，$q^2 = 4E^2$).

问题 5.2

求出 μ 子对产生的 $p(q^2)$, $p(q^2) = \dfrac{1}{6\pi} \dfrac{q^2 + 2\mu^2}{q^2} \left(\dfrac{q^2 - 4\mu^2}{q^2} \right)^{1/2}$ (当 $q^2 > 4\mu^2$).

问题 5.3

利用问题 5.2 中的 $p(q^2)$, 求出 μ 子真空极化的 $v(q^2) - v(0)$.

第 2 章

低能光子反应

第 6 讲

低能情况 (0~2 GeV) 下π介子的光产生[①]

我们把光子与核子低能产生 π 介子的反应作为第一个实验研究主题, 其可能的反应道有

① 参考文献: R. L. Walker, Phys. Rev. 182, 1729 (1969).

$$
\begin{aligned}
\gamma+\mathrm{p} &\rightarrow \pi^{+}+\mathrm{n} \\
\gamma+\mathrm{p} &\rightarrow \pi^{0}+\mathrm{p} \\
\gamma+\mathrm{n} &\rightarrow \pi^{-}+\mathrm{p} \\
\gamma+\mathrm{n} &\rightarrow \pi^{0}+\mathrm{n}
\end{aligned}
$$

上述前两个反应是研究得最为广泛的. 现在各种极化和自旋情况下的实验数据都能被测量出. 显然我们要测量的量与 $q^2=0$ 时的矩阵元 $\langle \mathrm{N}\pi|J_\mu(q)|\mathrm{N}\rangle$ 相关. 质心系中总能量的平方通常记为 s, $s=(p+q)^2=m^2+2m\nu_{\mathrm{LAB}}$, 这里 ν_{LAB} 代表实验室系中光子的能量 (也就是说, 我们现在讨论的 ν 为 0~2 GeV). 在这个能量区间里, N 态发生的反应不止以上四个, 还有其他可能的反应, 比如 $\gamma+\mathrm{p}\rightarrow\mathrm{n}+\pi^{+}+\pi^{0}$, 或 $\gamma+\mathrm{p}\rightarrow\mathrm{n}^{+}+\Lambda$, $\gamma+\mathrm{p}\rightarrow\mathrm{p}+\mathrm{n}^{0}$ 等这些反应我们将在后面讨论.

这些反应最为显著的特征是, 其角分布随能量的变化非常剧烈. 这一特点同强子碰撞的特征相类似, 如 $\pi^{-}+\mathrm{p}\rightarrow\pi^{-}+\mathrm{p}$, 这些特征是由共振态所引起的. 当然, 这些共振态与 π 介子散射中的共振态是一样的. 在这个基础上, 人们详细地分析和解释了光子的实验数据. 我们先来讨论共振态的一般“理论”.

T 矩阵的一般矩阵元必须满足一个特殊的性质, 即如下情形定义的可分性. 我们假设一种 $A+B+C\rightarrow D+E+F$ 类型的碰撞. 一个可能是 $A+B$ 先碰撞, 在空间某处生成 $D+X$ (即矩阵元 $\langle DX|S|AB\rangle$), 然后 X 作为一个实粒子, 跨过空间去撞击 C, 产生 $E+F$, 即 $C+X\rightarrow E+F$. 这样一来, 当动量满足 $p_A+p_B-p_C=p_X$, 且对于实粒子 X 有 $p_X^2=M_X^2$, 则 $\langle EFD|T|ABC\rangle$ 中一定有无穷大奇点. 振幅在这个奇点的留数为 $\langle EF|T|CX\rangle\cdot\langle XD|T|AB\rangle$. 当 p_X^2 非常接近 M_X^2 时 (且 E_X 为正数), X 的行为就非常像一个质量平方为 M_X^2 的自由传播粒子, 所以振幅呈 $(p_X^2-M_X^2+\mathrm{i}\epsilon)^{-1}$ 形式变化.

$$
\langle DEF|T|ABC\rangle\approx\langle EF|T|CX\rangle\frac{1}{(p_A+p_B-p_C)^2-M_X^2+\mathrm{i}\epsilon}\langle DX|T|AB\rangle \tag{2.6.1}
$$

更具体地, 如果在共振态附近, S 写成 $S_{fi}=\delta_{fi}-(2\pi)^4\mathrm{i}\delta^4(p_f-p_i)T_{fi}$ (不要和之前 $T[A]$ 的 T 混淆)

$$
\langle CD|T_F|AB\rangle=\langle CD|T_F|\mathrm{Res}\rangle\frac{1}{p^2-(m_R^2-\mathrm{i}\Gamma_R m_R)}\langle\mathrm{Res}|T|AB\rangle
$$

其中, $(p_A+p_B-p_C)^2$ 足够接近于 M_X^2 (且粒子能量为正). 对于动量组合成某个稳定粒子的动量的每一种方式, 都一定有相应的奇异行为. 而奇点的精确形式来自对虚部

$$
\mathrm{i}\pi\langle EF|T|DX\rangle\langle XC|T|AB\rangle\delta(p_X^2-M_X^2)
$$

的解析延拓, 这是幺正性要求的, 因为 $A+B\to C+X$ 和 $D+X\to E+F$ 是可能的过程.

如果我们做一个小的微扰 (如弱相互作用) 以使 X 态轻微不稳定, 可以证明, 衰变率 Γ_X 在共振附近的修正表现为

$$\frac{1}{p_X^2-M_X^2+\mathrm{i}\varepsilon} \text{ 替换成 } \left(p_X^2-(m_X^2-\mathrm{i}\Gamma_X m_X)\right)^{-1}$$

(m_X 和留数也有一些轻微修正, 但形式不变). 非相对论形式是

$$\frac{1}{E-E_X-\mathrm{i}\Gamma_X/2}$$

在非相对论理论中, 不管 Γ 来自于什么, 都是这种形式.

我们已经知道, T 矩阵的这种共振行为是由于强相互作用引起的. (此处 Γ 的宽度不是由外部微扰产生的, 而是其自身强相互作用的结果.) 它们具有如下特征.

T 以 Breit Wigner 形式 $(p^2-(m_R^2-\mathrm{i}\Gamma_R m_R))^{-1}$ 变化.

只有当 Γ 小到留数因子 $\langle cd|T|R\rangle\langle R|T|ab\rangle$ 的变化是可忽略或者已知时 (近阈值的行为——那里可能必须包含 Γ 随 Q 的适当变化), 这才给出一些精确的结论.

许多反应中出现了同等质量和宽度的相同共振态 (给定同位旋、角动量、奇异数、宇称). 粒子特性表是此类共振态的表. 强相互作用中共振态的存在意味着什么? 在其他领域也有狭窄共振的例子.

a) 原子系统. 除了与光耦合, 原子的激发能级是稳定的. 例如, 在原子发射光谱中观察到的共振态之所以狭窄, 是由于耦合 e^2 的值很小.

b) 原子核. 已知耦合很大, 但观察到的共振态宽度狭窄. 在这种情况下, 共振态狭窄的根源仍然可以理解. 例如, 高 A 激发核通过发射中子产生衰变时, 波函数很难将足够的能量集中在单个中子上以供其逃逸. 离心势垒等其他效应也导致了核物理学中共振态的狭窄.

以上这些效应在粒子物理学中似乎都不能出现. 不过共振态通常也不那么狭窄, 在同一反应道中, 宽度大约是到下一个共振态间隔的四分之一. 在强相互作用中出现共振态的意义还不清楚. 起初, 理论物理学家并没有预料到强耦合场论会产生共振态. 后来他们意识到, 如果足够强, 就存在“同质异能态”. 但是这些共振态的存在对于深层理论的确切意义还不清楚.

第 7 讲

我们可以利用 Walker 的共振态方法一般性地讨论很多问题.

a) 多少是共振态, 多少是背景? 一个共振态下的背景是否只是简单的其他共振态的尾部? 如果我们写出一个共振态

$$\frac{a}{E-E_R-\mathrm{i}\Gamma}$$

偏离共振态则是

$$\frac{a}{E-E_R}$$

如果 a 的变化形如 $a(E)\approx a(E_R)+\alpha(E-E_R)$, 那么上面的共振态成为

$$\frac{a(E_R)}{E-E_R}+\alpha$$

因此, 除非在偏离共振态区域给出具体的 $\langle T\rangle$ 变化形式, 否则一般背景 α 不可能被定义. 有些人喜欢将 $\langle T\rangle$ 定义为常数, 然后问背景是否为零. 但这可能取决于我们将 $\langle T\rangle$ 写为何种形式, 例如, γ_μ 或其他确切形式. 虽然这很精确, 但似乎看上去有点任意.

在实际应用过程中, 有时我们知道 Γ 一定会变化, 因为我们接近一个共振态阈值时, 对于小 Q, Γ 按 $Q^{2\ell+1}$ 变化, 其中 ℓ 是轨道角动量. 对于大 Q, 这种形式不正确, 因为它增长得太快了. 为了解决这个问题, Walker 经验性地选择了

$$\Gamma=\Gamma_0\left(\frac{Q}{Q_R}\right)^{2\ell+1}\left(\frac{x^2+Q_R^2}{x^2+Q^2}\right)^{\ell}$$

这是介子与质子耦合形成角动量时的比率. 对于光子, 类似有

$$\Gamma_\gamma=\Gamma_0\left(\frac{k}{k_R}\right)^{2j}\left(\frac{x^2+k_R^2}{x^2+k^2}\right)^{j}$$

其中, x 是任意值 (对于所有共振态都约为 0.350 GeV, 除了 1236 处取为 0.160 GeV). 但是改变 x 就像改变 $a(E)$, 它扭曲了形式并留下了一个问题: 共振态的尾部有多大? 除非武断下结论, 否则不可能回答这个问题.

问题

$\Gamma = \Gamma_0(Q/Q_0)^{1/2}$ 的使用对阈值以下的表达式有影响. 这些并没有被 Walker 所使用 (违反了色散关系). 它们是什么?

理论学家喜欢选择无限窄共振态近似; a 是常数, 背景为

$$\frac{a(\text{共振处})}{E-E_R}$$

这样来定义共振背景, 或者更确切地说, “远离其共振能量的共振态效应” . 引号中这个概念非常微妙, 很难被定义, 但在当下的理论中, 它被灵活地用于各种场合, 正如我们将看到的那样.

b) T 可以完全表示成共振项的求和吗? 考虑 $a+b\rightarrow c+d$ 的情况

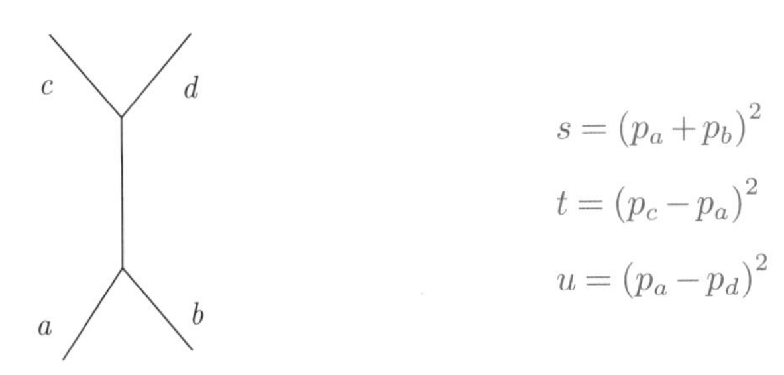

这些是 s 道中的共振态

$$\frac{1}{s-M_i^2(s)}$$

求和, 有

$$\sum \frac{C_i(t)}{s-M_i^2(s)} \tag{2.7.1}$$

然后, 有如图 2.1 所示的在 t 道中产生的共振态

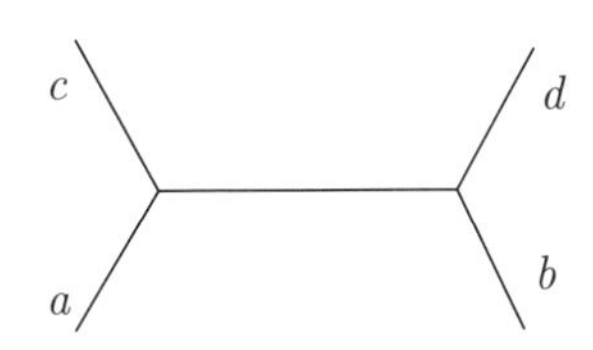

图2.1

$$\sum \frac{D_i(s)}{t - M_i^2(t)} \tag{2.7.2}$$

在真实实验中, 因为 $t<0$, 这些其实都非常远离共振态. 一个理论问题是: 我们是否应该把式 (2.7.1) 加到式 (2.7.2) (和 u 道共振态)? 这只有在式 (2.7.1) 被精确定义的情况下才有意义.

作为现在的一个理论原则 (称为 Veneziano 或扩展对偶), 我们不应该将式 (2.7.1) 和式 (2.7.2) 相加, 但在 s 道共振态的求和中, t 通道的行为是被完全定义的; 这应该只适用于虚部.

已经找到了式 (2.7.1) 的表达式, 当对其进行求和时, 可以写成 t 道共振态的和 (Veneziano). 实际定义是很困难的. Walker 所做的, 就是为他所知道的每个共振态都取为一项, 再加上背景. 事实上, 他把振幅写成了以下三部分的和:

(1) s 道共振态;

(2) 介子交换;

(3) 背景.

在 (1) 中, 从 πN 散射数据中得到了共振态的质量和宽度, 这些数据是通过对每个道 (确定角动量、同位旋、宇称) 的振幅进行分析而得到的. 每个共振态的矩阵 $\langle R|J_\mu|\mathrm{N}\rangle$ 即 $\langle R|T|\gamma\mathrm{N}\rangle$ 作为常数, 必须通过调节拟合数据来经验性地确定 (其他因子 $\langle \pi\mathrm{N}|T|R\rangle$ 可以通过 π 散射获得).

在 (3) 中, “背景”是在每个道中缓慢变化的振幅. 在 (1) 中 s 道共振态参数拟合的优劣取决于背景是否可以缓慢变化, 或者至少是平滑变化. 人们希望所有这些背景项都是实的, 但某些道最终还是需要一些小的虚部, 这可能是因为有共振态被遗漏, 或者参数不准确. (下次 Walker 这样做时, 他会放宽背景振幅为实数的条件.)

第 8 讲

我们继续讨论 Walker 前面给出的各项.

t 道 π 极点. 这来自图 2.2.

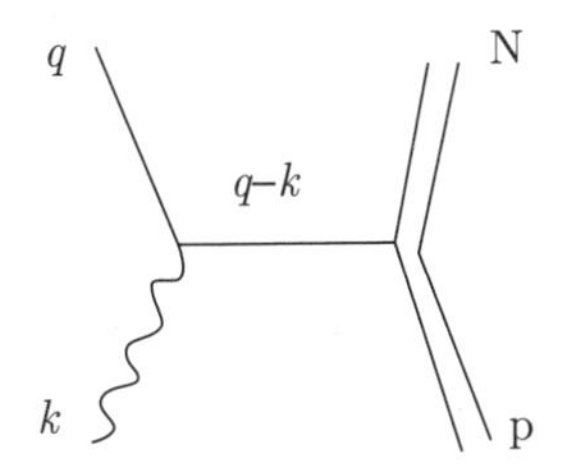

图2.2

(对于 π^0 这种图不存在, 但我们将在后面详细说明).
它导致了如下的项

$$(2q-k)\cdot e\frac{\sqrt{4\pi}e_\pi}{(q-k)^2-m_\pi^2}\langle\overline{u}_2|\gamma_5|u_1\rangle\cdot\sqrt{2}\sqrt{4\pi g^2}$$

其中, $g\langle\overline{u}_2|\gamma_5|u_1\rangle$ 经验性地决定了各个 π 在它们的极点处如何耦合, 经验值 $g^2=14.8$. 对于较小的 t, 因子 $t-m_\pi^2$ 随着 t 的变化而迅速变化, 从而导致了急剧的角度依赖. 小 t 意味着远离核子的效应. 这个效应是: 核子有概率被看作周围有一个分布得比较远的 π^+ 围绕着, 其振幅为

$$\mathrm{e}^{-m_\pi r}/r$$

如果这个虚 π 被光子击中, 从光子获取了所需的能动量后, 可以被激发出去, 成为实粒子 ("非束缚的"). 至少在较高的能量下, 它急剧地向前运动, 并影响 s 道所有角动量值的振幅, 包括高角动量值; 而在低能量和低动量下, 则没有大的共振态. 所以这一效应在较高角动量给出主要贡献. 由于在 $t=0$ 附近的剧烈变化对我们在极点 $m_\pi^2=0.02\ \mathrm{GeV}^2$ 附近极其重要, 所以可认为这是可靠和准确的. 诚然, 在较高的能量下, 较大的 t 会涉及较小的角动量, 因此 $1/(t-m_\pi^2)$ 等形式可能是错误或模棱两可的 (我们的意思是, 我们想遵循一个原则——极点对参数的贡献仅在共振态附近有好的定义). 但这里的振幅对能量的依赖是缓慢的, 对于最低或次低的角动量 (s, p 波), 振幅会湮没在我们添加的背景振幅之中 (对于非常高的角动量, 不添加背景).

然而, 我们所写的振幅表达式并非规范不变的. π^+ 从一个源处产生, 电荷不守恒. 必须与其他项结合组成整体规范不变. 一个明显的竞争者是对应于 938 处未激发核子的 s 道共振态. 我们可将以下相加 (令初始核子的电荷为 e_1, 末态核子的电荷为 e_2, 介子的电荷为 e_π)

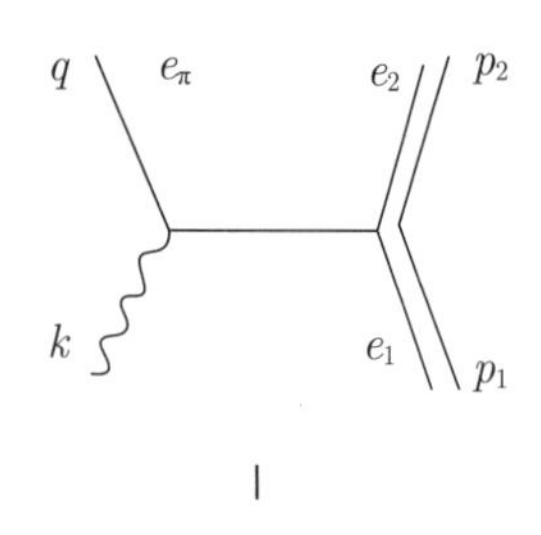

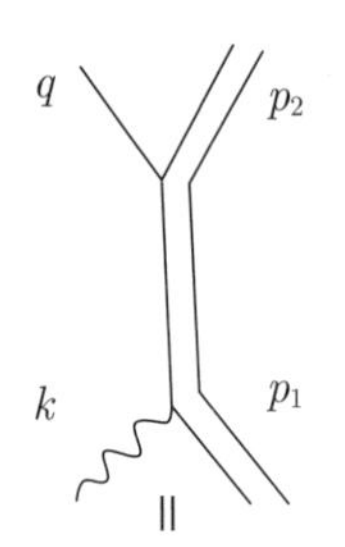

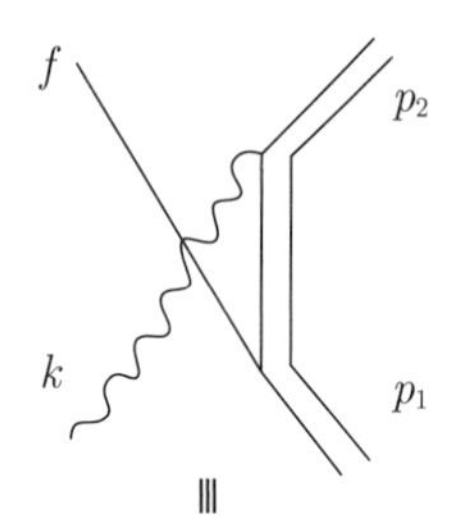

图2.3　核子共振图

图 2.3 给出

$$M_{\mathrm{I}} = 4\pi(2q-k)\cdot e\frac{1}{-2k\cdot q+k^2}(\overline{u}_2\gamma_5 u_1)e_\pi\sqrt{2}g \tag{2.8.1}$$

$$M_{\mathrm{II}} = 4\pi\overline{u}_2\gamma_5\frac{\not{p}_1+\not{k}+M}{k^2+2p_1\cdot k}\left(e_1\not{\epsilon}+\frac{\mu_1}{4M}(\not{\epsilon}\not{k}-\not{k}\not{\epsilon})\right)\overline{u}_1\sqrt{2}g \tag{2.8.2}$$

$$M_{\mathrm{III}} = 4\pi\overline{u}_2\left(e_2\not{\epsilon}+\frac{\mu_2}{4M}(\not{\epsilon}\not{k}-\not{k}\not{\epsilon})\right)\frac{\not{p}_2-\not{k}+m}{k^2-2p_2\cdot k}\gamma_5 u_1\sqrt{2}g \tag{2.8.3}$$

将 $\not{\epsilon}$ 替换成 $\not{k}$, 这三个表达式给出

$$\begin{aligned}
&M_{\mathrm{I}} = -4\pi e_\pi\sqrt{2}g(\overline{u}_2\gamma_5 u_1)\\
&M_{\mathrm{II}} = -4\pi e_1\sqrt{2}g(\overline{u}_2\gamma_5 u_1)\\
&M_{\mathrm{III}} = -4\pi e_2\sqrt{2}g(\overline{u}_2\gamma_5 u_1)\\
&M_{\mathrm{I}}+M_{\mathrm{II}}+M_{\mathrm{III}} = 0 \quad (\text{因为} e_\pi = e_1 - e_2)
\end{aligned}$$

注意

核子共振态图 III 的计入提醒我们考虑: 是否我们也应该加入低能 s 道共振态, 例如 Δ. 这种图 (图 2.4) 为

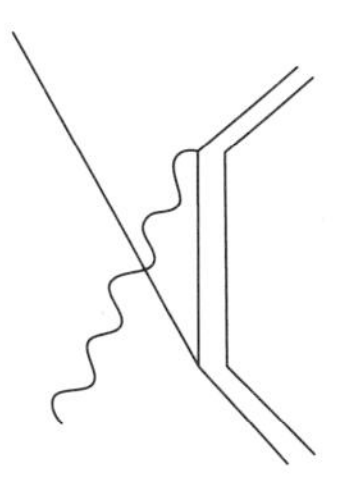

图2.4

答案当然是肯定的. Walker 没有把它们包括在内, 但它们同样随正能量 ω 相对缓慢地变化. 它们远离共振态 (出现在阈值以下是负 ω).

即使不计反常磁矩项, $M_{\rm I}+M_{\rm II}+M_{\rm III}$ 的规范不变性仍可保证. 这些项如整个 II 和 III 一样只在低能量下贡献了较低的角动量, 且随 k 变化不会变化得特别快. 对于小 k, 所有三项都具有预期的 $1/k$ 奇异行为. 随着 $k\to 0$, II 和 III 中的反常磁矩项变成一个常数, 因为分子中也有一个 k, 因为背景场基本上是任意的, 除了被假定为: a) 在较高的角动量状态下较小, b) 能量变化缓慢, 所以我们可以忽略反常动量项, 把它们包括在背景项中. Walker 这样做了, 结果有些意外地发现: 如果他排除这些反常磁矩项, 背景项会小于计入这些项的情况. 因此, 他对“介子交换项”的明确定义是 I + II + III, 其中, $\mu_1=\mu_2=0$ (他称这个表达式为“电 Born 项”).

我们看到, 他本来也可以很好地排除非反常磁矩项, 并使用一个更简单的表达式, 轻而易举地推广到任何介子交换项, 以合理的方式保持规范不变. 式子

$$(\not{p}_1+\not{k}+M)\not{e}=(2p_1+k)\cdot e+\frac{1}{2}(\not{k}\not{e}-\not{e}\not{k})-\not{e}(\not{k}_1-M)$$

中的最后一项消失, 因为初态有 $\not{p}_1=M$. 第二项在 $k\to 0$ 时没有极点、具有低角动量和低能量行为、可以被纳入背景, 因此像是磁矩项. 所有这些磁矩项只贡献于未限定的背景项, 因此我们可以略去这些项, 发现介子交换项可以写成规范不变的形式:

$$\text{“介子交换项”}=4\pi\left(-e_\pi\frac{(2q-k)\cdot e}{(2q-k)\cdot k}+e_1\frac{(2p_1+k)\cdot e}{(2p_1+k)\cdot k}-e_2\frac{(2p_2-k)\cdot e}{(2p_2-k)\cdot k}\right)\sqrt{2}g(\bar{u}_2\gamma_5 u_1) \tag{2.8.4}$$

(对于 π_0, $e_\pi=0$, 且 $\sqrt{2}g$ 替换为 g, $e_1=e_2$, 从而我们仍然有规范不变的表达式).

显然, “介子交换项”没有精确的定义 (增加了部分核子共振态项). 具体是哪部分的不确定性, 这是学术性的, 因为这种不确定是缓慢变化的, 并且被简单地吸收到“背景”的定义中. 对于一般情况, 我们建议在任意 k^2 (而不仅 $k^2=0$) 和任意初末态, 只考虑项

$$\langle f|\pi|i\rangle\, 4\pi\left(-e_\pi\frac{(2q-k)\cdot e}{(2q-k)\cdot k}+e_i\frac{(2p_i+k)\cdot e}{(2p_i+k)\cdot k}-e_f\frac{(2p_f-k)\cdot e}{(2p_f-k)\cdot k}\right) \tag{2.8.5}$$

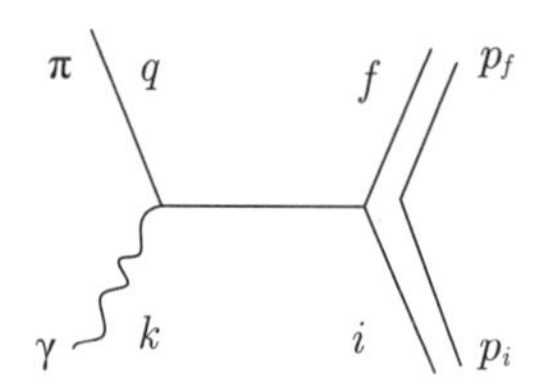

图2.5

$\langle f|\pi|i\rangle$ 是如图 2.6 的振幅

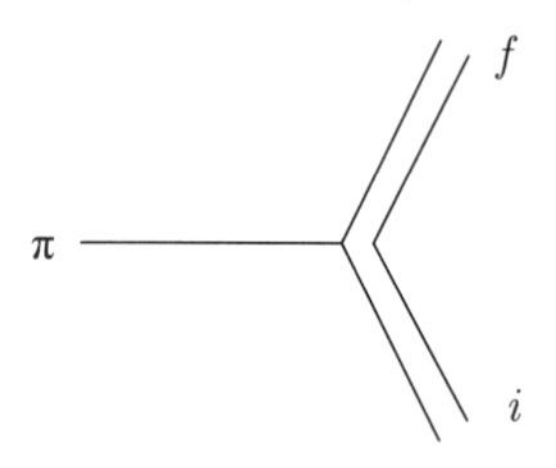

图2.6

严格说来, 尽管我们能确定的仅仅是壳上留数的正确性, 但这是离壳的, 因此可以使用一些理论上的定义. "π^0 交换项" 没有 $1/(t-m_\pi^2)$ 因子. 对角度的依赖很缓慢, 不会呈现向前的峰值.

对于任意 a, 如下形式都可以

$$\frac{(2q-k)\cdot e}{(2q-k)\cdot k}-\frac{a\cdot e}{a\cdot k}$$

但是式 (2.8.5) 有个优点, $k\to 0$ 的奇异行为在物理上是正确的.

我进行了这么长的讨论, 是为了说明 Walker 的拟合方法没有犯原则性的理论错误. 他的可调节拟合参数是期望值 $\langle \mathrm{Res}|J_\mu|\mathrm{N}\rangle$ 和背景振幅, 并且调节得尽可能小, 尽可能缓慢地变化. 通过这种方式, 从所有数据中提取出理论上非常重要的数据 $\langle \mathrm{Res}|J_\mu|\mathrm{N}\rangle$. Walker 给出矩阵元的值 A 为

$$A=\sqrt{4\pi e^2}(2M2M_2 2Q)^{-1/2}\langle f|J\cdot e_{\mathrm{pol}}|i\rangle$$

而不是直接给出 $\langle f|J\cdot e|i\rangle$. 假设一个质量为 m_1 的共振态衰变为一个能量为 E_2 的核子和一个光子, 动量各为 Q ($Q=(m_1^2-m_2^2)/2m_1$). 如果光子沿 z 方向以 $+1$ 螺旋度发射, 质子有两种可能的螺旋度 $-1/2$、 $+1/2$. 在这种情况下, 衰变的共振态的螺旋度是 $+3/2$ 或 $+1/2$. 对于每种情况, 无论它是质子还是中子, 都给出了矩阵元 A (见表 8.1).

第 3 章

共振态的夸克模型

夸克模型

各种各样的重子共振态已成功用夸克模型进行了分类; 它们好像是由三个夸克组成的. 每个夸克的自旋为 1/2; 有三种可能的幺正自旋态[①]u, d, s; 其中 u, d 的同位旋 I 为 $+1/2$, $-1/2$, 奇异数为 0; s 的同位旋 I 为 0, 奇异数为 -1; 至于电荷, u 为 $+2/3$, s, d 为 $-1/3$. 我们假定可以根据幺正自旋、正规自旋、一些内部坐标或表征内部轨道运动的坐标对各种夸克态进行分离区分.

核子八重态和最低十重态不需要“轨道”的贡献, 但下一组奇宇称能级态需要从轨道角动量的第一激发态获取宇称和部分角动量. 这些“夸克”可以被看作描述波函数的抽象指标, 此时我们需要三个指标, 其中每个指标可以是一个幺正指标和一个自旋指标,

① 译者注: 由幺正群 SU_3 的基本表示所描述的三种味道本征态.

共 3×2 种取值 (或者用 Dirac 旋量描写只 3×4 种指标) 以及描述角动量的四维矢量指标). 或者, 如果将图像更确切地描述为粒子彼此环绕运动, 我们预期得到两个内部自由度和两个角动量, 它们可以组合. 这导致了相较于其他观点, 预期会产生更丰富的态, 但是这种超额仅在内部第二激发态, 或更高质量的正宇称态下出现. 如今, 没有确切的证据表明这两个角动量是必要的 (1970 年版的表上有一个需要它们的态, 但这个态现在被认为是不确定的). 尽管如此, 我们将假设它们存在, 并研究该模型一个相当"真实"的物理观点. 一个角动量的抽象理论尚未足够清楚地建立能够用于计算它可能并非真正的备选方案.

我们简要复习一下夸克模型的概念和基本结论. 由三个对象组成的量子态, 在这些对象的排列下, 可呈现四种可能的性质之一. 它可以是对称的 S, 或改变符号即反对称的 A, 或处于混合对称 α 和 β 两种态之一, 这两种态在排列下变为它们的线性组合. 因此, 如果 X 代表两种混合态, 那么 S 与 X 的组合是混合对称态 X, A 与 A 的组合是对称态 S, X 与 X 的组合是四种态的不同线性组合 S, X 或 A, 因此

乘法对称

	S	X	A
S	S	X	A
X	X	S, X, A	X
A	A	X	S

图3.1

对于幺正自旋, 每个夸克有三种选择, 或者说 27 个态. 有 10 个对称态 $|\mathrm{uuu}\rangle_S$, $|\mathrm{uud}\rangle_S$ 等, 和一个反对称态 $|\mathrm{uds}\rangle_A$ (因为每个都必须不同). 剩下 16 个是 8 个 α 和 8 个 β. 因此幺正对称是

$$S = \underset{\sim}{10}\text{十重态}$$

$$X = \underset{\sim}{8}\text{八重态}$$

$$A = \underset{\sim}{1}\text{单态}$$

在重子中仅发现这些 SU_3 多重态. 对于自旋 1/2 的情形, 没有反对称态. 对称态 S 是自旋 3/2 的四重态, (两种) 混合态 X 是自旋 1/2 的二重态, 分别以上标 4 或 2 标记.

因此, 结合自旋和幺正自旋, 我们可以得出以下多重态 (SU_6 多重态). 通过上面的图表, S 可以来自于 $S \cdot S$ 或 $X \cdot X$, 所以

$$|S\rangle = {}^4\underset{\sim}{10} \text{ 或者} {}^2\underset{\sim}{8} \qquad \underline{56} \text{ 态}$$

$$|X\rangle = {}^2\underset{\sim}{1}, {}^2\underset{\sim}{8}, {}^4\underset{\sim}{8} \text{ 或者} {}^2\underset{\sim}{10} \qquad \underline{70} \text{ 态}$$

$$|A\rangle = {}^4\underset{\sim}{1} \text{ 和} {}^2\underset{\sim}{8} \qquad \underline{20} \text{ 态}$$

最后, 我们将这些与内部轨道运动结合起来. 出于确定性, 我们可以考虑谐振子力. 答案取决于轨道激发度 N.

我们要构建一个整体上完全对称的态.

$\underline{N=0}$. 没有内部运动. 因此直接有 $|S\rangle = \underline{56} = {}^4\underset{\sim}{10}_{3/2}, {}^2\underset{\sim}{8}_{1/2}$, 即众所周知的最低十重态和八重态.

$\underline{N=1}$. 一个单位的激发具有 X 对称性. 因为质心不能移动 (只有相对坐标), $X_1+X_2+X_3$ 是不可能的, 其中 X 是各个夸克的位置. 只能涉及差值, 即 $|\alpha\rangle$, $|\beta\rangle$ 态:

$$|\alpha\rangle \quad \frac{1}{\sqrt{6}}(2X_1-X_2-X_3)$$

$$|\beta\rangle \quad \frac{1}{\sqrt{2}}(X_2-X_3)$$

为了得到整体的 $|S\rangle$, 轨道 $|X\rangle$ 必须与幺正自旋和自旋 $|X\rangle$, 或说 $\underline{70}$ 结合. 最后, 当角动量单元与自旋以各种方式组合, 构造不同的总动量 j, 保证奇宇称, 我们得到

${}^2\underset{\sim}{1}_{1/2}$	${}^2\underset{\sim}{1}_{3/2}$	
${}^2\underset{\sim}{8}_{1/2}$	${}^2\underset{\sim}{8}_{32}$	
${}^4\underset{\sim}{8}_{1/2}$	${}^4\underset{\sim}{8}_{3/2}$	${}^4\underset{\sim}{8}_{5/2}$
${}^2\underset{\sim}{10}_{1/2}$	${}^2\underset{\sim}{10}_{3/2}$	

所有这些多重态 (除了 ${}^4\underset{\sim}{8}_{3/2}$) 都已经被发现.

附注

如果一个对象可以处于 x,y,z 等状态之一, 我们可以用三个这样的对象形成像 $|zxy\rangle$ 这样的态, 意思是第一个对象处于状态 z, 第二个对象处于状态 x, 第三个对象处于状态 y. 同样, 可以由此得到其他排列方式 $|xzy\rangle$ 等, 我们可以形成具有某种确定对称性的态

$$|S\rangle = |xyz\rangle_S = \frac{1}{\sqrt{6}}(|xyz\rangle + |xzy\rangle + |yxz\rangle + |yzx\rangle + |zxy\rangle + |zyx\rangle)$$

$$|\alpha\rangle = |xyz\rangle = \frac{1}{2\sqrt{3}}(|xyz\rangle + |xzy\rangle + |yxz\rangle + |yzx\rangle - 2|zxy\rangle - 2|zyx\rangle)$$

$$|\beta\rangle = |xyz\rangle = \frac{1}{2}(|xyz\rangle - |xzy\rangle - |yxz\rangle + |yzx\rangle)$$

$$|A\rangle = |xyz\rangle_A = \frac{1}{\sqrt{6}}(-|xyz\rangle + |xzy\rangle - |yxz\rangle + |yzx\rangle - |zxy\rangle + |zyx\rangle).$$

如果有两个状态比如 xy 是相同的态, 即 $y = x$, 则将 $|xyz\rangle + |yxz\rangle$ 替换为 $\sqrt{2}|xxz\rangle$. 如果三个都相同, 那么只有 S 态非零, $|xxx\rangle_S = |xxx\rangle$.

将两个这样的态进行乘积组合, 我们得到

$$S\cdot S = S \qquad A\cdot S = A \qquad S = \frac{1}{\sqrt{2}}(\alpha\alpha + \beta\beta)$$

$$S\cdot\alpha = \alpha \qquad A\cdot\alpha = \beta \qquad \alpha = \frac{1}{\sqrt{2}}(-\alpha\alpha + \beta\beta)$$

$$S\cdot\beta = \beta \qquad A\cdot\beta = -\alpha \qquad \beta = \frac{1}{\sqrt{2}}(\alpha\beta + \beta\alpha)$$

$$S\cdot A = A \qquad A\cdot A = S \qquad A = \frac{1}{\sqrt{2}}(-\alpha\beta + \beta\alpha).$$

有了这些规则和角动量的组合规则, 就可以构造夸克模型中的任何特定态 (表 3.1).

表 3.1 光子矩阵元

态	多重态	J_z	I_z	$\langle f\|J_\mu e_\mu\|i\rangle/\mathrm{F}$	$\mathrm{A(GeV)^{-1/2}}$	$\mathrm{A^{NR}(GeV)^{-1/2}}$	$\mathrm{A^{exp}(GeV)^{-1/2}}$
$\mathrm{p}_{33}(1236)$	$^4\underset{\sim}{10}_{3/2}[\underline{56},0^+]_0$	+3/2	p	$-\sqrt{6}\rho$	−0.190	−0.178	−0.244
		+1/2	p	$-\sqrt{2}\rho$	−0.110	−0.103	−0.138
$\mathrm{D}_{13}(1520)$	$^2\underset{\sim}{8}_{3/2}[\underline{70},1^-]_1$	+3/2	p	$+\sqrt{\Omega}$	+0.115	+0.112	+0.151
		+1/2	p	$-\sqrt{3}\lambda\rho+\sqrt{\frac{1}{3}}\sqrt{\Omega}$	−0.036	−0.029	−0.026
	90	+3/2	n	$-\sqrt{\Omega}$	−0.115	−0.112	−0.132
		+1/2	n	$+\sqrt{\frac{1}{3}}\lambda\rho-\sqrt{\frac{1}{3}}\sqrt{\Omega}$	−0.033	−0.030	
$\mathrm{s}_{11}(1535)$	$^2\underset{\sim}{8}_{1/2}[\underline{70},1^-]_1$	+1/2	p	$+\sqrt{\frac{3}{2}}\lambda\rho+\sqrt{\frac{2}{3}}\sqrt{\Omega}$	+0.165	+0.160	+0.096
		+1/2	n	$-\sqrt{\frac{1}{6}}\lambda\rho-\sqrt{\frac{2}{3}}\sqrt{\Omega}$	−0.115	−0.109	−0.118
$\mathrm{D}_{15}(1670)$	$^4\underset{\sim}{8}_{5/2}[\underline{70},1^-]_1$	+3/2	p	0	0	0	0.040 ↑
		+1/2	p	0	0	0	∼0
		+3/2	n	$-\sqrt{\frac{3}{5}}\lambda\rho$	−0.057	−0.053	
		+1/2	n	$-\sqrt{\frac{3}{10}}\lambda\rho$	−0.041	−0.038	
$\mathrm{s}_{31}(1650)$	$^2\underset{\sim}{10}_{1/2}[\underline{70},1^-]_1$	+1/2	p	$-\sqrt{\frac{1}{6}}\lambda\rho+\sqrt{\frac{2}{3}}\sqrt{\Omega}$	+0.050	+0.047	

态	多重态	J_z	I_z	$\langle f\vert J_\mu e_\mu\vert i\rangle/\mathrm{F}$	$\mathrm{A(GeV)^{-1/2}}$	$\mathrm{A^{NR}(GeV)^{-1/2}}$	$\mathrm{A^{exp}(GeV)^{-1/2}}$
$\mathrm{D}_{33}(1670)$	$^2\underset{\sim}{10}_{3/2}[\underline{70},1^-]_1$	+3/2	p	$+\sqrt{\Omega}$	+0.091	+0.091	
		+1/2	p	$+\sqrt{\frac{1}{3}}\lambda\rho+\sqrt{\frac{1}{3}}\sqrt{\Omega}$	+0.095	+0.092	
$\mathrm{P}_{11}(1470)$	$^2\underset{\sim}{8}_{1/2}[\underline{56},0^+]_2$	+1/2	p	$(+\sqrt{\frac{3}{4}}\lambda\rho)\lambda$	+0.028	+0.032	
		+1/2	n	$(-\sqrt{\frac{1}{3}}\lambda\rho)\lambda$	−0.019	−0.020	
$\mathrm{F}_{15}(1688)$	$^2\underset{\sim}{8}_{5/2}[\underline{56},2^+]_2$	+3/2	p	$(+\sqrt{\frac{4}{5}}\sqrt{\Omega})\lambda$	+0.064	+0.070	+0.139
		+1/2	p	$(-\sqrt{\frac{9}{10}}\lambda\rho+\sqrt{\frac{2}{5}}\sqrt{\Omega})\lambda$	−0.011	−0.015	~ 0
		+3/2	n	0	0	0	~ 0
		+1/2	n	$(+\sqrt{\frac{2}{5}}\lambda\rho)\lambda$	+0.038	+0.041	
$\omega(784)$	$^3s_1$	0	π	$\sqrt{\frac{1}{2}}\rho$	0.297		0.22 ± 0.02
$\Lambda(1520)$	$^2\underset{\sim}{1}_{3/2}[\underline{70},1^-]$	+3/2	Λ	$+\frac{5}{6}\sqrt{\Omega}$	+0.109		0.097 ± 0.010
		+1/2	Λ	$-\frac{5}{6}[\sqrt{3}\lambda\rho-\sqrt{\frac{1}{3}}\sqrt{\Omega}]$	+0.012		

$$\mathrm{A}=\sqrt{4\pi e^2}\,(2m_1\cdot 2m_2\cdot 2Q)^{-1/2}\,\langle f|J_\mu e_\mu|i\rangle$$

共振态的质量 m_1 变成光子的动量 Q 和末态强子 (见 I_z 列) 的质量 m_2. J_z 是沿着螺旋度为 $+1$ 的衰变光子的运动方向的共振态自旋投影.

$$Q=\frac{m_1^2-m_2^2}{2m_1},\quad \lambda=\sqrt{\frac{2}{\Omega}}Q,\quad \rho=\sqrt{\Omega}\frac{2m_1}{m_1+m_2}\lambda=\sqrt{2}\,(m_1-m_2)$$

$$F=\exp\left(\frac{-m_1^2Q^2}{\Omega\,(m_1^2+m_1^2)}\right)\approx 1$$

$$\Omega=1.05(\mathrm{GeV})^2$$

第 9 讲

夸克模型 (续)

$\underline{N=2}$. 两个 X 型的轨道激发可以产生 S, X, A, 并且总轨道角动量可以为 2, 1, 0,

因为事实证明对称态 A 的总角动量 $L=1$, S 或 X 态的可以是 2 或者 0. 因此我们有

$$
\begin{array}{ll}
[56,0^+];[70,0^+] \text{ 和 } [20,1^+] & = {}^4\underset{\sim}{1}_{1/2}\ {}^4\underset{\sim}{1}_{3/2}\ {}^4\underset{\sim}{1}_{5/2} \\
[56,2^+];[70,2^+] & \quad {}^2\underset{\sim}{8}_{1/2}\ {}^2\underset{\sim}{8}_{3/2}
\end{array}
$$

20 还没有被观测到. 对于质子, 不存在一次对一个夸克进行作用的算符 (例如 J_μ) 的矩阵元. 至少必须两个夸克的运动发生改变才能从基态 $[56,0^+]_{N=0}$ 到 20.

我们确实需要 $[56,2^+]$, 因为自旋为 $7/2^+$ 的 Δ 无法通过其他方式获得. 这组十重态的另外两个 $j=1/2^+,3/2^+$ 的 Δ, 也已经在大致相同的能量处被看到. 这整个多重态被认为是基本的 $[56,0^+]_{N=0}$ 的 Regge 复现, 质量平方在 $2.1(\mathrm{GeV})^2$ 以上. 这也很好地解释了 $5/2^+(m^2=2.85)$ 的八重态.

一个令人费解的态是 2.16 处 $1/2^+$ 的 Roper 共振. 它最适合作为 $[56,0^+]_{N=2}$ 的证据. 这个态令人困惑之处, 在于它的质量比最适合作为 $[56,2^+]_{N=2}$ 的 2.85 处的 ${}^2\underset{\sim}{8}_{5/2}$ 低. 这两个态从 SU_6 的角度看是完全等同的. 具有谐振子动力学的夸克模型预测它们具有相同的质量, 因为它们都对应于两个内部激发. 较大的质量差异表明谐振子动力学可能过于简单. Roper 共振是核子的呼吸振动模式; 与具有净轨道角动量的共振相比, 可能所有的呼吸振动模式都导致共振的质量更低. $[56,0^+]_{N=2}$ 的相应十重态还没有被观测到.

如果只有一个内部自由度, 这些 $[56,0^+]_{N=2}$, $[56,2^+]_{N=2}$ 是预言的态. 70 的各个态是预言不到的. 它们就在那里, 真棒! 有三种态可能需要它们:

$$
\begin{array}{lll}
1/2^+N(1780) & \text{可能是}[70,0^+] & m^2=3.16 \\
3/2^+N(1860) & \text{可能是}[70,2^+] & m^2=3.46 \\
7/2^+N(1990) & [70,2^+] & m^2=3.96
\end{array}
$$

后一个态必须为 $[70,2^+]$; 它不可能只有一个自由度, 但这一点还没有得到很好的证实. (1970 年的粒子表上有这个态, 但 1971 年的表上没有!) 第一个也可能是 $[56,0^+]_{N=4}$, 核子一个更高的“呼吸”激发模式. 该类粒子有核子, $m^2=0.881$, Roper 共振的 $m^2=2.16$, $N(1780)$ 的 $m^2=3.16$.

如果只允许一个内部运动, 则第二个态必须是从 $J=3/2$ 的 $[56,2^+]$ 中丢失的八重态. 如果是这样, 它的质量平方 3.46 完全不同于 $J=5/2$ 态的质量平方 2.85, 因此, 必须放弃自旋轨道耦合较小的常规假定.

因此, 各种证据支持需要两个内部自由度, 但这不是决定性的.

问题

通过夸克模型仔细研究 20 的性质, 并提出寻找它的最明智的实验方法, 这是一个很好的研究问题.

观察 20 的困难在于, 如果假设我们通过一个每次作用于一个夸克的算子来探测重子 (无论算子的性质如何), 那么无法从核子得到 20. 这是因为 20 的 SU_6 指标是反对称的, 而核子是全对称的. 对核子中的一个夸克进行操作, 其余两个夸克将仍处于对称态.

$\underline{N=3}$. $N=3$ 有很多可能的态. 最重要的无疑是 $[70,1^-]$ 在 $[70,3^-]$ 的 Regge 复现. 这种情况的一些态显然是已知的.

$\underline{N=4}$. 已知有自旋 1/2、可能来自于 $[56,4^+]_{N=4}$ 的 Δ.

矩阵元计算

夸克模型最简单的应用是在假设夸克遵循非相对论性 Schrodinger 方程的情况下计算矩阵元. 这里有一些模糊的因素, 如 m_2/m_1 或 E_2/m_2 (末态和初态的能量和质量), 但对于我们的光电矩阵元来说, 这种不确定因素比较小. 参见 1969 年在英国达斯伯里举办的高能电子与光子相互作用国际研讨会上 R. Walker 的报告"共振区单介子光产生".

可以用三个谐振子的哈密顿量简单算出系统的状态:

$$H=\frac{1}{2m}(\boldsymbol{p}_1^2+\boldsymbol{p}_2^2+\boldsymbol{p}_3^2)+\frac{m\omega^2}{2}\left[(\boldsymbol{x}_1-\boldsymbol{x}_2)^2+(\boldsymbol{x}_2-\boldsymbol{x}_3)^2+(\boldsymbol{x}_1-\boldsymbol{x}_3)^2\right] \tag{3.9.1}$$

我们可以将自旋和幺正自旋依赖的部分从内部运动中提取出来.

一个夸克, 用下标 1 标记, 它与电磁场的相互作用取为

$$e_1\left[(\frac{g}{2m})\boldsymbol{\sigma}_1\cdot\boldsymbol{B}(x_1)+\frac{1}{m}\boldsymbol{p}_1\cdot\boldsymbol{A}(x_1)\right]$$

其中, e_1 是夸克的电荷. 这个算符 (A 为光子的合适的平面波) 在式 (3.9.1) 哈密顿量的本征态 n 之间的矩阵元给出了 $\langle\text{Res}|J_\mu|p\rangle$ 的数据, 可与实验进行比对.

m, ω, g 这三个量是参数; g 是夸克的回转矩. Dirac 值 $g=1$ 符合得很好, 所以就选为 1. ω 的值猜测为 400 MeV, 这样能级间距将大致正确, m 的值选为 340 GeV 以拟合质子磁矩. 表 8.1 中倒数第二列给出了当前产生的矩阵元的值 $A_{\text{non-rel.}}=A^{\text{NR}}$. 结果

表明, 这与已知的数值显著地一致. 所有符号都是正确的, 并且, 有时通过模型产生的选择定则, 有时通过轨道和自旋耦合项的抵消, 对实验上较小的数据给出了正确的理论预测. (在 $\langle f|J_\mu e_\mu|i\rangle$ 这一列中, 包含 ρ 的项是由自旋贡献的, 公式来自相对论修正. 它们基本上与非相对论情况相同). 最后, 数量级通常非常接近, 相差最多的是质子上螺旋度为 $+3/2$ 的 $F_{15}(1688)$, 也只相差一倍. 这很可能是理论上的错误, 因为这是 Walker 在拟合时的系统性误差, 为了简单起见, 他省略了许多夸克模型认为不应该很小的共振.

如果这是真的, 就会出现几个问题. 首先, 一个包含质量为 340 MeV、第一激发态为 400 MeV 的粒子的非相对论理论必然不合理. 其次, 在这么低的夸克质量下, 应该存在 $\mathrm{QQQQ\overline{Q}}$ 态.

我们已经使用了玻色统计. 而如果夸克可以是自由的, 那么可以证明, 自旋为 1/2 的粒子必定遵循费米统计. 唯一的解决办法是, 假设每个 SU_3 型都有三类或者说三种 “色” 的夸克, 并认为束缚态是新指标的纯单态. 例如, 重子作为 3Q 态, 三个夸克的色必定各不相同, 因此关于色是反对称的, 可以说, 夸克遵循费米统计要求关于其他指标是对称的. (处理这个问题的一种正式方法叫仲统计法, 可以证明它完全等价于费米夸克理论的三种色.)

第 10 讲

Feynman, Kislinger and Ravndal, Phys. Rev. (1971) 这篇文章 (简称 FKR) 试图改进一个关键点, 即非相对论性理论在如何应用于相对论运动学问题上具有一定任意性. 文章使用的方法是, 建立一个至少规则是相对论性陈述的理论. 这样一个理论如果要求完整, 则必须是相对论性场论, 太复杂而难以计算. 他们提出了一个关于态的简单理论, 但以牺牲幺正性为代价. 这意味着以后会有相当大的麻烦, 但至少可以制定出明确的相对论性的规则. 应用于我们考虑的光子矩阵元的最终结果给出了与非相对论情形几乎完全相同的数值, 因此我们对这种方法兴趣不大. (不过, 它是用一个任意性更小的常数来实现的.) 尽管如此, 我们还是给这种方法作一个概述.

他们指出谐振子的哈密顿量可以写为 $2mH = p^2 + m^2\omega^2x^2$, $2mH$ 差不多是态的能

量 $m+W$ (或质量) 的平方差. 于是, 为了使质量平方等间距, 他们对质量平方使用本征矢量算符, 即谐振子. 唯一的常数是 $m^2\omega^2$, 他们记为 Ω^2, 因此等式右边不出现夸克质量. 由此, 令

$$K = 3(p_a^2 + p_b^2 + p_c^2) + \frac{\Omega^2}{36}\left[(u_a - u_b)^2 + (u_b - u_c)^2 + (u_c - u_a)^2\right] + C \tag{3.10.1}$$

C 是常数, p_a 是四维动量, u_a 是夸克 a 的四维时空坐标. 它的倒数 $1/K$ 是传播子. 如下所述, 其极点 $(K=0)$ 给出了质量平方:

分离质心运动

$$\begin{aligned}
p_a &= \frac{1}{3}p - \frac{1}{3}\xi \\
p_b &= \frac{1}{3}p + \frac{1}{6}\xi - \frac{1}{2\sqrt{3}}\eta \\
p_c &= \frac{1}{3}p + \frac{1}{6}\xi + \frac{1}{2\sqrt{3}}\eta
\end{aligned} \tag{3.10.2}$$

得到相对动量算符 ξ,η (在 x,y 坐标下), 发现

$$\begin{aligned}
K &= p^2 - N \\
-N &= \frac{1}{2}\xi^2 + \frac{1}{2}\eta^2 + \frac{\Omega^2}{2}x^2 + \frac{\Omega^2}{2}y^2
\end{aligned} \tag{3.10.3}$$

N 是两个谐振子的哈密顿量. 因此本征值为 $N = N_0$ 的态的 K 有极点 $(p^2 - N)^{-1}$, 或者以质量平方为 N_0 的粒子进行传播. 显然它们以 Ω 划分间距. Regge 斜率表明, 每增加单位角动量, 质量平方增加 1.05 $(\mathrm{GeV})^2$, 因此取 $\Omega = 1.05\ \mathrm{GeV}^2$. (对于重子的光电矩阵元, 没有其他 (有效) 可调常数.)

如果对 K 施加微扰 δK, 传播子变为

$$\frac{1}{K} + \frac{1}{K}\delta K\frac{1}{K} + \frac{1}{K}\delta K\frac{1}{K}\delta K\frac{1}{K}\cdots$$

因此保留到一阶时, 微扰 δK 变为

$$\frac{1}{p^2 - m_f^2}\langle f|\delta K|i\rangle\frac{1}{p^2 - m_i^2}$$

或者, 作为由惯常的相对论规则定义的相对论性 T 矩阵元, m^2 的适当微扰正好是 δK 在 N 的本征态之间的矩阵元.

那么自旋呢? 缺少自旋轨道耦合意味着, 自旋波函数可以分离出来, 因此算符 K 等于一个公共表达式乘以一个带三个 Dirac 四分量指标的波函数. 即使在没有电磁场的情

况下, 指标也不受影响. 无论如何, p_a^2 被替换成与之等价的 $(\not{p}_a)^2$, 因此当电磁场作用时, 算符为

$$
\begin{aligned}
K_{\text{inA}} = & 3\left[\left(\not{p}_a - e_a\not{A}_a(u_a)\right)^2 + \left(\not{p}_b - e_b\not{A}_b(u_b)\right)^2 + \left(\not{p}_c - e_c\not{A}_c(u_c)\right)^2\right] \\
& + \frac{\Omega^2}{36}\left[(u_a - u_b)^2 + (u_b - u_c)^2 + (u_c - u_a)^2\right] \qquad (3.10.4)
\end{aligned}
$$

e_a, e_b, e_c 分别是三个夸克所带的电荷.

由此, 一阶微扰给出动量为 q 的流算符:

$$
J_\mu^V = 3\sum_{\alpha=a,b,c} e_\alpha(\not{p}_\alpha\gamma_\mu \mathrm{e}^{\mathrm{i}q\cdot u_\alpha} + \gamma_\mu \mathrm{e}^{\mathrm{i}q\cdot u_\alpha}\not{p}_\alpha) \qquad (3.10.5)
$$

它的矩阵元是在系统的态之间取的.

但是系统有太多种态.

(1) 四维振子有负模的时间分量态 (或者负能量态, 但 FKR 选择前一种表述, 见下文). 为了避免这种态, 假设它们没有被激发, 因此实验中的态满足附加条件: 在态的四动量 P_μ 方向上, 处于振子的静止状态 (如果 a_μ^* 和 b_μ^* 是两个振子的产生算符),

$$
\begin{aligned}
P_\mu a_\mu^*|\phi\rangle &= 0 \\
P_\mu b_\mu^*|\phi\rangle &= 0 \qquad (3.10.6)
\end{aligned}
$$

(2) 通过在 ϕ 中引入 Dirac 旋量, 可以包含两倍于期望的态 (Q 和 $\overline{\mathrm{Q}}$). 同时, 为了避免旋量部分恰好等于反夸克态, 还需要假定额外的附加条件.

$$
\begin{aligned}
P_\mu\gamma_{\mu a}|\phi\rangle &= m|\phi\rangle \\
P_\mu\gamma_{\mu b}|\phi\rangle &= m|\phi\rangle \\
P_\mu\gamma_{\mu c}|\phi\rangle &= m|\phi\rangle \qquad (3.10.7)
\end{aligned}
$$

其中, m 是态的质量 $(m^2 = P_\mu P_\mu)$.

(3) 流不是规范不变的, 除非所使用的质量平方差恰好就是 $N\Omega$ (即 C 是一个真正的常数). 这些矩阵元是用实验测得的真实质量平方计算的, 可能间隔并不是精确的 $N\Omega$. 从 ^{2}8p 到四重态的跃迁是不受影响的, 同样 $\mathrm{F}_{15}(1688)$ 也不受影响, 因为它的质量平方几乎正好比质子质量大 2Ω. 表中所有矩阵元 (除了 $\omega\to\pi\gamma$) 涉及的不确定性都是非常小的.

省略这些态, 式 (3.10.6) 和式 (3.10.7) 意味着没有使用完备集, 由于被省略的态具有负模, 这意味着随着初末态质量差的增大, 矩阵元通常会由于不断增长的因子而过大.

FKR 计算了各种介子的衰变宽度 (通过 PCAC, 利用 π 介子耦合算符的轴矢流散度), 发现情况就是这样. 他们除以一个因子 $(\overline{u}_2 u_1)^{-3}$ 来补偿自旋, 并引入一个截断因子

$$\exp\left(-\frac{\alpha Q^2 m_1^2}{\Omega\left(m_1^2+m_2^2\right)}\right) \tag{3.10.8}$$

(其中, α 由经验拟合来定, $\alpha \approx 1/\Omega$.)

对于更低的态, 这些对目前的矩阵元不会有很大影响 (如果不考虑它们, 理论计算的 1688 将会增大 40%), 表 8.1 中给出的数据已经计入了这些影响. 可见, 对于 J_μ 的这些矩阵元, 非相对论模型没有实质性的修正.

这个表也包含了一个介子条目, 即 $\omega \to \pi+\gamma$; 在这里, 相对论非常重要. 理论与实验结果符合得比较好, 但最近的实验仍然给出偏低的结果 (大约 0.15). 数值来源于对 ω 衰变成 $\pi+\gamma$ 的分支比的测量.

当然, 除了这些非对角元之外, 还有对角元 $\langle$质子$|J_\mu|$质子$\rangle$. 对于质子的形状因子, 在所有动量 Q 处的值都是已知的, 不过这里我们只讨论当 q 的值较低时的结果, 电荷 (当然给出了正确结果) 和磁矩. 这里使用的夸克模型在处理这些问题时非常不成功. 相对论性理论给出质子磁矩 $\mu=3.00$①, 中子磁矩为 -2.00 (对比实验结果 2.79 和 -1.91). (类似 SU_3) 给出 $\mu_\Lambda = 1/2\mu_\mathrm{N} = -1.00$, 但若以 Λ 的磁子为单位则是 -0.84, 实验值是 -0.70 ± 0.07. (之所以根据相应的态的质量来定义磁子并作为基本单位, 是因为我们使用了质量平方微扰 $= m\mu(\sigma \cdot B)$ 而非能量微扰 $= \mu(\sigma \cdot B)$, 所以得到的 $m\mu$ 值是简单的数字.)

假设所有这些都可以作为夸克模型的证据, 那么由此我们可以得到什么? 有如下可能:

(1) 理论原理的拓展与完善

①拓展到其他流的矩阵元. 自然地, 轴矢流的矩阵元可以通过同一模型 (将 $A\!\!\!/$ 替换为 $\gamma_5 A\!\!\!/$) 直接计算出来, 从 β 衰变可以知道一点点. 它们出现了相同因子的错误, 如果将理论结果乘上 0.71 就和实验相符了 (例如, 从模型推出 g_A 的理论值为 5/3, 而实验值为 1.23). 使用 PCAC, 可以计算出共振辐射 π 介子到核子的振幅, 除了一些表现为两个较大的项之差的敏感矩阵元, 其他都非常成功. 细节参见 FKR, 我们之后将讨论 $q^2=0$ 情况下的光电矩阵元.

②负模态. 这些态导致了各种歧义和不确定性. 首先, 人们对自旋所引入的因子一无所知 (除了将波方程看作两分量旋量波函数所满足的 (至今没有解决), 而表面看来, 它似乎破坏宇称). 其次, 我们有负模的类时态. 在这点上, Fujimara, Kobayashi, Narniki

① 译者注: 以核磁子为单位, 下文若无特殊说明也是如此.

在 Progr. Theor. Phys. (Kyoto) 49, 193 (1970) 文章 (简称 FKN) 中提出了一项建议. FKR 将 $\exp[t^2-x^2-y^2-z^2]$ 取为谐振子基态的“波函数”(其他的波函数都是多项式和这个因子的简单相乘). 爆炸性增长的 e^{t^2} 只能由负模控制. FKN 则不然, 使用 $\exp[-t^2-x^2-y^2-z^2]$ 来代替, 他们指出这也是以下方程的一个解:

$$\left(\frac{\partial^2}{\partial t^2}-\frac{\partial^2}{\partial x^2}-\frac{\partial^2}{\partial y^2}-\frac{\partial^2}{\partial z^2}-(t^2-x^2-y^2-z^2)\right)\phi=E\phi \tag{3.10.9}$$

这毕竟是四个分别关于 t,x,y,z 的独立振子的和, 每个振子都可以处于自己的基态. 这里时间振子对质量平方贡献负值, 我们可以有能量低于基态的态, 甚至 m^2 为负的态. 再一次, 我们将不得不做一些声明, 诸如“时间态没有被激发”, 但至少这是另一种可用的观点.

因此, 动量表象的波函数有如下形式:

$$\exp\left[\frac{1}{2\Omega}\left(p^2-\frac{(P\cdot p)(P\cdot p)}{P^2}\right)\right] \tag{3.10.10}$$

其中, P 是整体态的四矢量动量 $P^2=M_{\text{Res}}^2$. (基态波函数就只是这个函数, 其他的则需要乘上多项式因子.) 流在 P_1 到 P_2 ($P_2-P_1=q$) 两个态之间的矩阵元 $e^{iq\cdot x}$ 包含了如下这种重叠积分

$$\int\exp\left[\frac{1}{2\Omega}\left(p^2-\frac{(P_1\cdot p)(P_1\cdot p)}{P_1^2}\right)\right]\delta^4(p-p'-q)\exp\left[\frac{1}{2\Omega}\left(p'^2-\frac{(P_2\cdot p')(P_2\cdot p')}{P_2^2}\right)\right]\mathrm{d}p^4\mathrm{d}p'^4 \tag{3.10.11}$$

将上式积分, 易得形状因子:

$$F=\frac{M_1^2M_2^2}{(P_1\cdot P_2)^2}\exp\left[\frac{1}{\Omega}\left(q^2-\frac{2(P_1\cdot q)(P_2\cdot q)}{P_1\cdot P_2}\right)\right] \tag{3.10.12}$$

利用上式, 若考察质子的形状因子 (假设没有自旋因子), 此时 $P_1^2=P_2^2=M^2$, $(P_2-P_1)^2=q^2$, 得出

$$F=\frac{1}{(1-q^2/2M^2)^2}\exp\left(\frac{1}{\Omega}\frac{q^2}{1-q^2/2M^2}\right) \tag{3.10.13}$$

可以看到, 对于 $-q^2$ 较大的情形, 这个结果就像真实的形状因子一样呈 $1/q^4$ 形式, 而且它通常与真实情况符合得相当好!

对于光电矩阵元 ($q^2=0$), 假设观测的态都是时间态没有被激发的情形, 所有矩阵元与 FKR 的结果几乎完全相同 (除了一个接近 1 的偶然因子 $M_1M_2/P_1\cdot P_2=\dfrac{2M_1M_2}{M_1^2+M_2^2}$), 只是这里它们全部都带形状因子 F (这在理论上比 FKR 更令人满意, 因为这里带不带 F 不再是任意选择的). 在这种情况下得到的 F 是

$$\left(\frac{2M_1M_2}{M_1^2+M_2^2}\right)^2\exp\left(-\frac{4}{\Omega}\frac{M_1^2Q^2}{M_1^2+M_2^2}\right) \tag{3.10.14}$$

这与 FKR 中经验性的 F 非常相似, 除了指数中的 4 (因此它非常接近 FKR 中 F 的四次方). 它截断得太快, 以至于对 1688 的拟合比原来更差, 同时还破坏了原先拟合得很好的其他情况.

③ 推广至高阶微扰, 特别是两个流算符的一连串的矩阵元. 光子散射, 电磁质量差或者非轻子弱衰变都需要两个流乘积的矩阵元. 后一种情况中, 两个流在相同的时空点, 我们可以证明如果夸克是玻色型的, 这些衰变中著名的规则 $\Delta I = 1/2$ 就能得到很好的解释. 一个自然的想法就是考虑二阶微扰 $\delta K \frac{1}{K} \delta K$. 然而, 在传播子 $1/K$ 中对态进行遍历求和时, 我们应该怎么做?

a. 对包括负模时间态在内的所有态求和, 不放入任意的形状因子.

b. 采用一些假设的形状因子, 仅对物理的态求和 (没有时间态被激发). 如果这样做, 假设的形状因子是什么?

c. 使用 Fujimara 等人的方案, 对包括负能态在内的所有态求和.

每一种方法都有难处理的问题 (对易子在光锥外等于零吗?), 目前还没有提出任何准确或明确的方法来与实验进行比对. 我们将在发展出了进一步的理论工具 (如色散关系) 后再来讨论这个问题.

(2) 具体理论模型的修正

理论可以被修正到在更大程度上与实验一致吗? 最佳线索可能是从质量平方的真实值入手. 它确实依赖于 SU_3 和自旋的特性. 也许最重要的线索就是 π, η, η' 系统的大质量差和 ρ, ω, ϕ 的小质量差 (根源都是由奇异性产生的额外的质量平方) 之间的对比. 这似乎表明相互作用力不是一个矢量, 而是一个轴矢量. 一个有趣的问题是重子八重态中 Σ 和 Λ 的质量差. 简单的夸克模型预言它们应该是简并的.

为了保证物理一致性, 接下来是需要对夸克模型自身做的修正. 例如, 使用 PCAC 或者具有某种直接耦合的修正夸克模型, 假设 π, Δ, p 耦合在一起, 我们可以计算如图 3.2 的振幅

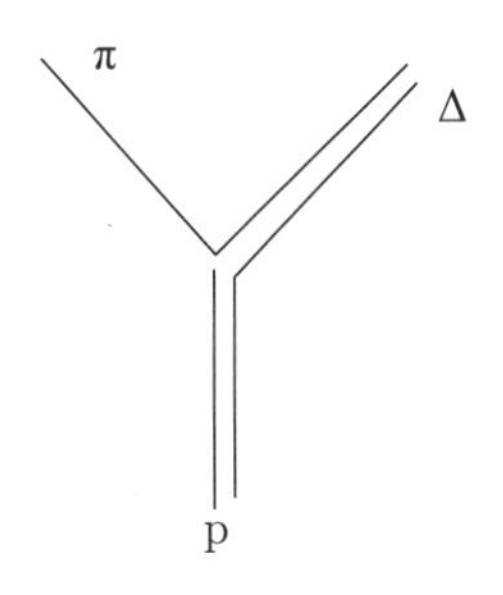

图3.2

当然, 这意味着 Δ 可以衰变成 π, p, 因此 Δ 有衰变宽度. 但是在原来的理论中 Δ 只有一个确定的能级. 我们可以想象 Δ 也按如图 3.3 进行传播, 以此获得宽度

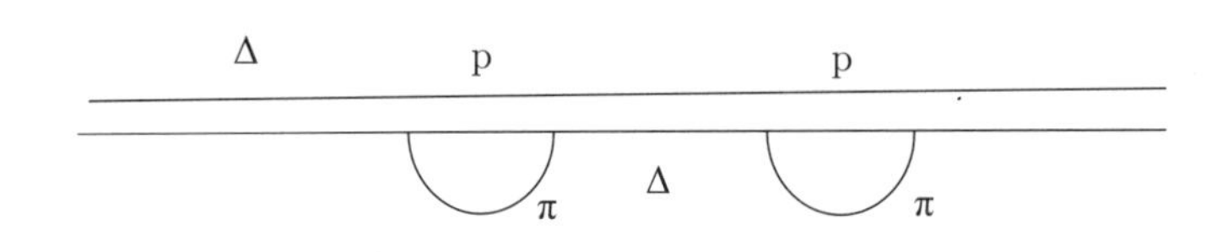

图3.3

夸克模型给出耦合将用作微扰展开的开端. 这成功地在传播子中引入了虚部 $i\Gamma m$, 但同时修正了实部, 使得实验质量不等于夸克模型直接给出的未修正的质量. 修正有多大? 我们是否可以用它来理解一些问题? 例如 Σ, Λ 的质量差, [56,0] 中从 $^4 10$ 到 $^2 8$ 的分裂等. 微扰论很难使用, 它有发散的趋势, 它似乎涉及了远离质壳的耦合. 对于 Δ, 可以有很多态, 而不仅仅是 p, π, 等等. 最后也是最重要的一点, 我们可能将同一个部分计算了两次. 也就是说, 或许我们在最初的夸克方程中已经包含了某些相互作用, 而后来我们又将它们计入了微扰修正.

由于这些不确定性, 目前还没有人将这些问题弄清楚. (再举一个例子, 修正的质子磁矩是多少? 它有一定的概率幅衰变到一个 Δ 和一个 π, 甚至一个 p 和一个 π.)

有一个非常严峻的问题: 夸克模型是用来做什么的? 是用来计算一系列理想态之间的一阶耦合, 然后在某些确定的公式 (例如, 场论微扰展开的一系列图) 中使用, 来计算最终的强子世界的吗?

夸克理论是一个不完善的理论. 对于接下来该如何修正它, 或者以正确且不矛盾 (例如满足幺正性) 的方式完整地使用它, 还没有确定的方案. 这样就走进了死胡同. 它表明强子态之间存在一定规律性, 但对于这意味着什么, 或者这暗示了在设计更完善的理论时应包括什么, 还缺乏精确的陈述. 这是强相互作用理论中最重要的问题.

这个 "死胡同", 一是指我们缺乏如何走得更远的想象力, 二是指每个 "狭窄共振近似" 都必须面对这个问题.

第 4 章

高能情况下赝标量介子的光产生

第 11 讲

赝标量介子的光产生——更高能情况

我们现在来考虑能量更高的情形, 特别是 5 GeV 到 18 GeV (因为缺乏 2 GeV 到 4 GeV 过渡区域的完整数据). 这里用共振求和进行直接分析是无望的, 因为涉及了太多共振态. 振幅的完整分析并不存在, 主要截面和少数极化光子或极化靶的不对称性测量确实存在, 但我们对每个螺旋度的振幅等问题进行分析的理论技能还不够好. 因此, 更多的是经验性的概况研究, 指出问题, 而不是完整的理论分析, 简言之, 我们对这一领域并不完全理解.

参考文献

Diebold. High Energy Photoproduction. High energy physics conference. Boulder, Colorado, 1969.

Wiik. Photoproduction of pseudoscalar mesons. International symposium on electron and photon interactions at high energies. Cornell, 1971.

现在这一部分中, 我们将只研究高能下光子–核子作用总截面的很小一部分. 例如, 在 5 GeV 时, $\gamma+\mathrm{p}\to\pi^{+}+\mathrm{n}$ 的截面占总截面的 0.6%.

由于 1236, 1560, 1700 共振, γ 与 p 反应的总截面在低能段呈现出一些隆起. 而当能量在 3 GeV 以上时, 总截面近乎平坦, 能量从 5 GeV 到 15 GeV 时, 总截面从 125 μb 下降到 113 μb. (这大约是 πp 截面的 1/220).

越靠近前向, 反应截面越大, 因此对于给定的 s (或实验系下光子动量 k), 考察截面对 t 的依赖是很方便的. 随 t 变化的斜率随 k 的变化相对缓慢, 并注意到 t 上有某些特征区域. 反方向也有一个峰, 对应于 u 较小的区域, 因此对于给定的 s, 最好绘制 u 的图像.

有一个经验规则, 虽然不准确, 但是可以很好地对比不同能量下的数据, 即所有向前散射的截面近似按 k^{-2} 变化, 向后散射的按 k^{-3} 变化. 产生这个规则的原因, 还没有很好地被人们理解. 换句话说, 这个规则意味着 $k^2\mathrm{d}\sigma/\mathrm{d}t$ 几乎是 t 的固定函数. 在 t 小于 $1(\mathrm{GeV})^2$ 左右时, 不同反应的曲线各不相同. Diebold 报告中的图 (本书重新绘制了这个图, 见图 12.1) 给出了这些曲线. (图中的数据不是精确的, $f(t)$ 随 s 的变化经过了平滑化处理, 精确数据请参阅实验报告细节, 不过对于像当前这样的概况研究, 它们已经描述得非常好了.)

在 $t=1$ 以上, 所有的反应都以接近 e^{3t} 的形式衰减. 这种衰减的原因仍不清楚. 相比于强子碰撞, 这个规则在描述光子反应时最为精确, 当然也适用于很多强相互作用的情况, 例如向前散射的 $(\pi^{-}+\mathrm{p}\to\pi^{0}+\mathrm{n}$ 或 $\pi^{+}+\mathrm{p}\to\mathrm{k}^{+}+\Sigma^{+})$, 以及逆向的 $(\pi^{+}+\mathrm{p}\to\mathrm{p}+\pi^{+})$ (G. Fox). 它或许和强相互作用的另一条规则有关. 也就是说, 在产生介子或重子的高能单举反应中, 这些粒子随横动量 $P_{\perp}$ 分布满足 $\mathrm{e}^{3P_{\perp}^{2}}$. 这个规则在产生光子的单举反应中也成立. 这只是粗略结果, 对于较小的 $P_{\perp}^{2}$, 分布为 $\mathrm{e}^{-8P_{\perp}^{2}}$; 对于较大

的 $P_{\perp}^2$, 分布为 $\mathrm{e}^{-2.2P_{\perp}^2}$.

高能和高 t 情况下的横动量分布是一个开放性问题, 非常值得研究.

令人惊讶的是, 只有逆向的光产生峰貌似不遵循这个规则. 它们的曲线比其他任何的都平缓, 大概以 $\mathrm{e}^{1.2u}$ 的规律变化. ($\gamma+\mathrm{p}\to\Delta^{++}+\pi^-$ 并非如此, 它在逆向随 u 的快速衰减更接近 e^{3u}.)

在更小的 $t(t<1)$ 处的行为可以通过以下轨迹 Regge 极点交换的思想来定性地解释:

π 和奇异数相近的 K

ρ 和近乎简并的 A_2

ω

K^* 和近乎简并的 K^{**}

由于各种轨迹有不同的截距和斜率, k^{-2} 行为不太可能发生. 但 k^{-2} 不可能是振幅真正的渐近规则, 这一定是几个项以近似 k^{-2} 变化而产生的一种偶然结果, 而定量求解往往有点困难. 可以这么看, 如果振幅真的以 s^{-1} 的形式变化, 或者更确切地说, 在正确地归一化之后是个常数, 那么由同位旋标量和同位旋矢量产生的光子耦合会有 $90°$ 的相位差, 不会发生干涉. 因此, 我们预期 $\mathrm{d}\sigma/\mathrm{d}t(\gamma+\mathrm{p}\to\pi^++\mathrm{n})=\mathrm{d}\sigma/\mathrm{d}t(\gamma+\mathrm{n}\to\pi^-+\mathrm{p})$, 而事实上它们不相等.

同位旋标量和同位旋矢量有 $90°$ 相位差的原因是: 令任意粒子的振幅为 $f(s)$, 它的反粒子振幅为 $f\left(\mathrm{e}^{\mathrm{i}\pi}s\right)^*$. 于是, 如果 $f(s)=\beta s^{\alpha(t)}$, 对于反粒子就是 $\beta^*\mathrm{e}^{-\mathrm{i}\pi\alpha}s^{\alpha}$. 但是对于同位旋标量耦合, 粒子与反粒子的振幅相反, 则要求 $\beta_{\mathrm{S}}=\mathrm{i}c\exp(-\mathrm{i}\pi\alpha/2)$, 其中 c 为实数. 对于同位旋矢量耦合, 由于粒子与反粒子有相反的同位旋, 它们的振幅相同, 因此 $\beta_V=c'\exp(-\mathrm{i}\pi\alpha/2)$, 其中 c' 为实数. 这就表明 β_S 和 β_V 之间有 $90°$ 的相位差.

在 Regge 理论中, 轨迹交换可以解释为 t 道共振的求和. 对于每一种情况, 在两个纵向动量方向上, 交换的共振的极化都被耗尽, 使得 s 的幂次尽可能高. 举个例子, 交换一个矢量粒子, 并且在任何一个顶角都没有自旋翻转 (t 固定, s 较大, $P_1\approx P_3$, $P_2\approx P_4$)

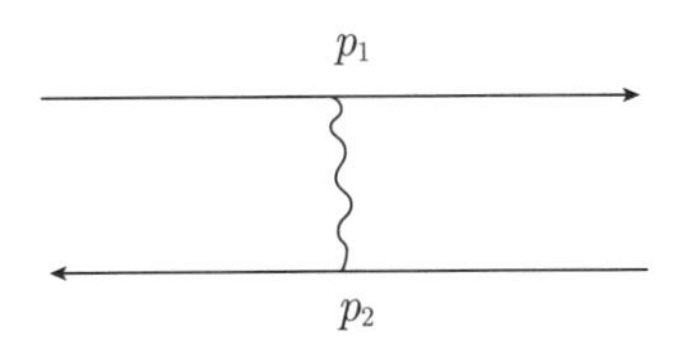

图4.1

振幅是 $\sum_{\mathrm{Pol}}(P_1\cdot e)(P_2\cdot e)=P_1\cdot P_2=s$, 因此自旋无法携带纵向角动量. 如果在其

中一个顶角发生了螺旋度翻转 $\Delta\lambda$, 那么交换的自旋在 s 的最高幂次项中再次被用尽, 因此存在因子 $Q^{\Delta\lambda}$ 或 $\sqrt{t}^{|\Delta\lambda|}$. 如果两个顶角都发生翻转, 那么理想情况下振幅呈 $\sqrt{t}^{|\Delta\lambda_1|+|\Delta\lambda_2|}$ 形式. 对于后者, 如果两个 $\Delta\lambda$ 的符号相反, 则结果是真实的, 这是角动量整体守恒所要求的. 然而, 如果两个 $\Delta\lambda$ 相等, 比如都等于 1, 我们得到的结果为 t. 但这不是角动量守恒所要求的. 事实上, 在这种情况下, 由于吸收效应, 这个因子消失了. 对于较小的碰撞参数, 吸收修正将 t 降到了它在物理上可能的最低值 (在这个例子中就是常数). 只有当耦合真正因子化时, 它必须是 $t^{|\Delta\lambda_1|+|\Delta\lambda_2|}$, 否则吸收会降低幂次.

第 12 讲

赝标量介子的光产生——更高能情况 (续)

现在我们对每种情况展开更详细的讨论 (按照 G. Fox 的方案). $\gamma+\mathrm{p}\to\pi^-+\Delta^{++}$

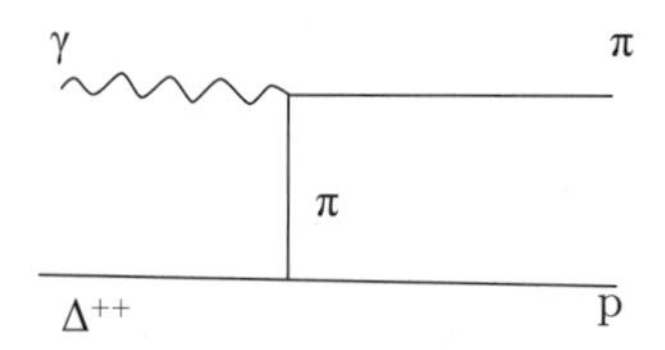

图4.2

这种情况可以用 π 介子交换来简单解释. 在光子和 π 介子的顶角, 必须有螺旋度翻转, 但由于 $\mathrm{p}-\Delta$ 的质量差异, 在 $\mathrm{p}\Delta$ 的顶角没有限制. 因此, 振幅是 $\sqrt{t}/(t-m_\pi^2)$, 在 $t=0$ 处下沉, 在 $t=m_\pi^2$ 处有最大值. 人们预期 π 介子交换会导致 k^{-2} 形式的截面 $(s^{2\alpha-2}, \alpha\approx 0)$. 在这种情况下, 计及了吸收修正的规范不变的单 π 介子交换很适用.

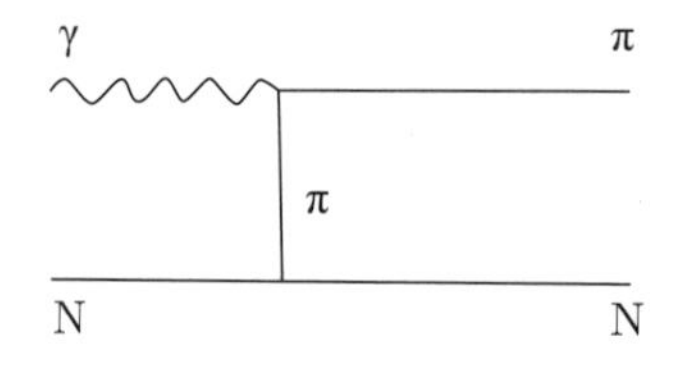

图4.3

$\gamma + p^+ \to \pi^+ + n, \gamma + n \to \pi^- + p$

在 $\gamma\pi$ 顶角和核子顶角 (根据宇称) 均有螺旋度翻转. 因此在理想情况下, 我们预计振幅为 $t/(t-m_\pi^2)$, 它在 $t=0$ 处应该有一个下沉. 然而, 如果留意图 4.10 的数据, 我们看到向前散射有一个尖峰. 究其原因是:"存在吸收".

为了理解吸收如何影响振幅, 我们对碰撞参数表示做 Fourier 变换. 发现 π 介子的概率幅现在看起来像 $\nabla(\mathrm{e}^{-\mu b})$, 这是关于 b 的奇函数. 光子与这个 π 介子耦合的振幅形如 $\nabla\nabla(\mathrm{e}^{-\mu b})$, 第一个梯度算符是因为 π 介子处于核子的 P 波中, 第二个梯度算符是因为光子与 π 介子在 P 波中耦合. $\nabla\nabla(\mathrm{e}^{-\mu b})$ 的函数图像如图 4.4 所示:

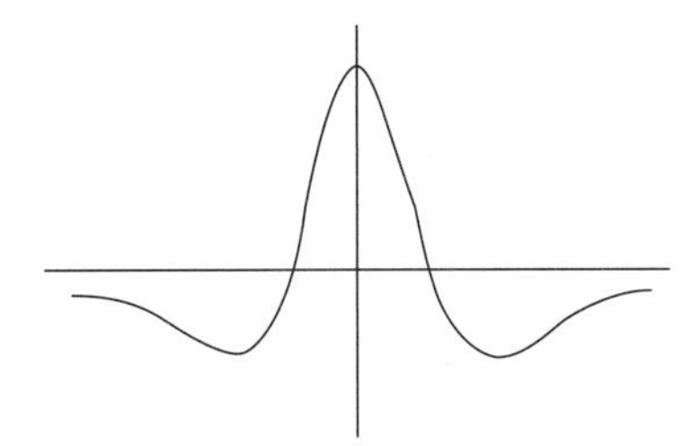

图4.4

向前散射的振幅正比于这个函数的积分值. 由于这个积分值为 0, 所以我们仍然不能解释尖峰的出现. 这里引入吸收, 以小碰撞参数与光子散射的 π 介子不一定能出射, 因为它们可能正好趁机与核子发生强烈的相互作用. 函数 $\nabla\nabla(\mathrm{e}^{-\mu b})$ 必须乘以如图 4.5 所示的这种函数 $a(b)$:

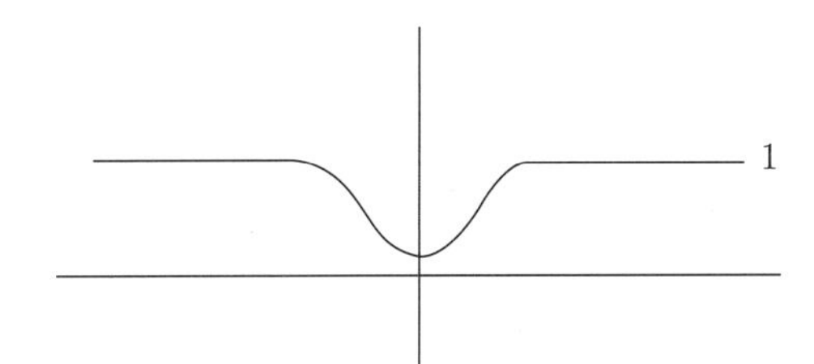

图4.5

乘积 $a(b)\nabla\nabla(\mathrm{e}^{-\mu b})$ 的积分给出了非零的向前散射振幅. 振幅是

$$\frac{t}{t-m_\pi^2} - C \tag{4.12.1}$$

G. Fox 注意到, 取 $C=1$ 时, 这个经验规则在许多情况下符合得很好. 振幅变为 $m_\pi^2/(t-m_\pi^2)$. (这类峰在强相互作用中很普遍, 例如, pn 交换, pn$\to$ np.)

$d\sigma/dt(\gamma+p\to\pi^++n)$ 和 $d\sigma/dt(\gamma+n\to\pi^-+p)$ 的区别表明了类 ρ 介子交换的出现. 这两种情形的振幅情况为

$$\gamma+p\to\pi^++n=\pi+\rho+A_2$$
$$\gamma+n\to\pi^-+p=\pi-\rho+A_2$$

π 和 ρ 发生相干干涉, 是因为 ρ 耦合主要是由自旋翻转引起的. 耦合的符号也与朴素的夸克模型所预期的一致. (与类似的强相互作用情形 n+p→p+n= π + ρ 和 $p+\bar{p}\to n+\bar{n}=\pi-\rho$ 中的耦合符号也一致.) 我们所期望的在各种 t 下 ρ 对能量的依赖还没有被清楚地展现出来. 或许对于较小的 t, π 介子占主导. 对于 −0.5 附近的 t, 由于那里 $\alpha(\rho)=0$ (大致有 $\alpha(\rho)=0.5+t$), 预计 $\gamma+p\to\pi^0+p$ 的振幅出现一个下沉. 在 Regge 理论中, ρ 轨迹交换的振幅正比于

$$\frac{(1-e^{-i\pi\alpha})}{(\sin\pi\alpha)\Gamma(\alpha)}s^{\alpha(t)-1} \tag{4.12.2}$$

$(\sin\pi\alpha)^{-1}$ 中的极点 $\alpha=0$ 被"抵消两次", 一次是被分子中的相因子, 一次是被 $(\Gamma(\alpha))^{-1}$, 因此 ρ 轨迹的贡献在 $t=-0.5$ 处消失. 这个下沉在 $\pi^++\rho\to\pi^0+n$ 中看得更清楚; 而在 $\gamma+p\to\pi^0+\rho$ 中, 双螺旋度翻转振幅里这个零可能会因吸收而模糊掉. 在单翻转振幅中, 它将显现出来.

$\gamma+p\to\pi^++n$ 的不对称度

$$A=\frac{\sigma_\perp-\sigma_\parallel}{\sigma_\perp+\sigma_\parallel} \tag{4.12.3}$$

$\sigma_\perp$ 和 $\sigma_\parallel$ 分别是沿垂直和平行于散射平面方向极化的光子的截面. 实验测得 A 的图形如图 4.6 所示

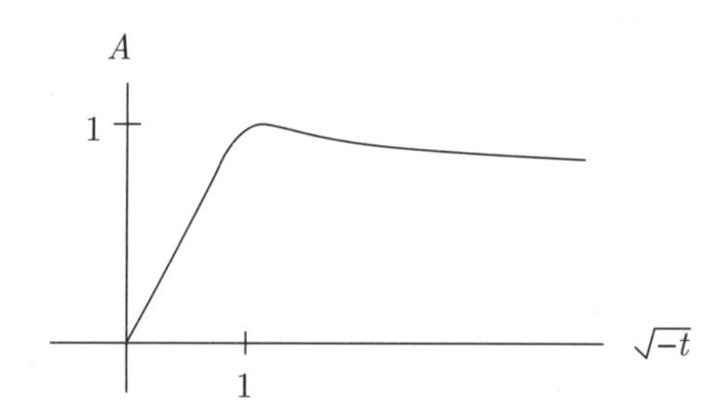

图4.6

对于较小的 t, 有 $\sigma_\parallel\approx\sigma_\perp$; 对于 $\sqrt{-t}>0.2$, $\sigma_\parallel$ 很小. 这可以通过考虑对 $\sigma_\perp$ 和 $\sigma_\parallel$ 有贡献的交换来解释. $\sigma_\perp$ 仅由自然宇称粒子交换 ($P=(-1)^J$, 例如 ρ, ω) 贡献, $\sigma_\parallel$ 仅由非自然宇称粒子交换 ($P=-(-1)^J$, 例如 π) 贡献.

为了看清这个问题, 考虑图 4.7:

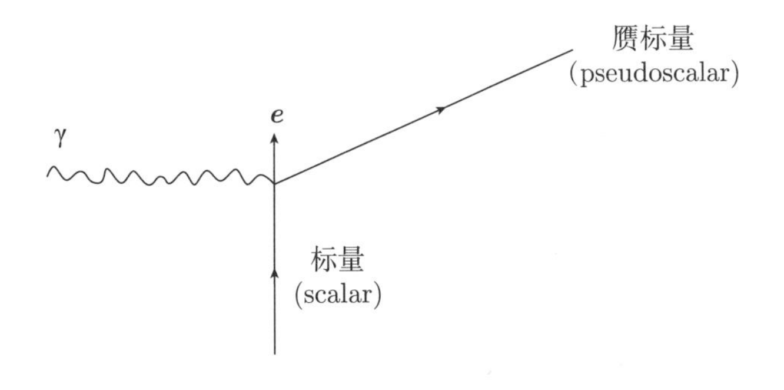

图4.7

令入射光子的极化 $\boldsymbol{e}$ 位于纸平面内, 如果关于散射平面做镜面反映, 一切运动学量完全不变. 但是由于赝标量粒子的存在, 振幅符号会取负, 因此振幅应该等于零.

现在考虑入射光子沿垂直纸面的方向极化:

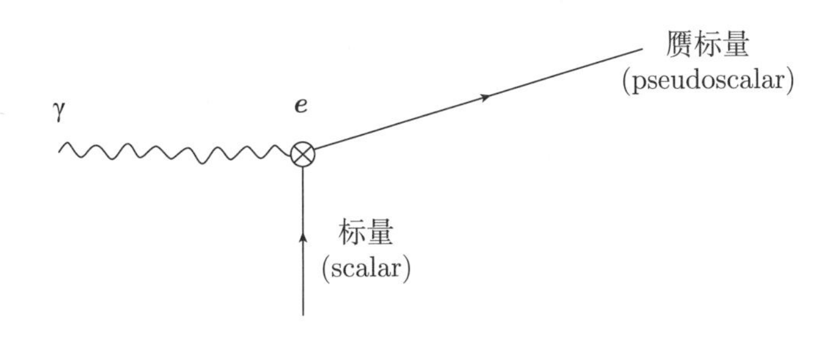

图4.8

同样, 关于散射平面做镜面反映, $\boldsymbol{e}$ 变反. 但是由于存在赝标量粒子, 符号还要再变反一次, 因此自然宇称粒子交换对 $\sigma_\perp$ 有贡献. 对于 π 介子交换的情况, 可以采用类似的论证, 推广到更高角动量的轨迹就给出了我们的规则.

曲线不对称的原因可以解释如下: 在 $t=0$ 时, 由于没有特殊的轴, 根据几何学可以得出 $\sigma_\parallel=\sigma_\perp$. 对于理想的 π 介子交换, 振幅为

$$A_\parallel=\frac{t}{t-m_\pi^2}$$

$$A_\perp=0 \tag{4.12.4}$$

对于 ρ 介子, 我们有 $A_\parallel=0$, $A_\perp^\rho\neq0$. 考虑吸收 ($t=0$ 的修正) 必然有 $A_\parallel=-1/2$, $A_\perp=-1/2$, 这样才能使用 G. Fox 的大小估算方法得到零截面. 总振幅为

$$A_\parallel=\frac{t}{t-m_\pi^2}-\frac{1}{2}=\frac{1}{2}\left(\frac{t+m_\pi^2}{t-m_\pi^2}\right)$$

$$A_{\perp} = -\frac{1}{2} + A_{\perp}^{\rho} \tag{4.12.5}$$

$A_{\perp}^{\rho}$ 在 t 较小时应该取为零. 忽略这一项, 我们预计不对称度为

$$A = \frac{|A_{\perp}|^2 - |A_{\parallel}|^2}{|A_{\perp}|^2 + |A_{\parallel}|^2} \tag{4.12.6}$$

将从 $t=0$ 处的 0 开始迅速增长, 到 $t=-m_{\pi}^2$ 处达到 1 (实验上确实如此), 然后在更大的 t 处衰减到 0. 事实上, 不确定度确实会稍微衰减到 0.8 左右, 但并不会衰减得像预计的那么多; 想必有其他项, 例如 $A_{\perp}^{\rho}$, 开始对不对称度产生强烈影响.

$\gamma + \mathrm{p} \rightarrow \pi^0 + \mathrm{p}$

这个反应的 $\mathrm{d}\sigma/\mathrm{d}t$ 在向前散射部分呈现出一个非常尖锐的峰, 这是由于光子交换产生的 (被称作 Primakoff 效应), 如图 4.9 所示.

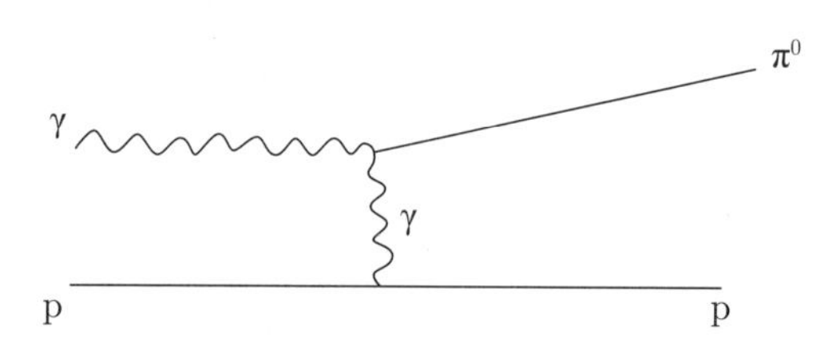

图4.9

我们知道 π^0 与它衰变产生的两个光子耦合. 事实上, 这个效应提供了测量 $\pi^0 \rightarrow \gamma\gamma$ 寿命的最精确的方法; 在 Primakoff 效应中交换的光子几乎都在壳.

对于向前散射峰之外的 t, 反应可以来自于一些交换, 我们预计在其中 ω 占主导, 并且有一个强烈的单翻转 (在 $\gamma\pi$ 顶角翻转, 在核子顶角不翻转). 因此振幅在 $t=0$ 处消失, 在 $\alpha(t)=0$ 即 $t=-0.5$[①]处呈现下沉. 在 t 较小时的能量依赖是完全错误的. $\alpha(t)$ 的实验曲线图 (根据 $\mathrm{d}\sigma/\mathrm{d}t = s^{2\alpha(t)-2}$ 得到) 表明, 对于 0 到 -1.2 之间的所有 t[②], α 都在 0 ± 0.2 左右. 如果考虑交换 ω, 我们预期 $\gamma + \mathrm{n} \rightarrow \pi^0 + \mathrm{n}$ 的情况也相等. 对于较小的 t, 比值 $\dfrac{\gamma + \mathrm{n} \rightarrow \pi^0 + \mathrm{n}}{\gamma + \mathrm{p} \rightarrow \pi^0 + \mathrm{p}}$ 为 1, 在 $t=-0.5$[③]附近, 比值衰减到 0.6, 然后在较大的 t 处, 比值又重

① 译者注: 原文误为 $t=0.5$. 参考第 11 讲所列的第二篇文献 Wiik "Photoproduction of pseudoscalar mesons", International symposium on electron and photon interactions at high energies, Cornell (1971). 中图 3.

② 译者注: 实验上实际测量到的 t 可能是 -1 而非 -1.2. 参考第 11 讲所列的第二篇文献 Wiik "Photoproduction of pseudoscalar mesons", International symposium on electron and photon interactions at high energies, Cornell (1971). 中图 1 和图 3.

③ 译者注: 原文误为 $t=0.5$. 参考第 11 讲所列的第二篇文献 Wiik "Photoproduction of pseudoscalar mesons", International symposium on electron and photon interactions at high energies, Cornell (1971). 中图 6.

新增长到 1.

沿平行于产生平面方向极化的光子截面为 $\sigma_{\|}$, 沿垂直于产生平面方向极化的光子截面为 $\sigma_{\perp}$, 不对称度 $A=\left(\sigma_{\perp}-\sigma_{\|}\right)/\left(\sigma_{\perp}+\sigma_{\|}\right)$ 也已经被测量. 截面中都是 $\sigma_{\perp}$ 占主导, 除了下沉区附近, 那时 $\sigma_{\|}$ 的占比可能高达 20%.

$\gamma+\mathrm{p}\rightarrow\mathrm{K}+\Lambda\quad\gamma+\mathrm{p}\rightarrow\mathrm{K}+\Sigma$

这些反应是由于 K^* 和 K^{**} 交换. 在 t 更低处, 少许 K 交换使得 Λ 的截面比 Σ 的截面大, 因为 $\mathrm{KP}\Lambda$ 的耦合比 $\mathrm{KP}\Sigma$ 的耦合大.

$\gamma+\mathrm{p}\rightarrow\mathrm{n}+\mathrm{p}$

这由 ρ 交换而非 ω 交换主导, 由于双翻转, 在 -0.5 处没有看到下沉.

已经尝试过对这些曲线进行定量拟合, 但是每一条都需要考虑几个复杂的因素, 例如吸收、Regge 截断等. 我们不值得花时间去关注它们的具体细节, 因为没有哪个模型能自动轻易地对所有反应给出详细的拟合.

尽管如此, 我们可以说, 在这个 s 较大的区域 (至少对于较小的 t), t 道交换的概念似乎是一个指导性原则, 而且相当成功. 在强子碰撞中我们也看到了同样的效应, 甚至更详细. 这不是光子碰撞独有的特性, 因此下一讲的讨论将会更具一般性.

现在我们从夸克模型推出各种耦合的相对强度. 上面的讨论使用了这些结果.

为了得到这些相对强度, 我们假设介子通过流来耦合. 将介子用夸克波函数表示, 并将夸克态用产生湮灭算符表示, 可以得到流.

我们有 $\rho=\mathrm{u}\bar{\mathrm{u}}-\mathrm{d}\bar{\mathrm{d}}$, $\omega=\mathrm{u}\bar{\mathrm{u}}+\mathrm{d}\bar{\mathrm{d}}$; 因此, ρ 像一个流那样与质子耦合, 视 u 的荷为 $+1$, 视 d 的荷为 -1. ω 作为流与质子的耦合, 视 u 的荷为 $+1$, 视 d 的荷为 $+1$. 光子与质子的耦合, 质子中 u 的荷为 2/3, d 的荷为 $-1/3$, 或者光子像 $\frac{1}{6}\omega+\frac{1}{2}\rho$ 那样作为流与质子耦合. ρ 与中子的耦合, 较之与质子的耦合, 符号取负, ω 与中子的耦合, 较之与质子的耦合, 符号不变. 因此 $\gamma\mathrm{p}=\frac{1}{2}\rho+\frac{1}{6}\omega$, $\gamma\mathrm{n}=-\frac{1}{2}\rho+\frac{1}{6}\omega$, 给出 $\rho=\gamma\mathrm{p}-\gamma\mathrm{n}$, $\omega=3(\gamma\mathrm{n}+\gamma\mathrm{p})$.

耦合看起来像是具有如下性质:

	从电荷看	从磁矩看
$\gamma\mathrm{p}$	1	3
$\gamma\mathrm{n}$	0	-2
ρ	1	5
ω	3	3

因此 ρ 主要与自旋耦合, 有翻转的振幅占主导, 而 ω 没有出现这种主导.

根据 $\pi^0 = u\bar{u} - d\bar{d}$, 我们得到 ω,ρ 与 γ 和 π^0 的耦合. 因此在 π^0 和 ρ^0 (它们有相同的 $u\bar{u}$ 符号和 $d\bar{d}$ 符号) 之间, 光子与 u 的耦合加上光子与 d 的耦合 $= \frac{2}{3} + \left(-\frac{1}{3}\right) = \frac{1}{3}$, 对于 ω, 与 u 的耦合减去与 d 的耦合 $= \frac{2}{3} - \left(-\frac{1}{3}\right) = 1$. 因此

$$\frac{\pi^0\omega\gamma}{\pi^0\rho\gamma} = \frac{3}{1}$$

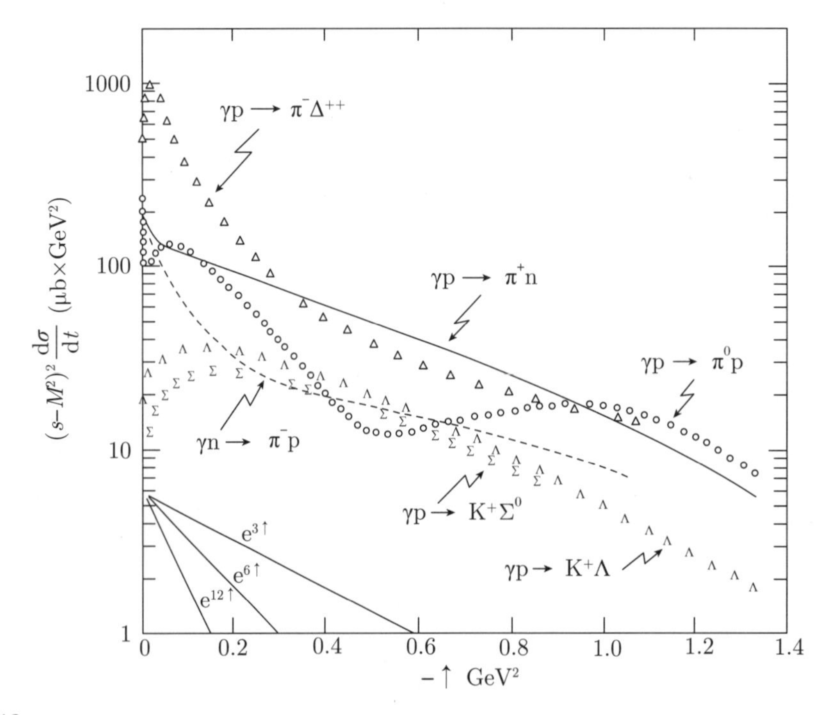

图4.10

对于 $\eta = \frac{1}{\sqrt{6}}(2s\bar{s} - u\bar{u} - d\bar{d})$, 这个比值颠倒

$$\frac{\eta\omega\gamma}{\eta\rho\gamma} = \frac{1}{3}$$

赝标介子与核子八重态通过 SU_3 耦合, $F=2$, $D=3$, 因此

$$\frac{K\Sigma N}{K\Lambda N} = \frac{\frac{1}{\sqrt{2}}(F-D)}{\sqrt{\frac{3}{2}}\left(F+\frac{1}{3}D\right)} = \frac{-1}{3\sqrt{3}}$$

第 5 章

t 道交换现象

第 13 讲

t 道交换现象

关于如何理解这些 t 道交换现象, 已经有大量的理论观点, 接下来我会讨论一些. 它们密切相关, 在很大程度上无疑是描述同一事物的不同方式. 我将对每一种观点作一个简要的讨论, 指出它们彼此之间的关系, 以及它们不同程度的不完整性. 理解大 s 处 t

交换的一些方法:

a) 几何的或碰撞参数的观点

b) Regge 极点公式

c) t 道共振

d) s 道共振

第一个观点 (Harari 给出了最完整的讨论) 指出, 随着 $s \to \infty$, 角动量可以变得非常高. 因此, 如果选择第 ℓ 个轨道动量, 当 s 增加时, $\ell = kb$ 保持固定, 我们可以更准确地定义 b. 这个 b 最终成为垂直于碰撞平面的二维空间矢量. 它是横向动量转移矢量 $\boldsymbol{Q}_\perp$ 对应的 Fourier 变换变量.

于是, 振幅 $A(\boldsymbol{Q}_\perp, s)$ 可以写成

$$A(\boldsymbol{Q}_\perp, s) = \int \mathrm{e}^{\mathrm{i}\boldsymbol{Q}_\perp \cdot \boldsymbol{b}} a(\boldsymbol{b}, s) \mathrm{d}^2 \boldsymbol{b} \tag{5.13.1}$$

这里 A 的行为是通过 $a(\boldsymbol{b}, s)$ 的刻画来研究的, 我们使用几何直觉来帮助理解 $a(\boldsymbol{b}, s)$, 而不是通过试图直接搜集关于 $A(\boldsymbol{Q}_\perp, s)$ 的直觉来研究.

衍射可以简单理解为: 粒子有一定的概率幅穿过靶粒子而不发生相互作用. 对于较小的 b, 这个概率幅非常小, 但在远离靶粒子时会增长到 1.

$a(\boldsymbol{b}, s)$ 看起来形如图 5.1 所示.

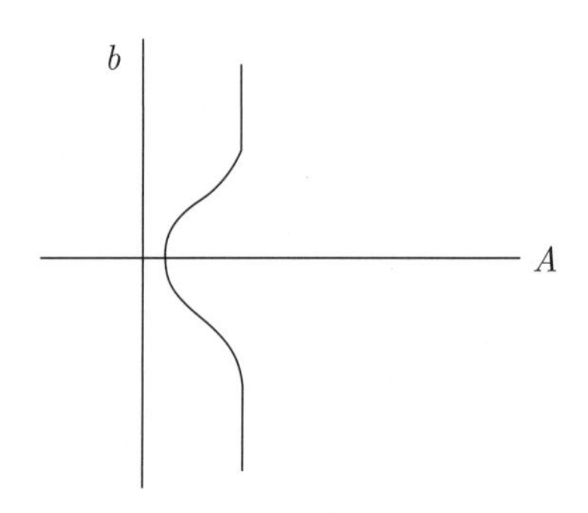

图5.1

这个振幅对能量的依赖关系 (与能量几乎无关) 是从实验中得到的. (可模糊地理解为: 与一个固定大小的物体发生强作用.)

像电荷交换这样的反应, 例如 $\pi^- + \mathrm{p} \to \pi^0 + \mathrm{n}$, 可以这样描述: π^- 以固定的 b 经过时, 有一定的振幅变为 π^0 (同样, 这个振幅的能量依赖可以从实验中, 或者从别的理论比如 Regge 极点理论中猜出来.) 这个振幅会在某个环形位置上达到最大值.

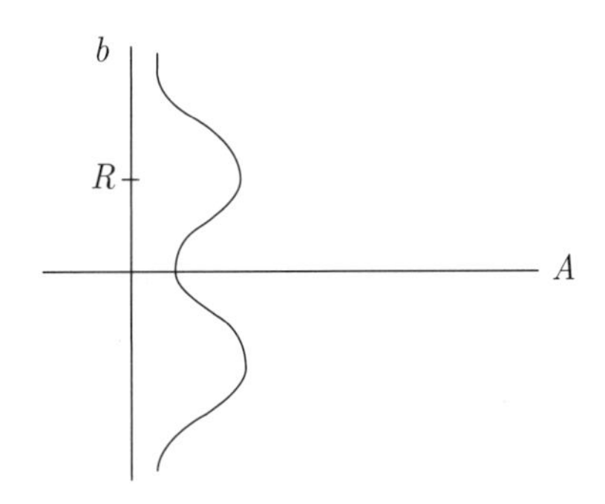

图5.2

这是因为对于较大的 b, 没有发生相互作用; 而对于较小的 b, 几乎没有穿过的机会. 采用最粗略的近似, 我们可以说, 所有最大值都位于一个半径为 R 的环上, 在没有螺旋度翻转的情况下, 经 Fourier 变换后的振幅将会形如 $J_0(\sqrt{-t}R)$. 这预示着振幅在 $t=-0.15$ 处会下降, 而这一现象在实验中时常被看到.

对于单螺旋度翻转, 这时振幅在碰撞参数平面上必须以 $\mathrm{e}^{\mathrm{i}\phi}$ 形式变化, 结果为 $J_1(\sqrt{-t}R)$. 对于 $R=1$ fm, $t=-0.5$ 处振幅为零. 这是此模型中 π 介子交换散射, π^0 的光子产生等过程的振幅在该 t 值处出现下降的根源. (在 Regge 理论中这种下降是与 $\alpha(t)$ 的零点关联的.)

除了一些例外, 这个模型确实对一般行为给出了粗略描述. 但它不是一个完整的理论, 因为振幅的能量依赖和耦合强度都没有被很好地解释.

将粒子看作在横平面上以固定的碰撞参数运动的一个点, 而非具有有限维度的结构 (即两个饼状盘的碰撞), 是一种过度简化的观点. 迄今为止, 尝试解决这个问题的过程导致了各种复杂性和模糊性, 还没有出现清晰明确的物理图像.

b) Regge 极点公式来自一个提议 (出于 Regge 对非相对论性散射的分析): 将两体反应的振幅函数 $A(s,t)$ 作为能量 s 及 t 道的角动量变量 α 的解析函数来研究. 对于较大的 s, 解析公式被认为是

$$A(s,t)=(\sum_i+\int_i)\beta_i(t)s^{\alpha_i(t)} \tag{5.13.2}$$

存在对 i 的一些特殊离散值 (称为极点) 的求和, 以及对 i 的一些连续值 (称为割线) 的积分. 实际上, 几乎任何函数都可以被这样展开, 但这种思想的实用性取决于是否做了进一步的假设. 很明显, 随着 $s\to\infty$, 最大的那些 α 值会决定 A 的行为, 希望极点会包含这些 α 值, 而且肯定大于割线开始的 α 值, 则 A 将有 $\beta(t)s^{\alpha(t)}$ 的形式, 或者为几个这种项相加的形式. 这样的话, 在反应 $A+B\to C+D$ 中, $\beta(t)$ 将可因子分解为

$\beta_{AC}(t)\beta_{BD}(t)$. 如果扩展到 t 为正数, 当 t 等于一个具有合适角动量的实粒子的质量时, $\alpha(t)$ 会是一个整数. 只有在这样的 t 处, A 才会有 t 的奇点这样的极点.

对于某些反应 (例如 $\pi+\mathrm{p}\to\pi^0+\mathrm{n}$), 这些预言已经被出色地证实了, 但在更一般的情况下, 问题会变得很复杂. 例如, 对于 π 介子交换, 我们已经看到了, 观点 (a) 中的"吸收"这个观念常常会如何修改简单的极点图像. 在"纯" Regge 观点中, 对 $A(s,t)$ 的简单极点公式的任何修改, 都可以通过添加割线来描述. 但添加什么割线以及到什么程度, 这需要借用其他思想, 例如吸收模型. 对于较大的 s, 割线正好从极点的位置开始, 不易与极点区分开.

人们通过一系列经验得出, $\alpha(t)$ 几乎是一条直线. 原因尚不清楚.

此外, 为了描述近似为常数的总截面, 人们发明了一种特殊的轨迹, 即坡密子 (pomeron). 它的 α 在 $t=0$ 时取特殊值 $\alpha=1$, 关于这部分还没有任何动力学解释.

这个理论同样是不完整的, 因为它并未提供信息来得到 $\beta(t)$. 实际上更重要的是, 它不能用来确定割线的出现及行为. 避免使用吸收模型的尝试 (或称为"阴谋"等) 都失败了.

显然, 对想法 (a) 和 (b) 的某种整合将是最有利的.

c) Regge 形式与轨迹上的粒子的关系可以用另一种方式来看待 (van Hove). 假设我们有一个理论, 能给出一串角动量递增的粒子序列. 那么, 表示所有这些 t 道粒子一阶交换的 Born 项[①]将给出一个类 Regge 求和. 我举一个例子. 令质量平方为 $m_n^2=m_0^2+n\Omega$, 其中 m_0^2 是某个标量粒子的质量平方, $m_0^2+\Omega$ 是矢量粒子的质量平方, $m_0^2+2\Omega$ 是 (自旋为 2 的) 张量粒子的质量平方, 以此类推. 对于反应 $A+B\to C+D$ (此处为了简化, A, B, C, D 都是标量粒子), 这些粒子的交换为

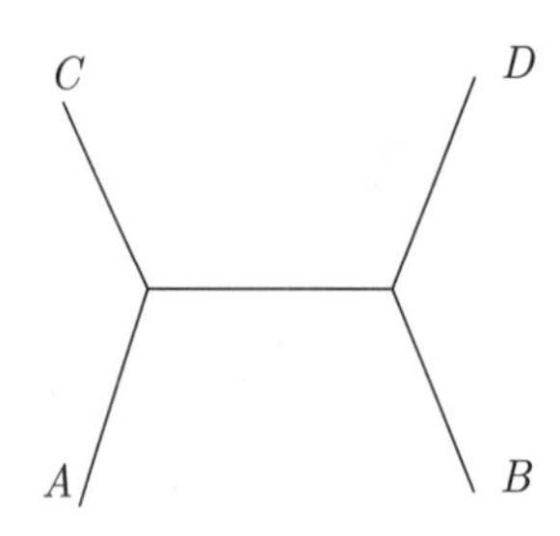

图5.3

① 译者注: Born 项常作 Born 图, 即树图, 来源于量子力学中的 Born 近似, 早期文献多采用这种说法.

$$C_0\frac{1}{t-m_0^2}-C_1\frac{s}{t-m_1^2}+C_2\frac{s^2}{t-m_2^2}+\cdots \tag{5.13.3}$$

矢量粒子项的 s 来自上耦合的 $(P_A+P_C)\cdot e$ 和下耦合的 $(P_B+P_D)\cdot e$ 对 e 求和. 类似地, 对于张量粒子项中的 s^2, 如果我们用两个张量指标来携带关于 P_B+P_D 和 P_A+P_C 的顶角耦合的信息, 那么在极限下可以得到 $((P_A+P_C)\cdot(P_B+P_D))^2$ 或 s^2. C_n 是耦合常数的平方. 令 $m_n^2=m_0^2+n\Omega$, 并令 $C_n=1/n!$, 那么求和结果为

$$\begin{aligned}A=\sum_{n=0}^{\infty}\frac{1}{n!}\frac{(-s)^n}{(t-m_0^2-n\Omega)} &= -\sum_{n=0}^{\infty}\int_0^{\infty}\frac{(-s)^n}{n!}\exp\left[(t-m_0^2-n\Omega)x\right]\mathrm{d}x\\ &= -\int_0^{\infty}\mathrm{e}^{(t-m_0^2)x}\exp(-s\mathrm{e}^{-\Omega x})\mathrm{d}x\end{aligned}$$

定义 $u=s\mathrm{e}^{-\Omega x}$ 和 $(t-m_0^2)/\Omega=\alpha(t)$, 这个积分可以变换为

$$A=-\frac{1}{\Omega}s^{\alpha(t)}\int_0^s u^{-\alpha(t)-1}\mathrm{e}^{-u}\mathrm{d}u$$

对于大的 s, 积分上限可以取为 ∞, 得到渐近形式

$$-\frac{1}{\Omega}s^{\alpha(t)}\Gamma(-\alpha(t)) \tag{5.13.4}$$

函数 $\Gamma(-n+\varepsilon)=\dfrac{(-1)^n}{n!\varepsilon}$ 的极点和留数重现了原始的级数. 一般来说, 任何 Regge 项都可以在 t 的极点 (来自 $\beta(t)$) 处展开. 这是一个 van Hove 级数, 确定了粒子和耦合. 或者可以对状态和留数以及推导出的 Regge 项做一些猜测. 这两种形式是同一理论的不同数学表达形式, 允许对同一事物有不同视角; 两者之中通常有一个更能引出新思想.

评述

对于负的 s, 式 (5.13.3) 的级数给出按 e^s 增加的振幅. 根据推测, 系数衰减不可能像 $1/n!$ 那么快. 另一种说法是: 负 s 时的振幅值可以从正 s 时的渐近形式通过解析延拓得到.

很明显, 在这个求和中, 对于负 t, 我们离真正的共振很远, 而且再次处于同样的境地: 除非我们有一个完整的理论, 否则同样不知道真正的求和应该怎么做. 这样的解析延拓公式很难被实际应用. 例如, 通过观察级数的前两个共振, 能得到哪些关于渐近形式

的信息呢?

$$\frac{1}{t-m_0^2}-\frac{s}{t-m_1^2}+?=?$$

如果没有其他项, 那么关于 s 的渐近形式就是 s 本身. 不过从 m_0^2, m_1^2, 我们似乎可以得到关于 $\alpha(t)$ 行为的少量信息. 至于如何得到, 我不知道. 对近似函数进行解析延拓, 或者经验性地部分确定函数的形式, 这是一个数学问题, 我既不理解也不相信, 当然我也估计不出结果的偏差. 为了展示这类困难, 假设对 t 道共振的求和给出 $\beta s^{\alpha(t)}$; 将 $\ell=1$ 项的系数改为 ΔC. 现在求和的结果必然是 $\beta s^{\alpha(t)}+\dfrac{(\Delta C)s}{t-m_1^2}$. 对于较大的 s, 渐近形式就是 s. 关键点在于, 只修改第二项, 不那么"自然"或"平滑", 并且结果会有剧烈改变. 任何在物理上导致第一项改变的因素, 都会稍微改变所有其他项, 使得渐近形式只发生轻微改变.

总之, van Hove 的求和方法只停留在理论层面, 并不真正实用. 如果你的理论包含了所有 t 道共振及其耦合, 那么你将有把握由这个理论得到 Regge 渐近行为; 或者如果你的理论可以直接推出 Regge 渐近行为, 那么你可以通过观察渐近表达式中 t 的极点, 推测出 t 道共振潜在的位置 ($\alpha(t)$ 为整数), 以及关于它们耦合的一些信息.

对于介子共振 ($\mathrm{Q}\overline{\mathrm{Q}}$), 由谐振子夸克模型提出的 t 道共振求和, 确实以这种方式给出了预期的 Regge 行为. 不过详细的数值比对还没有完成.

第 14 讲

s 道共振

另一个理论观点是: 只需将我们的 s 道共振分析 (例如, Walker 的分析) 延拓到更高能量, 那么高能下的所有行为也都可以被理解. 随着 s 的增加, 固定 t 处出现的振幅下降. 这种行为, 意味着它是一个随着角度 $\theta=t/\mathrm{s}$ 逐渐减小而出现的特征, 会导致越来越尖锐的角分布. 也就是说, 随着 s 的增加, 具有越来越高的角动量的 s 道共振必然有贡献. 而这当然是合理的, 因为我们知道, 在更高的 s 时总会有更高角动量的共振. 关于共振及其耦合在大 s 时必须有怎样的行为, $f(t)$ 曲线在 s 变化下的近似稳定性确实暗示了大量信息.

整条曲线只来自对 s 道 (有些会说也涉及 u 道) 共振的求和, 这是一个极大的限制. 如果这是真的, 那么如此强烈的限制会将理论指向唯一的准确表达式. 因此, 这个想法广受重视. 大多数的陈述在一开始并没有那么野心勃勃, 因为如果我们必须确定远离共振能量的共振总和的假设值, 那么再和实验比较一次是毫无意义的. 相反, 我们注意到, 共振的虚部 $\Gamma\left((E-E_r)^2+\Gamma^2/4\right)^{-1}$ 只有在共振附近才很大, 所以也许除了坡密子以外, 这个原则可以按如下形式来研究

$$\mathrm{Im}A(s,t)=\sum \mathrm{Im}\ (s\ \text{道共振}) \tag{5.14.1}$$

这样做的优势在于可以避开很多问题. 例如, 我们无需再考虑是否要包含 u 道共振的贡献 (它们总是偏离共振, 因此虚部很小, 无限窄的共振的虚部为零), 以及是否要包含 π 介子交换项 (是实的).

必须强调的是, s 道极点是非常有意义的. 因为如果一个连续谱上的积分也可以包括在内, 那么几乎所有的函数 $A(s,t)$ 都可以这样表示.

如果我们增加一个 (对偶性) 原则, 也就是对 t 道行为进行解析延拓后, 它必须包含一些在相同量子数情况下与 s 道位于相同质量平方处的极点 (t 道的行为可以从 s 道的极点推断出来), 那么我们会受到一个非常严格的限制, 即可能只存在一个几乎唯一的解, 于是就得到了强相互作用物理的解. 在这个方向人们已经做了许多工作, 但没有取得成功. 自然地, 这个原则可能是错的, 也许 s 道和 t 道共振必须单独添加, 或者与之等价地, 如果要求振幅能正确地表示大 s 和大 t 处的高能行为, 那么 s 道割线也是必要的. 对偶假设的背后没有深层的物理原理, 它仅仅是对振幅可能的数学性质的一种猜测. 在低能下观察到, 振幅由共振主导, 所以某种无限狭窄的共振近似可能是一个好的出发点. 但是在大多数碰撞都会产生很多粒子的高能区, 这也成立吗? 它们能被理解为共振的级联衰变的产物吗? 或者直接耦合对连续谱有重要贡献吗?

记得在高 s 时, 我们所研究的两体末态似乎只占截面的很小一部分. 构成碰撞截面主要部分的多体态将在后面讨论.

这种想法是由一个函数 (Veneziano) 的存在而衍生出来的. 该函数可以用 s 道或 t 道极点完全展开, 并且在高能下具有 Regge 行为.

$$A(s,t)=\frac{\Gamma(-\alpha(s))\Gamma(-\alpha(t))}{\Gamma(-\alpha(s)-\alpha(t))} \tag{5.14.2}$$

其中, $\alpha(s)$ 是关于 s 的直线.

在某些推广中, 极点处的留数在应该为正的情况下却不一定总为正值.

这只是 $A(s,t)$ 在散射粒子无自旋时的一种可能形式, 人们做了很多工作去尝试推广, 但没有明确的结论. 从 4 点函数到 n 点函数的推广也是如此.

一个基本问题是: 这是一个窄共振近似. 而我们要如何精确地修正它? (之前关于夸克模型我们讨论过同样的问题.) 再次地, 也许同样的问题可以换一种表述: 这可能并不直接是 $A(s,t)$ 的表达式, 而是某个更深层次振幅的表达式, 如我们所说的, 这个表达式还必须经“吸收模型修正”. 我们可以在展开式中找到需要的 Born 项吗?

将对偶性或者 Veneziano 的想法扩展到光电耦合的尝试非常不成功. 但是, 光子耦合的数学形式这个问题是不容忽视的. 它们特别重要, 因为除了 s, t 以外, 还包含一个新的变量 q^2, 也就是光子的质量平方 (可能是虚光子, 比如电子散射过程中的). 振幅 $A(s,t,q^2)$ 关于所有这三个变量 s, t 以及 q^2 都是解析的 (我们将在后面研究它们), 增加的这个限制在形式或理论的构建中会非常有用.

最后我们可以问: 能否期望强子的动力学模型 (例如 3 夸克模型) 刚好给出主要产生向前散射所需的耦合以及共振之和? 我想这很可能不会有什么困难. 我们可以画出图 5.4.

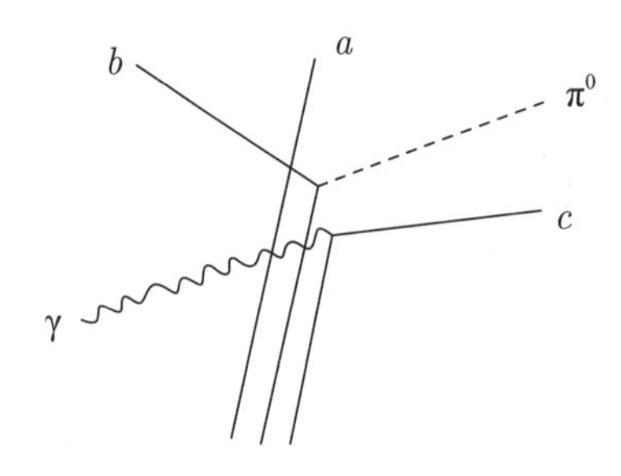

图5.4

如果我们假设, 光子和 π 介子各自耦合于一个夸克, 但夸克并非同一个, 夸克 a 和 b 带有大动量, 这样末态构型 a, b, c 处于单质子态的概率幅就非常小, 因为在单质子态中它们的相对动量想必是很小的. 于是, 在高能下最重要的情形是单个夸克 c 接收光子并发射 π 介子:

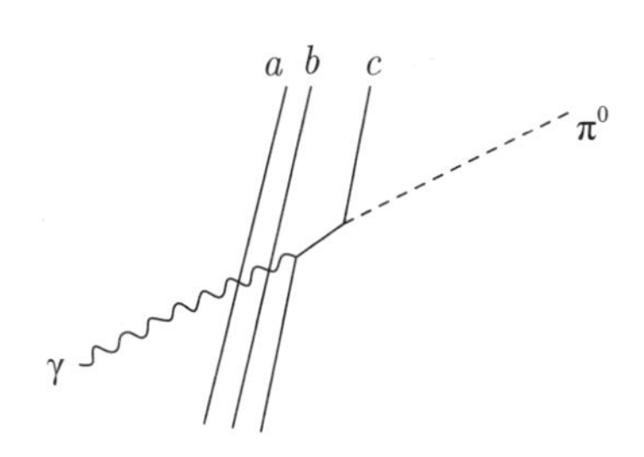

图5.5

c 获得的净动量只是动量转移 $k-q$, 当且仅当这个动量转移很小时, a, b, c 处于单质子态的振幅才会变得很大. 因此, π 介子向前散射的方式由动量转移的函数来表征.

无论如何, 只包含 s 道共振的动力学理论, 要得到明显的 t 道交换效应不会太难.

耦合常数的估计

很多情况下, 我们要估计耦合常数的大小. 例如, 我们说过 ρ 交换主要是来自核子的翻转. 而这些来自碰撞参数无关的理论, 或者耦合常数待定的 Regge 理论, 也可能来自其他实验 (例如, 从 π 与核子的散射, 可以得到很大的翻转). 但无论如何, 总有理论能给出一定预期. 我们主要使用 SU_3, 但即使这里也必须知道 F/D 的比值, 而 SU_6 或者我所谓的夸克模型估计, 很好地给出了这些比值.

应用于 t 共振时, 这里使用的"夸克模型"确实和之前对 s 共振使用的谐振子夸克模型不一样. 我们处理的不是 t 共振, 而是 t 轨迹. 到目前为止, 还没有任何夸克模型 (特别是谐振子夸克模型) 能够给出轨迹的定量理论. 我们只用"夸克模型"来计数, 从而形成 SU_3 和 F/D 的规则.

尽管那样, 我们还是隐式地采用了很多人已经使用的假设 (但据我们所知, 直到上周才由 Kislinger 给出清晰的表达). 我们假设 ρ (或者 ω) 轨迹的耦合与流的耦合 (具有

合适的量子数 $I=1,0$) 成正比. 这个想法通常分两步: ①在壳的矢量介子像流那样耦合, ② ρ, ω, ϕ 轨迹像 ρ, ω, ϕ 介子那样耦合. 更确切地说, 考虑下面两图 (图 5.6) 的振幅.

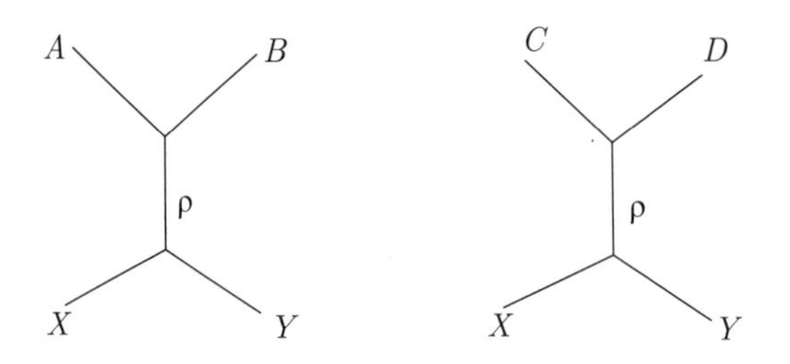

图5.6

这两个振幅的比值是 $\langle B|j|A\rangle/\langle D|j|C\rangle$, 其中 j 是带有 ρ 量子数的流. 我们假设了振幅没有被吸收模型修正过.

这种 “夸克计数” 游戏的另一种阐述方式是对强子之间的 t 交换画出下面这种图 (图 5.7)

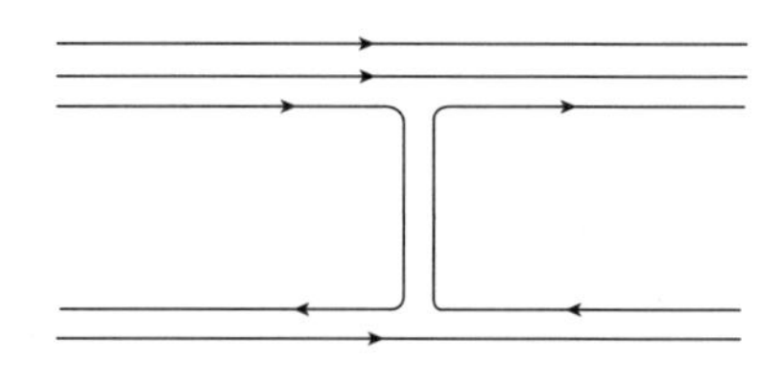
图5.7

这个图的意思是: 重子照例是 QQQ, 介子照例是 $\mathrm{Q\overline{Q}}$, 而相互作用可以被广泛理解为一些项的求和. 其中, 每一项代表一个强子中的一个夸克与另一个强子中的一个夸克的散射 (Lipkin).

显然, 我们对高能散射的解释混合了几种想法. 如今明显缺少的是能将这些想法很好地结合在一起的某种整体观点. 在过去, 太多注意力被放在了将振幅匹配为这种或那种模式, 而没有将其中每一个更为成熟和核心的思想结合起来, 成为某种综合的理论.

第 6 章

矢量介子和矢量介子主导假设

矢量介子的性质

在讨论由光子产生矢量介子之前, 我们先讨论更简单的光子–矢量介子耦合问题.

矢量介子的电子产生

在束流对撞实验中, 我们可以测量 $e^+ + e^- \rightarrow$ 强子. 这当然可以理解为质量平方 $q^2 = (2E_{\text{c.m.}})^2$ 为正值的虚光子, 相当于直接测量正 q^2 时的矩阵元

$$\langle \text{强子}\,|J_\mu(q)|0\rangle$$

这个矩阵元由适当 q^2 值处的三个共振主导. 这三个共振对应于自旋为 1^- 的中性介子 ρ, ω, ϕ, 就像光子.

举个例子, 如果末态强子是一对 K 介子, K^+K^-, 那么截面会非常小. 除非当 q^2 接近 $(1020)^2$ (也就是 m_ϕ^2) 时, 背景之上才会出现一个漂亮的、宽度为 4.7 ± 0.7 MeV 的 Breit-Wigner 峰. 对此的解释当然是散射经过了一个共振态, 也就是 ϕ, 相应的图如图 6.1 所示.

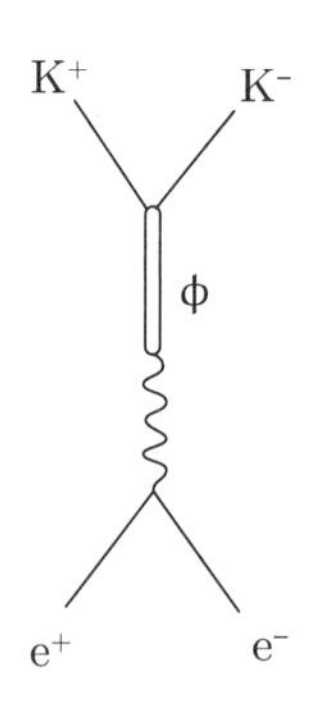

图6.1

为了分析这个过程, 我们构造两个振幅: 一个是纯粹的强子振幅 $\langle K^+K^- \mid \phi\rangle$, 另一个是光子振幅. 在 ϕ 的质量平方处这个振幅写作 $\sqrt{4\pi e^2} e_\mu \langle \phi | J_\mu | 0\rangle$, 其中 e_μ 是光子的极化矢量. 而第二个因子可以写成 $\langle \phi | J_\mu | 0\rangle = F_\phi e_\mu$, 其中 e_μ 是矢量介子的极化矢量. (关于如何写 F_ϕ, 没有一个普遍接受的约定. 一种方法是写为 $m_\phi^2/g_\phi = F_\phi$, 我们已经将其称为 F_ϕ, 其他方法写作 $m_\phi^2/2\gamma_\phi$, 所以 γ_ϕ 等于 $\dfrac{1}{2} g_\phi$, 但还有一些方法, 会用相同的字母 γ_ϕ 作为耦合的另一种表示方法.)

实验家们注意到上面的图意味着自由的 ϕ 介子将有一定概率分解成 e^+e^-, 避免了所有不确定性. 要么直接实验测量, 要么作为分支比, 他们给出了这个概率 (更直接地来自于实验测量)

$$\Gamma(\phi \to e^+e^-) = 1.36 \pm 0.1 \times 10^{-6} \text{ GeV}$$

既可以直接给出, 也可以作为分支比来给出. 简单的计算表明这个关系 (对于任何质量为 m_V 的矢量介子 V, 忽略电子质量) $(\alpha = 1/137)$ 为

$$\Gamma(V \to e^+e^-) = \frac{4\pi\alpha^2}{3} F_V^2 m_V^{-3} = \frac{\alpha^2}{3} \frac{4\pi}{g_V^2} m_V \tag{6.14.3}$$

对于 ϕ 介子, $F_\phi = 0.080(\text{GeV})^2$ 或 $g_\phi^2/4\pi = 13.3$.

我们可以在这个能区寻找其他产物 (例如 3π, 或者 $\eta^0\gamma$) 并再次发现共振, 从而确定 $\phi \to 3\pi$ 或者 $\phi \to \eta^0\gamma$ 的强子振幅, 这通常以分支比的形式给出.

如果末态是 3π, 在 785 MeV 处有另一个共振, 即 ω 介子, 其研究方法是相同的.

同样地, 研究末态为 2π 的情形, 在 765 MeV 附近会发现一个宽度约为 125 MeV 的大共振. 大的宽度会导致在确定常数、质量和宽度时 (在 Γ 如何随 q^2 变化的假设中) 出现相当大的任意性. 而且这个曲线是不对称的, 在高能那一侧更尖锐. 一个小的"肩部"几乎显而易见, 这个效应被解释为与 ω 共振的干涉, 其中我们假定存在有限的 $\omega \to 2\pi$ 振幅. (此过程破坏了同位旋守恒, 是一种电磁效应, 我们会在下一讲中讨论.)

矢量介子的各种常数的值可以在"粒子属性表"中找到. Orsay Storage Rings 得到了一些额外数据 (J. Lefrancois, 1971, International symposium on electron and photon interactions at high energy). 与粒子表的差异有些是新的数据, 但有些是源于减少数据量的一种替代方法, 特别是 ρ 介子. 我们必须等到新的粒子表出来, 才能彻底讨论这些差异.

B = 分支比

	新数据			粒子表		
ϕ	$B(\phi \to \eta^0\gamma)$	=	$(2.1 \pm 0.7) \times 10^{-2}$	$B(\phi \to K^+K^-)$	=	$46.4 \pm 2.8\%$
	$B(\phi \to \pi^0\gamma)$	=	$(0.25 \pm 0.09) \times 10^{-2}$	$B(\phi \to K_1K_s)$	=	$35.4 \pm 4\%$
	$B(\phi \to 3\pi)$	=	$(14.7 \pm 2.2) \times 10^{-2}$	$B(\phi \to 3\pi)$	=	$18.2 \pm 5\%$
	Γ_ϕ 总和	=	4.7 ± 0.7 MeV	Γ_ϕ 总和	=	4.0 ± 0.3 MeV
ω	$B(\omega \to \pi^0\gamma)$	=	0.07 ± 0.02	$B(\omega \to \pi^0\gamma)$	=	$9.3 \pm 1.2\%$
	$B(\omega \to \eta^0\gamma)$		未观测到 < 0.02	$B(\omega \to 3\pi)$	=	$90 \pm 4\%$
	Γ_ω 总和	=	9.2 ± 1.0 MeV	Γ_ω 总和	=	11.4 ± 0.9 MeV
	$B(\omega \to 2\pi)$	=	0.04 ± 0.02 (相角$87^\circ \pm 15^\circ$)	$B(\omega \to 2\pi)$	=	0.009 ± 0.002
	$\Gamma(\omega \to e^+e^-)$	=	0.76 ± 0.08 KeV	$B(\omega \to e^+e^-)$	=	$(0.0066 \pm 0.0017)\%$
ρ	m_ρ^2	=	780 ± 6	m_ρ^2	=	765 ± 10
	Γ_ρ 总和	=	153 ± 13 MeV	Γ_ρ 总和	=	125 ± 20 MeV
	$\Gamma(\rho \to e^+e^-)$	=	6.1 ± 0.5 KeV	$\Gamma(\rho \to e^+e^-)$	=	7.5 ± 0.9 KeV

根据最新的 Orsay 数据计算, 可以得到

$$g_\rho^2/4\pi = 2.27$$

$$g_\omega^2/4\pi = 18.3$$

$$g_{\phi}^2/4\pi = 13.3$$

但 Orsay 进行“有限宽度修正”, 以另一种方式减少了数据量:

$$\begin{aligned} g_{\rho}^2/4\pi &= 2.56 \pm 0.22 \\ g_{\omega}^2/4\pi &= 19.2 \pm 2 \\ g_{\phi}^2/4\pi &= 11.3 \pm 0.8 \end{aligned}$$

附注:

既然我们有了 $\phi \to \eta\gamma$ 和 $\omega \to \pi\gamma$ 衰变率的数据, 我们可以比较夸克模型与 Feynman, Kislinger 和 Ravndal 的谐振子动力学模型的预言.

夸克模型	Orsay
$\Gamma(\phi \to \eta\gamma) = 1.79 \times 10^{-4}$ GeV	$1.0 \pm 0.3 \times 10^{-4}$ GeV
$\Gamma(\omega \to \pi\gamma) = 1.92 \times 10^{-3}$ GeV	$0.6 \pm 0.2 \times 10^{-3}$ GeV

第 15 讲

我们将暂时偏离关于矢量介子的主线讨论, 来考虑 ω-ρ 干涉的有趣特征.

ω 可以变为 2π 的原因是态 $|\omega\rangle$ 并不完全是同位旋为 0 的态 $|\omega_0\rangle = \dfrac{1}{\sqrt{2}}(u\bar{u} + d\bar{d})$, 而是在其中轻微混合着一个同位旋为 1 的态 $|\rho_0\rangle = \dfrac{1}{\sqrt{2}}(u\bar{u} - d\bar{d})$. 这种混合来源于电磁效应.

我们将 ω-ρ 系统作为一个双态系统来考虑, 其中 C_{ρ_0} 是处于 ρ_0 态的振幅, C_{ω_0} 是处于 ω_0 态的振幅.

$$\mathrm{i}\frac{\mathrm{d}}{\mathrm{d}t}\begin{pmatrix} C_{\omega_0} \\ C_{\rho_0} \end{pmatrix} = \begin{pmatrix} H_{\rho_0\rho_0} & H_{\rho_0\omega_0} \\ H_{\omega_0\rho_0} & H_{\omega_0\omega_0} \end{pmatrix}\begin{pmatrix} C_{\omega_0} \\ C_{\rho_0} \end{pmatrix} \tag{6.15.1}$$

其中质量矩阵为

$$H = \begin{pmatrix} m_\omega - \dfrac{\mathrm{i}\Gamma_\omega}{2} & \delta \\ \delta & m_\rho - \dfrac{\mathrm{i}\Gamma_\rho}{2} \end{pmatrix} = \begin{pmatrix} 784 - 6\mathrm{i} & \delta \\ \delta & 765 - 62\mathrm{i} \end{pmatrix}$$

因此真正的 ω 是

$$|\omega\rangle = |\omega_0\rangle + \frac{\delta}{m_\omega - m_\rho - \dfrac{\mathrm{i}\varGamma_\omega - \mathrm{i}\varGamma_\rho}{2}}|\rho_0\rangle$$
$$|\omega\rangle = |\omega_0\rangle + \frac{\delta}{19+56\mathrm{i}}|\rho_0\rangle \tag{6.15.2}$$

δ 可以用 $\omega \to 2\pi$ 的分支比给出

$$\frac{\omega \to 2\pi\text{的概率}}{\omega \to \text{all}\text{的概率}} = \left|\frac{\delta}{19+56\mathrm{i}}\right|^2 \frac{\rho \to 2\pi}{\omega \to \text{all}} = 2.97 \times 10^{-3}\delta^2\ \mathrm{MeV}^{-2} \tag{6.15.3}$$

根据 Orsay 的实验数据, 上述分支比是 $4\% \pm 2\%$, 由此我们可以得到 $|\delta| = 3.7 \pm 0.9\ \mathrm{MeV}$. 通过拟合在 ρ 共振附近的 $\sigma(\mathrm{e^+e^-} \to \pi^+\pi^-)$ 的"肩部", 可以定出 ω-ρ 干涉的相角; 它的值为 $87° \pm 15°$. 如果 δ 是负的, $\delta/(19+56\mathrm{i})$ 的相角是 $109°$, 这与实验符合得很好.

我们可以将混合解释为来源于两种效应: ①由于自能和相互作用能的差异, $\mathrm{u\bar{u}}$ 与 $\mathrm{d\bar{d}}$ 的电磁能量不相等; ②湮灭过程 $\rho_0 \to \gamma \to \rho_0, \omega_0 \to \gamma \to \omega_0, \rho_0 \to \gamma \to \omega_0$ 会有贡献.

利用 $\mathrm{K}^{*+} - \mathrm{K}^{*0}$ 和 $\rho^+ - \rho^0$ 质量差和 F_ρ, 我们可以对上面两种效应进行估计. 由于光子在电荷加倍时作用也是加倍的, 令 d 的自能为 a, $\mathrm{d\bar{d}}$ 的相互作用能为 $-b$; 则 u 的自能是 $4a$, $\mathrm{u\bar{u}}$ 的相互作用能是 $-4b$.

从 $\omega_0 = \dfrac{1}{\sqrt{2}}(\mathrm{u\bar{u}} + \mathrm{d\bar{d}})$, $\rho_0 = \dfrac{1}{\sqrt{2}}(\mathrm{u\bar{u}} - \mathrm{d\bar{d}})$, $\rho^+ = \mathrm{u\bar{d}}$, $\mathrm{K}^{*+} = \mathrm{u\bar{s}}$ 和 $\mathrm{K}^{*0} = \mathrm{d\bar{s}}$, 我们得到以下电磁自能:

$$\begin{aligned}
\rho^0 &:= (4a+a) - \frac{1}{2}(4b+b) = 5a - \frac{5}{2}b \\
\omega^0 &:= (4a+a) - \frac{1}{2}(4b+b) = 5a - \frac{5}{2}b \\
\rho^+ &:= (4a+a) + 2b = 5a + 2b \\
\mathrm{K}^{*+} &:= (4a+a) + 2b = 5a + 2b \\
\mathrm{K}^{*0} &:= (a+a) - b = 2a - b
\end{aligned} \tag{6.15.4}$$

但是 $\langle\rho^0|$ 和 $|\omega^0\rangle$ 之间也有矩阵元

$$\langle\rho^0|\Delta m|\omega^0\rangle = (4a-a) - \frac{1}{2}(4b-b) = 3a - 3b/2$$

仅凭这一矩阵元, 质量矩阵为

	ρ_0	ω_0
ρ_0	$5a-5b/2$	$3a-3b/2$
ω_0	$3a-3b/2$	$5a-5b/2$

因为

$$\begin{aligned} K^{*+} - K^{*0} &= 3a + 3b \\ \rho^+ - \rho^0 &= 9b/2 \end{aligned}$$

我们可以用可测量来表示

$$3a - 3b/2 = (K^{*+} - K^{*0}) - (\rho^+ - \rho^{0'}) \tag{6.15.5}$$

注意到在式 (6.15.5) 中我们写的是 $\rho^{0'}$ 而不是 ρ^0, 这只是表示 $\rho^{0'}$ 不包括湮灭项的贡献, 这一贡献我们后面会计算. 精确到 e^2 一阶, 质量的改变为

ρ γ ρ

$$\Delta m_\rho^2 = \frac{4\pi e^2}{q^2} \langle \rho | J^V | 0 \rangle \langle 0 | J^V | \rho \rangle \tag{6.15.6}$$

或者

$$\Delta m_\rho^2 = \frac{4\pi e^2}{m_\rho^2} F_\rho^2 \tag{6.15.7}$$

$$\Delta m_\rho = 1.53\ \mathrm{MeV}$$

令 x 为 $\frac{1}{\sqrt{2}}(u\bar{u} - d\bar{d}) \to \gamma$ 的振幅, 则 $\frac{1}{\sqrt{2}}(u\bar{u} + d\bar{d}) \to \gamma$ 的振幅是 $x/3$ (参考第 16 讲). 因此湮灭项导致的质量矩阵正比于

(6.15.8)

	ρ_0	ω_0
ρ_0	x^2	$x^2/3$
ω_0	$x^2/3$	$x^2/9$

我们已经有了这个矩阵的一个输入项, $\Delta m_\rho = 1.53$ MeV, 因此我们可以得到完整的矩阵

(6.15.9)

	ρ_0	ω_0
ρ_0	1.53	0.51
ω_0	0.51	0.17

将来自电磁自能和湮灭项的贡献加到非对角矩阵元上, 我们发现

$$\delta = 0.5\ \mathrm{MeV} + (K^{*+} - K^{*0}) - (\rho^+ - \rho^{0'}) \tag{6.15.10}$$

因为

$$-(\rho^+-\rho^{0'}) \quad = \quad -(\rho^+-\rho^0)-1.53\ \text{MeV}$$

所以有

$$\delta=-1.02\ \text{MeV}+(\text{K}^{*+}-\text{K}^{*0})-(\rho^+-\rho^0) \tag{6.15.11}$$

根据粒子表的数据, $(\text{K}^{*+}-\text{K}^{*0})=-8\pm3\ \text{MeV}$ 以及 $(\rho^+-\rho^0)=-2.4\pm2.1\ \text{MeV}$. 但我们并不信任这些结果, 尤其是 ρ 的质量差, 我们只是说这些数据表明 δ 很可能是负的.

$\gamma\rho$ 耦合为 $\sqrt{4\pi e^2}F_\phi e_\mu^\gamma e_\mu^\phi$ 形式, 这不是规范不变的, 而且会通过图 6.2 赋予光子有限质量

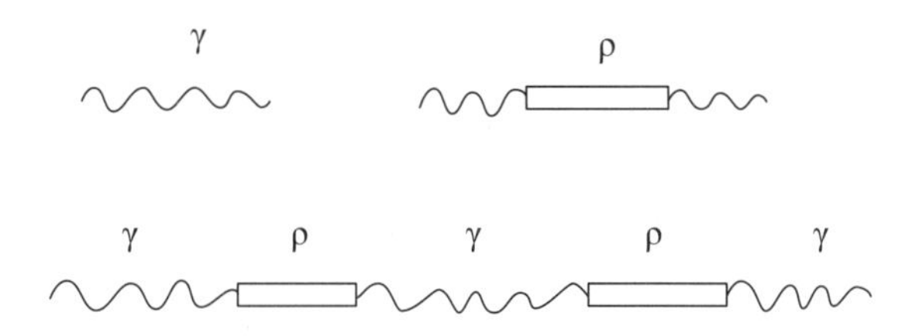

图6.2

耦合形式为 $A_\mu^\gamma B_\mu^\rho$. 然而, 我们可以用别的耦合形式, 比如将 γ 和 ρ 的场强 $F_{\mu\nu}$ 进行耦合. 这导致

$$\begin{aligned}&\sqrt{4\pi e^2}C_\rho(q_\mu e_\nu^\gamma-q_\nu e_\mu^\gamma)(q_\mu e_\nu^\rho-q_\nu e_\mu^\rho)\\&\quad=\sqrt{4\pi e^2}2C_\rho\left(q^2e^\gamma\cdot e^\rho-(q\cdot e^\gamma)(q\cdot e^\rho)\right)\end{aligned} \tag{6.15.12}$$

很明显它是规范不变的. 由于 $e^\gamma\cdot q$ 总为零, 我们看到极点的行为是

$$\frac{q^2(e^\gamma\cdot e^\phi)}{q^2-m_\rho^2}=\frac{m_\rho^2}{q^2-m_\rho^2}e^\gamma\cdot e^\rho+e^\gamma\cdot e^\rho \tag{6.15.13}$$

后一项没有极点奇异性, "消融"在其他极点项以外的背景中, 我们实际上可以使用正比于 $e^\gamma\cdot e^\rho$ (即 $2C_\rho m_\rho^2=F_\rho$) 的留数.

第 16 讲

矢量介子 (续)

现在我们回到矢量介子的讨论上来. 在第 14 讲的结尾, 我们可以看到由 SU_3 给出的耦合系数 g_V^2 之比. 我们使用简单的夸克模型 (仅用于计数) 并假设 ϕ 是纯奇异夸克对. J 与 $\mathrm{Q\overline{Q}}$ 进行耦合, 耦合强度与它的荷成正比,

$$
\begin{aligned}
\rho &= \frac{1}{\sqrt{2}}(\mathrm{u\bar{u}}-\mathrm{d\bar{d}}) \to \frac{1}{\sqrt{2}}\left(\frac{2}{3}-(-\frac{1}{3})\right) = \frac{1}{\sqrt{2}} \\
\omega &= \frac{1}{\sqrt{2}}(\mathrm{u\bar{u}}+\mathrm{d\bar{d}}) \to \frac{1}{\sqrt{2}}\left(\frac{2}{3}+(-\frac{1}{3})\right) = \frac{1}{3\sqrt{2}} \\
\phi &= \mathrm{s\bar{s}} \qquad\qquad\quad \to -1/3 \qquad\qquad\quad = -1/3
\end{aligned}
\tag{6.16.1}
$$

注意, 这些是耦合强度 F 的值, 而耦合系数 g 是 F 的倒数, 我们得到

$$
g_\rho^{-2} : g_\omega^{-2} : g_\phi^{-2} = 9:1:2
$$

各方专家都试图求解 SU_3 破缺带来的修正, 但没有人真正知道怎么做. 这里有两个问题. 第一个是 ϕ 在多大程度上是纯的 $\mathrm{s\bar{s}}$? 我看不到有何方法来确定它. 在夸克模型中, $\phi \to 2\pi$ 过程的低分支比被解释为由纯奇异夸克对组成的 ϕ 很难衰变到非奇异的物质 (π). 如果是这样, 衰变到 $\pi\gamma$ 的所有振幅都来源于 ω 态即 $(\mathrm{u\bar{u}}+\mathrm{d\bar{d}})/\sqrt{2}$ 在 ϕ 波函数中的混合. 这样一来, 在 ϕ 中发现 ω 的振幅大约是 0.10, 质量因子如何介入会带来 ± 0.03 的不确定性. 这个态有 1% 的可能性, 所以 ϕ 有 99% 的机率为纯的 $\mathrm{s\bar{s}}$ 态.

问题: 如果 ϕ 中有少量的 ω 态混合, 构造一个理论来估计一下 $\phi \to 3\pi$ 发生的可能性有多大; 假设 (并没有很好的理由) $\mathrm{s\bar{s}}$ 不能变成 3π.

更重要的是 SU_3 破缺的问题, 因为质量并不相同. 举个模棱两可的例子, 我们应该直接用 F_V 与 SU_3 所预言的比值来做比较, 还是 F_V/m_V, 或者是 F_V/m_V^2, 又或者是其他量来对标那些简单比值? 我们无法从 SU_3 中得到结果, 没有人知道如何计算, 尽管人们已经做了各种猜测. (基于理论的原因, 我倾向于 F_V/m_V, 但实际上这个理论的原因并不深刻或者必要.) 这些问题可能不会对 ρ, ω 的比值造成很大影响, 因为它们的质量很接近. 正如你所看到的, $9:1$ 的比值并没有大得离谱 (而且, 尽管有不确定性, ϕ 也差不多是对的).

总结一下, 我们给出光子衰变到 $\pi^+\pi^-$ 的振幅在 ρ (在 ϕ, ω, ρ 中, 只有 ρ 与 π 介子耦合) 极点附近 ($q^2 \approx m_\rho^2$) 的表达式:

$$\begin{aligned}\langle \pi^+\pi^-|J_\mu|0\rangle &\approx \langle \pi^+\pi^-|\rho\rangle \frac{1}{q^2-m_\rho^2+\mathrm{i}\Gamma_\rho m_\rho}\langle \rho|J_\mu|0\rangle \\ &\approx f_{\rho\pi\pi}(p_{1\mu}+p_{2\mu})\frac{1}{q^2-m_\rho^2+\mathrm{i}\Gamma_\rho m_\rho}F_\rho \\ &\approx (f_{\rho\pi\pi}/g_\rho)\frac{m_\rho^2}{q^2-m_\rho^2+\mathrm{i}\Gamma_\rho m_\rho}(p_{1\mu}+p_{2\mu}) \end{aligned} \tag{6.16.2}$$

人们通常会期望加入其他的项 (比如光子与 π 介子或各种其他“中间态”的直接耦合). 当然, 这并不会改变极点附近的行为. (不幸的是, 由于宽度 Γ_ρ 相当大, 极点 ρ 并不能完全确定. 这给实际拟合带来很多困难, 不过在理论讨论中我们将忽略它.) 另一种方法是, 假设上式的分子中包含一个随 q^2 变化的因子 $\xi(q^2)$, 这个因子满足 $\xi(m_\rho^2)=1$, 又或者说, “常数”$f_{\rho\pi\pi}$ 或 g_ρ 随 q^2 变化, 它们的值仅在 $q^2=m_\rho^2$ 时有定义. 所有这些方法其实都在描述同一件事, 所以我们不再争论它们.

然而, 一个大胆的假设 (矢量介子主导) 被提出来: 这个表达式仅包含常量 $f_{\rho\pi\pi}/g_\rho$, 没有任何其他项. 对此我找不到一个好的物理原因. 它类比于另一种同类型的神秘但却有效的假设, PCAC. 在那里, 我们对 π 介子极点做了类似的处理, 但只是将它从极点处的 $q^2=m_\pi^2=0.02$ 扩展到 $q^2=0$. 这里我们建议式 (6.16.2) 不仅在 $q^2=m_\rho^2$ 附近有效, 而且对所有 q^2 或至少在 $q^2=0$ 处有效.

我们知道, 在长波的情况下, π 介子看起来像一个简单的点电荷, 因此 $q^2\to 0$ 时 (使用交叉对称性将 $\langle \pi^+\pi^-|J_\mu|0\rangle$ 转化为 $\langle \pi^+|J_\mu|\pi^+\rangle$), 我们有

$$\langle \pi^+|J_\mu|\pi^+\rangle = (p_{1\mu}+p_{2\mu})\ (\text{当}\ q^2\to 0) \tag{6.16.3}$$

因此, 为使式 (6.16.2) 正确, 我们必须有 (忽略由 Γ_ρ 产生的问题, 或者假设 Γ_ρ 依赖于 q^2 且在 q^2 小于等于阈值 $(2m_\pi)^2$ 时为零)

$$f_{\rho\pi\pi}/g_\rho = 1$$

实验上测得

$$f_{\rho\pi\pi}^2/4\pi = 2.43$$

$$g_\rho^2/(4\pi) = 2.56$$

正好落在确定这些量时的 10% 不确定范围之内.

这也意味着 π 介子的形状因子 $F_\pi(q^2)$, 即写为 $\langle\pi^+|J_\mu|\pi^+\rangle = F_\pi(q^2)(p_{1\mu}+p_{2\mu})$, 在 q^2 为负时必须精确为 $\left(1+(-q^2)/m_\rho^2\right)^{-1}$. 我们稍后再看存在什么证据, 目前为止看起来非常好.

这种思想被推广到与任意态的相互作用的情形, 例如, 在与核子的相互作用中, 与同位旋矢量相关的部分为

$$\langle \mathrm{N}|J_\mu|\mathrm{N}\rangle \ \text{isovector} = -\frac{m_\rho^2}{g_\rho}\frac{1}{(q^2-m_\rho^2)}\langle \mathrm{N}|\rho|\mathrm{N}\rangle \tag{6.16.4}$$

其中 ρ 的极化为 μ. ρ 与核子的耦合项 $\langle \mathrm{N}|\rho|\mathrm{N}\rangle$ 只在 ρ 极点处有定义, 那里有电磁部分, 所以可以写为 $\langle \mathrm{N}|C_1\gamma_\mu + C_2\frac{1}{2}(\gamma_\mu \not{q} - \not{q}\gamma_\mu)|\mathrm{N}\rangle$. 因此, 将流耦合的同位旋矢量部分用通常定义的形状因子表示出来, 我们得到

$$\begin{aligned}\langle \mathrm{N}|J_\mu|\mathrm{N}\rangle &= \langle \mathrm{N}|F_1^V(q^2)\gamma_\mu + F_2^V(q^2)\frac{1}{2}(\gamma_\mu\not{q} - \not{q}\gamma_\mu)|\mathrm{N}\rangle \\ &= \frac{1}{(1-q^2/m_\rho^2)}\langle \mathrm{N}|\frac{C_1}{g_\rho}\gamma_\mu + \frac{C_2}{g_\rho}\frac{1}{2}(\gamma_\mu\not{q} - \not{q}\gamma_\mu)|\mathrm{N}\rangle\end{aligned} \tag{6.16.5}$$

因此我们预言 $F_1/F_2 = C_1/C_2$ 与 q^2 无关, 并且 F_1 以 $1/(1-q^2/m_\rho^2)$ 形式变化. 后者并不太好, $1/(1-q^2/m_\rho^2)^2$ 更好一点. 这里我们在远离 ρ 极点的大的负值 q^2 处对 (1) 做了检验, 结果失败了. 显然 VMD 不可能是一个适用于所有 q^2 的精确原理. 但当 q^2 介于 m_ρ^2 与 0 之间时, 或许它近似适用. 我们必须讨论这种思想的推广与进一步证据.

从上述核子情形得到的进一步结论是 $C_1/g_\rho = 1$. 目前为止, 还没有任何办法能没有歧义地得到 ρ 与核子的耦合系数 C_1 和 C_2 (或者永远不会有? 是定义的问题, $\langle \mathrm{N}|\rho|\mathrm{N}\rangle$ 不能让所有的粒子都在物理的质壳上!). 比如通过 πN 散射, 我们了解关于类 ρ 轨迹的耦合, 或者所谓的 ρ 交换的一些知识, 但是从 ρ 轨迹到 ρ 极点交换的外推并不明确. 后者 (ρ 极点交换) 的振幅随 s 变化, 但是与 ρ 轨迹交换相关的项却并非如此, 并且在 Regge 理论中未如此假定.

同位旋标量耦合可以由使用 ω 轨迹的类似表达式给出. 由于 ω 与 ρ 的质量几乎相等, 同位旋标量和同位旋矢量的形状因子对 q^2 的依赖形式应当相同, 尽管这种依赖并不是预期的 $(1-q^2/m_\rho^2)^{-1}$, 但事实确实如此.

第 17 讲

矢量介子主导模型 (续)

在更一般的情况下, 所有三个中性矢量介子都可能参与其中. 例如, 在耦合到任意强子态时, 我们有

$$\langle \text{强子}|J_\mu|0\rangle = \sum_{V=\rho,\omega,\phi} \frac{1}{g_V}\left(\frac{-m_V^2}{g^2-m_V^2+\mathrm{i}\Gamma_V m_V}\right)\langle \text{强子}|V\rangle \tag{6.17.1}$$

其中, V 的极化是 μ. (当然也可以对任何强子 X 到强子 Y 的跃迁使用交叉对称性.)

$$\langle X|J_\mu|Y\rangle = \sum_{V} \frac{1}{g_V}\left(\frac{-m_V^2}{g^2-m_V^2+\mathrm{i}\Gamma_V m_V}\right)\langle XV_\mu|Y\rangle \tag{6.17.2}$$

式 (6.17.2) 的左边给出了 J_μ 能够耦合的所有方式的总和, 这就是矢量主导假设的一般表述. 我们已经看到它是如何预测 $\rho\pi\pi$ 耦合常数的. 我们能否对 ϕKK 耦合做类似的计算 (比如 $\phi\mathrm{K}^+\mathrm{K}^-$)? 我们知道在 $q^2\approx 0$ 处的流算符可以写成 $(p_{1\mu}+p_{2\mu})$, 其中系数为 1. 因为荷为 1, 所以 $\dfrac{1}{g_V}\langle \mathrm{K}^+\mathrm{K}^-|V\rangle$ 所有项的和必须为 1. 因此, 如果写成

$$\langle \mathrm{K}^+\mathrm{K}^-|V\rangle = f_{V\mathrm{K}^+\mathrm{K}^-}(p_{1\mu}+p_{2\mu}) \tag{6.17.3}$$

那么会有

$$1=\sum_V f_{V\mathrm{K}^+\mathrm{K}^-}/g_V \tag{6.17.4}$$

现在的问题是, 虽然我们从实验中得知了三个耦合常数 g_V, 但在式 (6.17.4) 中依然有很多与实验相关的未知量. ($\phi\to\mathrm{K}^+\mathrm{K}^-$ 的衰变率表明 $f_{V\mathrm{K}^+\mathrm{K}^-}/4\pi=1.47$.) 我们需要某种规则来分配 ρ, ω 和 ϕ 的流.

一种富有启发性的尝试是将夸克模型的思想表述为: ϕ 是纯的 $\mathrm{s\bar{s}}$, 因此只与系统中的 s 夸克耦合. 这意味着我们创造了三种流 J^u, J^d, J^s, 它们分别只与 u 夸克, d 夸克, s 夸克耦合 (好像每个都有单位荷). 比如, 电流 (u, d, s 的电荷分别为 +2/3, −1/3, −1/3) 为

$$J^\mathrm{el}=+\frac{2}{3}J^\mathrm{u}-\frac{1}{3}J^\mathrm{d}-\frac{1}{3}J^\mathrm{s} \tag{6.17.5}$$

于是, 由于 ρ 为 $\dfrac{1}{\sqrt{2}}(\mathrm{u\bar{u}}-\mathrm{d\bar{d}})$, 我们定义 "$\rho$ 型流" 为 $J^\rho=\dfrac{1}{\sqrt{2}}(J^\mathrm{u}-J^\mathrm{d})$. 同样地, "$\omega$

型流”为 $J^{\omega}=\frac{1}{\sqrt{2}}(J^{\mathrm{u}}+J^{\mathrm{d}})$, 以及因为 $\phi=\mathrm{s\bar{s}}$, “ϕ 型流”为 $J^{\phi}=J^{\mathrm{s}}$, 因此有

$$J^{\mathrm{el}}=\frac{1}{\sqrt{2}}J^{\rho}+\frac{1}{3\sqrt{2}}J^{\omega}=\frac{1}{3}J^{\phi} \tag{6.17.6}$$

现在很明显, 我们认为式 (6.17.6) 中 J^{el} 被分成的三部分, 就是式 (6.17.5) 中相应的矢量介子共振部分. 如果 g_V 确实有夸克模型的比率 (第 14 讲), 这可以被写成很简单的形式, 当然就是

$$\langle Y|J_{\mu}^{V}|X\rangle=\text{const.}\left(\frac{-m_V^2}{q^2-m_V^2+\mathrm{i}\Gamma_V m_V}\right)\langle YV_{\mu}|X\rangle \tag{6.17.7}$$

其中的常数对所有夸克都相同, 为 $\sqrt{2}/g_{\rho}$.

然而, 我们仍然必须以实验上确定的方式来定义 J^{u}, J^{d}, J^{s} 或者 J^{ρ}, J^{ω}, J^{ϕ} 是什么. 我们可以用同位旋、超荷和夸克数 (或说重子数) 作为三个守恒量 (对一个特定的跃迁 $X\to Y$, 每个守恒量都是确定的) 来代替夸克数, 从而, 用 J^Z 表示同位旋流的 Z 分量, 用 J^Y 表示超荷流, 用 J^B 表示重子数流 (等于夸克数流的 1/3), 写为

$$\begin{aligned}
J^{\mathrm{u}}&=J^Z+\frac{1}{2}J^Y+J^B\\
J^{\mathrm{d}}&=-J^Z+\frac{1}{2}J^Y+J^B\\
J^{\mathrm{s}}&=-J^Y+J^B
\end{aligned} \tag{6.17.8}$$

(如果你代入比如 u 夸克的量子数, $I_Z=+1/2$, $Y=+1/3$, $B=1/3$, 会得到流 $J^{\mathrm{u}}=1$, $J^{\mathrm{d}}=J^{\mathrm{s}}=0$, 等等)

因而

$$\begin{aligned}
J^{\rho}&=\sqrt{2}J^Z\\
J^{\omega}&=\sqrt{2}(\frac{1}{2}J^Y+J^B)\\
J^{\phi}&=-J^Y+J^B
\end{aligned} \tag{6.17.9}$$

这就精确地定义了式 (6.17.5) 和式 (6.17.6) 中的流的含义.

例如, 我们将其应用到 ϕ 的 $\mathrm{K^+K^-}$ 衰变. 我们需要 J^{ϕ} 到 K^+ 的耦合 (为了完整, 我们也计算了 J^{ρ}, J^{ω} 的情形). 对于 K^+, $I_Z=+1/2$, $Y=+1$, $B=0$, 当 $q^2=0$ 时

$$\begin{aligned}
\langle\mathrm{K}^+|J^{\rho}|\mathrm{K}^+\rangle&=1/\sqrt{2}\\
\langle\mathrm{K}^+|J^{\omega}|\mathrm{K}^+\rangle&=1/\sqrt{2}
\end{aligned} \tag{6.17.10}$$

$$\langle \mathrm{K}^+ | J^{\phi} | \mathrm{K}^+ \rangle = -1$$

因此, 结合式 (6.17.7) 和式 (6.17.9), 可见必然有

$$f_{\rho \mathrm{K}^+\mathrm{K}^-}/g_{\rho} = \frac{1}{2}; \quad f_{\omega \mathrm{K}^+\mathrm{K}^-}/g_{\omega} = \frac{1}{6}; \quad f_{\phi \mathrm{K}^+\mathrm{K}^-}/g_{\phi} = \frac{1}{3}$$

这定义了式 (6.17.4) 中的 1 是如何分配的. 在任意衰变率下, 我们预测

$$(f^2_{\phi \mathrm{K}^+\mathrm{K}^-}/4\pi)/(g^2_{\phi}/4\pi) = 1/9$$

这与从 $\phi \to \mathrm{K}^+\mathrm{K}^-$ 得到的 $f^2_{\phi\mathrm{KK}}/4\pi = 1.47$ 以及从 $\phi \to \mathrm{e}^+\mathrm{e}^-$ 得到的 $g^2_{\phi}/4\pi = 13.3$ 完美吻合.

与 $\omega \to 3\pi$ 过程相比, $\phi \to 3\pi$ 有多慢? ϕ 有 18% 的分支比衰变为 3π, 但 Γ 只有 4 MeV, 所以这个分支的衰变宽度只有 0.7 MeV, 而 ω 的这个分支的衰变宽度为 10 MeV. ϕ 的相空间更大, 但是若想进行更详细的分析, 则需要了解矩阵元是如何变化的. 如果 e 是矢量介子的极化, p_1, p_2, p_3 是三个 π 介子的四矢量, 那么振幅必须是常数 $e_{\mu\nu\sigma\rho} e_{\mu} p_{1\nu} p_{2\sigma} p_{3\rho}$. ϕ 的这个"常数"大约是 ω 的 0.1 倍.

第 18 讲

作为 $\bar{\mathrm{s}}\mathrm{s}$ 的 ϕ

ϕ 看起来是纯的 $\bar{\mathrm{s}}\mathrm{s}$. 这意味着什么? 或者说, 我们如何在不涉及夸克模型的情况下, 用量子数或量子定则去定义它? 我们不知道怎么做. 我们试着解释为, 它与不含奇异粒子的态之间的耦合很弱, 所以它不会衰变到 3π, 但是会衰变到 $\overline{\mathrm{K}}\mathrm{K}$. 然而, 这种"不含奇异粒子的态"的概念却并不是那么容易定义的. 由于强相互作用, 没有整体的量子数来区分像 $\overline{\mathrm{K}}\mathrm{K}$ 这样的态与 3π; 事实上, 通过虚过程相互作用, $\overline{\mathrm{K}}\mathrm{K}$ 与 3π 应该有很强的耦合 (例如, 通过一个虚的 ω, $\overline{\mathrm{K}}\mathrm{K} \leftrightarrow \omega \leftrightarrow 3\pi$). 因此问题仍然存在: 是什么使得 ϕ 不与 3π 发生很强的耦合?

从夸克模型的角度我们可以试着解释, $\bar{\mathrm{s}}\mathrm{s}$ 态是从 ω 的 $\dfrac{1}{\sqrt{2}}(\mathrm{u}\bar{\mathrm{u}} + \mathrm{d}\bar{\mathrm{d}})$ 态选择出来的,

仅仅依据 s 夸克比非奇异夸克具有更大的质量 (或不同的相互作用能). 所以, 在微扰理论的最低阶, 能量本征态是 $\bar{s}s$ 与 $\frac{1}{\sqrt{2}}(u\bar{u}+d\bar{d})$. 但是我们发现这些态是不稳定的. 由于某种形式的微扰作用, 它们会衰变, 并且衰变宽度很小. 然而这个“微扰”并不小, 每个介子态都跟 ϕ^0 和 ω^0 有耦合 (与 ω 的耦合等于与 ϕ 的耦合的 $-\frac{1}{\sqrt{2}}$). 因此对于这些虚介子态, 例如 $\phi\to K\overline{K}\to\omega$, 如图 6.3 所示.

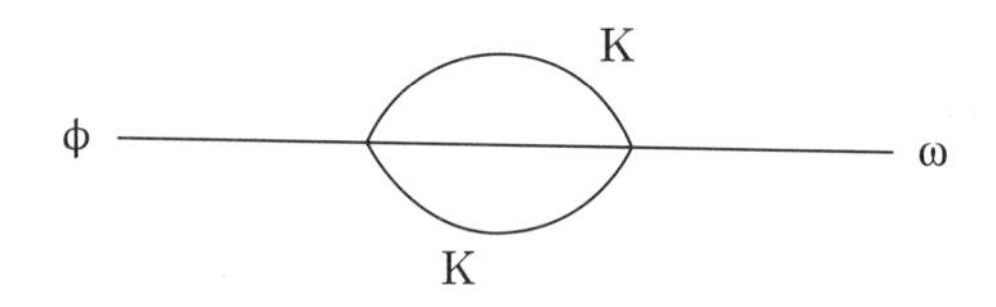

图6.3

这混合了 ϕ 态和 ω 态. 这些图是无法计算的 (上面的图是二次发散的), 这样的虚过程强相互作用在任何问题中都没有被成功计算过. 但是, 这种定量的想法通常是适用的, 即如果一些态可以通过强相互作用的虚态关联起来, 那么它们可以互相转化. 耦合常数 $f_{\phi\overline{K}K}$ 和 $f_{\omega\overline{K}K}$ 是如此之大, 似乎有 1 的量级, 以至于强烈混合了原始的纯态 $\bar{s}s$ 和 $\frac{1}{\sqrt{2}}(u\bar{u}+d\bar{d})$.

当然, 世界总是有可能很复杂. 也就是说, $\bar{s}s$ 的组合从一开始在原则上就不是孤立的; 但正是这个虚的相互作用选择了 $\bar{s}s$ 和 $\frac{1}{\sqrt{2}}(u\bar{u}+d\bar{d})$ 的某种线性组合作为 ϕ (对于 ω 是正交组合), 结果这个组合恰好就是 $\bar{s}s$.

我们也许真的可以理解为什么 $\phi\to\pi\gamma$ 这么小, 但是在这个态的模型中, $\phi\to 3\pi$ 的小真的是显而易见的么?

但更异乎寻常的事实是, “意外”重现了! 对于自旋 2^+ 的介子, f(1260) 很容易衰变成 2π 或者 4π, 以及 $K\overline{K}$. f(1514) 主要衰变成 $K\overline{K}$, 甚至衰变成 $K\overline{K}^*+\overline{K}K^*$ 而不是 $\pi\pi$, 尽管有更大的相空间. (将 f(1260) 作为 $\frac{1}{\sqrt{2}}(u\bar{u}+d\bar{d})$, f(1514) 作为 $\bar{s}s$ 的夸克模型给出的衰变率 (Feynman, Kislinger, Ravndal) 都很高, 但相对比例是正确的.)

对于 2^+ 介子, 实验和夸克模型 (FKR) 给出的衰变率是

			实验	FKR
f(1260)	$\to$	$\pi\pi$	120 MeV	244 MeV
		$K\overline{K}$	~ 8	13
		$2\pi^+2\pi^-$	0	

f(1514)	→	$K\overline{K}$	52	103
		$\overline{K}K^*+K\overline{K}^*$	7	15
		$\pi\pi$	<10	0
		$\eta\pi\pi$	13 ± 7	
		$\eta\eta$	<30	

附注: 另外还有两个与 ϕ 有关的强子现象, 这出乎预料, 除非 ϕ 像 $s\bar{s}$ 一样, 弱耦合于零奇异数的强子态. 第一个是 ϕ 在 $\pi+N\to N+\phi$ 中的向后产生

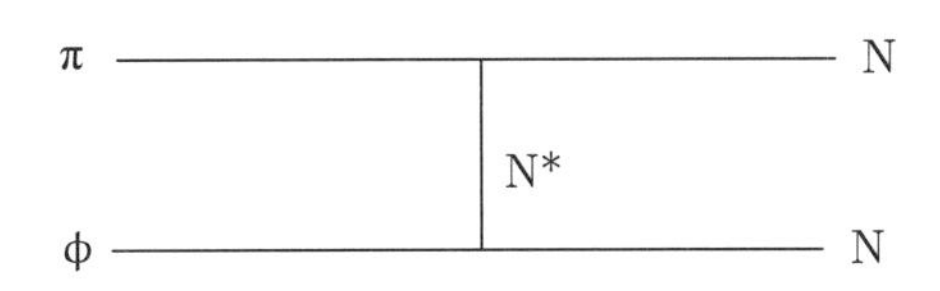

图6.4

这是非常弱的, 就好像 ϕ 没有耦合到 N、N^*(核子轨迹) 的交叉点. 同样, $p+\bar{p}\to\phi+n\pi$ 被强烈压制了 (比如相对于 $\rho+n\pi$), 就好像 ϕ 里的 s 和 $\bar{s}$ 不能由其他粒子中的非奇异夸克产生.

VDM 和光子-强子相互作用

完全的矢量主导意味着光子不能和强子进行相互作用, 除非它首先变成 ρ, ω 或者 ϕ, 然后 ρ, ω 或者 ϕ (统记为 V) 再和强子相互作用. 因此, 我们期望找到振幅之间的某种关系, 如

$$\text{Amp}\ (\gamma+A\to B)=\sqrt{4\pi e^2}\sum_V\frac{1}{g_V}(V+A\to B) \tag{6.18.1}$$

使用这个公式涉及几个问题. 首先是理论上的考虑. 由于 γ 有 $q^2=0$, 右边的矢量介子应该是 $q^2=0$ 的虚矢量介子. 严格来说, 这没有定义. 人们可能会认为, 当质心系能量 s 很大的时候, 矢量粒子的质量并不重要, 因为对于有限质量的粒子来说, 可以近似认为 $E\backsim p$, 这样矢量粒子就被当成了一个无质量的粒子, 于是这个关系几乎就是正确的. 另一个相关的不确定性是, 光子只有两种极化, 分别为螺旋度 ±1, 因此该方程仅对 V 的螺旋度相应为 ±1 的态有意义. 但螺旋度不是一个相对论不变的概念, 它取决于参

考系. 大多数理论学家得出的结论是, 正是在 s 道参考系里, ρ 的螺旋度应该是 ±1. 不管怎样, 这个不确定性也可以通过增大 s 来消减. 因此, 为了避免过多复杂的讨论, 我们将局限于和目前能达到的最高能量的实验进行比较.

下一个问题是我们如何得到矢量介子参与 $V+A\rightarrow B$ 的截面或振幅, 毕竟 V 介子束是不能实现的. 有时可以找到理论观点, 但如果它们太复杂, 对检验 VDM 是没有用的. 最有用的简单情况是:

a) 赝标量介子的产生, 特别是 $\rho+\mathrm{N}\rightarrow\pi+\mathrm{N}$.

b) 与核子的衍射 (弹性) 散射 $\rho+\mathrm{N}\rightarrow\rho+\mathrm{N}$, 或与原子核的, $\rho+$核 $\rightarrow\rho+$核 .

我们依次讨论.

我们可以通过在实验上研究逆反应 $\pi+\mathrm{N}\rightarrow\rho+\mathrm{N}$ 来研究反应 $\rho+\mathrm{N}\rightarrow\pi+\mathrm{N}$, 它们应该具有相同的振幅. 这已在 15 GeV 进行了研究, 并由 D.W.G.S. Leith 报告过, Phynomenology Conference, 1971 (Caltech) p. 555. 自然地, ρ 不是被直接观察到的, 而是基于 $\pi^-+\mathrm{p}\rightarrow\pi^++\pi^-+\mathrm{n}$ 的完整研究. 通过两个出射 π 介子的适当质量区域内的观察, 推断出 $\pi^-+\mathrm{p}\rightarrow\rho^0+\mathrm{n}$. 考虑到实际的碰撞中, 并非所有的 π 介子对都来自与虚的 ρ 介子衰变, 因此必须对 π 介子对进行校验, 也就是做交互的 s 波分解. 总而言之, 小 t 时的数据已进行了详细的理论分析, 我们可以描述这些结果, 并与 VDM 的预判进行比较.

显然, 我们希望将这些结果与诸如 $\gamma+\mathrm{p}\rightarrow\pi^++\mathrm{n}$ 的反应进行比较, 并且 $\gamma+\mathrm{N}\rightarrow\pi+\mathrm{N}$ 可以通过 VDM 与 $\pi^-+\mathrm{p}\rightarrow V^0+\mathrm{n}$ 直接联系起来, 其中 V^0 是矢量介子 ρ, ω, ϕ 的线性组合. 由于 ϕ 与介子的耦合很小, 我们忽略它, 并忽略 ω 和 ϕ 的干涉. VDM 预言了诸如 (通过对适当的振幅求平方)

$$
\begin{aligned}
&\frac{1}{2}\left[\frac{\mathrm{d}\sigma}{\mathrm{d}t}(\gamma\mathrm{p}\rightarrow\pi^+\mathrm{n})+\frac{\mathrm{d}\sigma}{\mathrm{d}t}(\gamma\mathrm{n}\rightarrow\pi^-\mathrm{p})\right]\\
&=4\pi e^2\left[\frac{1}{g_\rho^2}[\rho_{11}]_\rho\frac{\mathrm{d}\sigma}{\mathrm{d}t}(\pi^-\mathrm{p}\rightarrow\rho^0\mathrm{n})+\frac{1}{g_\omega^2}[\rho_{11}]_\omega\frac{\mathrm{d}\sigma}{\mathrm{d}t}(\pi^-\mathrm{p}\rightarrow\omega\mathrm{n})\right]
\end{aligned}
\tag{6.18.2}
$$

这些 $[\rho_{11}]$ 是投影出螺旋度 ±1 反应的密度矩阵元. 虽然缺少 ω 反应中的数据, 但 $g_\rho^{-2}/g_\omega^{-2}$ 大约是 9/1, 所以第二项可能不会很大. 此外, 在 8 GeV 时, 在向前散射方向, $\frac{\mathrm{d}\sigma}{\mathrm{d}t}(\pi^-\mathrm{p}\rightarrow\rho^0\mathrm{n})$ 大约是 $\frac{\mathrm{d}\sigma}{\mathrm{d}t}(\pi^-\mathrm{p}\rightarrow\omega\mathrm{n})$ 的 10 倍, 因此 ω 对 VDM 结果的贡献可能只有 1%. ρ-ω 干涉项就不一样了 (对于 0.1 量级的振幅, 与 1 的干涉可以产生 20% 的效果, 但其平方仅为 1%). 这就是为什么要对 $\gamma+\mathrm{p}\rightarrow\pi^++\mathrm{n}$ 和 $\gamma+\mathrm{n}\rightarrow\pi^-+\mathrm{p}$ 截面的和进行比较的原因. 因为在求和时, ρ-ω 干涉项 (基于同位旋的考虑) 被抵消了 (ρ-ϕ 干涉也是如此).

通过测量极化的 ρ^0 衰变产生的一对介子 $\pi^+\pi^-$ 的角分布, ρ 的所有螺旋度组合的截面都被测量了 (并以密度矩阵的形式给出). 我们也有极化光子的数据 (垂直和平行于产生平面, 因此可以做两个比较). 于是矢量主导模型预言了

$$\frac{\mathrm{d}\sigma_\perp}{\mathrm{d}t}(\gamma\mathrm{N}\to\pi\mathrm{N})=\frac{4\pi e^2}{g_\rho^2}[\rho_{11}+\rho_{1-1}]\frac{\mathrm{d}\sigma}{\mathrm{d}t}(\pi^-\mathrm{p}+\rho^0\mathrm{n}) \tag{6.18.3}$$

$$\frac{\mathrm{d}\sigma_\parallel}{\mathrm{d}t}(\gamma\mathrm{N}\to\pi\mathrm{N})=\frac{4\pi e^2}{g_\rho^2}[\rho_{11}-\rho_{1-1}]\frac{\mathrm{d}\sigma}{\mathrm{d}t}(\pi^-\mathrm{p}+\rho^0\mathrm{n}) \tag{6.18.4}$$

其中, $\mathrm{d}\sigma/\mathrm{d}t(\gamma\mathrm{N}\to\pi\mathrm{N})$ 表示 $\mathrm{d}\sigma/\mathrm{d}t(\gamma\mathrm{n}\to\pi^-\mathrm{p})$ 和 $\mathrm{d}\sigma/\mathrm{d}t(\gamma\mathrm{p}\to\pi^+\mathrm{n})$ 的平均, 各个 ρ 是在螺旋度参考系下的密度矩阵元. 这样的比较结果显示如下 (光子在 15 GeV 的极化数据暂未可知, 但可以从 8 GeV 的数据进行猜测性的外推, 这并不影响 $\sigma_\perp$ 与 $\sigma_\parallel$ 之和的比较, 当然, 这是在 15 GeV 下测量的非极化截面):

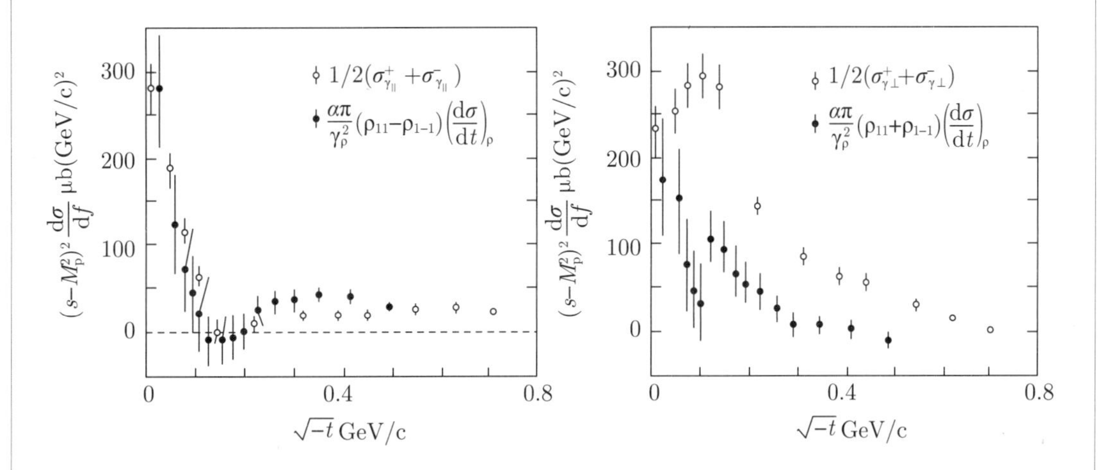

图6.5

这些结果在向前方向和一般的非自然宇称交换 $\sigma_\parallel$ 中符合得非常好, 但在 $t=0$ 时与 $\sigma_\perp$ 明显不一致. 因此, VDM 不可能是完全正确的一般性理论 (除非在这个区域可能有巨大的 ω 贡献).

因此光子并非严格像离壳的矢量介子那样与强子进行耦合. 但它们是如何耦合的呢? 为了弄清楚这个问题, 我们应该研究实验数据与严格的 VDM 计算的偏离, 找到它们的特征. 比如, 如果我们有一个好的基本理论 (虽然目前我们还没有, 但应该能够发展出来), 我们应该回答为什么这些不同截面对于 $\sigma_\parallel$ 和向前方向是符合的, 而对于 $\sigma_\perp$ 是不符合的. 也许从这个例子中可以得到一些线索, 所以我们将进一步研究它.

6

在我们的研究中, t 值是如此之小, 以至于单个 π 介子交换应该是两种散射过程 (即 γN 和 ρN) 的主要因素. 如果在不计吸收修正的情况下, 这是严格正确的. 我们预期会有一个截面之间的关系式, 直接类似于式 (6.18.2), 式 (6.18.3), 或式 (6.18.4), 因为对应的图 6.6 为

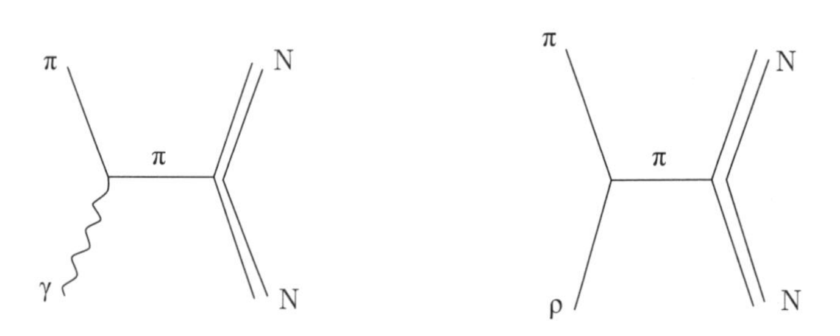

图6.6

唯一的区别 (除了 ρ, γ 的质量平方差和用以进行比较的正确螺旋度振幅的选择), γ 是通过因子 $\sqrt{4\pi e^2}$ 与 π 介子的 $p_{1\mu}+p_{2\mu}$ 进行耦合的, 而 ρ 是通过 $f_{\rho\pi\pi}$ 耦合的. 因此, 我们预期有如下这种关系式

$$\text{Amp}\ (\gamma N \to \pi N) = \sqrt{4\pi e^2}\frac{1}{f_{\rho\pi\pi}}\text{Amp}\ (\rho N \to \pi N) \tag{6.18.5}$$

来代替式 (6.18.1) 和截面的相应关系式 (即在式 (6.18.3) 和式 (6.18.4) 中, 用 $f^2_{\rho\pi\pi}$ 替换 g^2_ρ). 需要注意的是, 我们并没有真正地去检验 VDM 关系, 实验在小 t 时符合得很好只是在告诉我们 $f^2_{\rho\pi\pi} \approx g^2_\rho$. 如果耦合常数的相等是偶然的, 那么在小 t 时的符合将仅仅意味着在小 t 时单 π 介子交换对这两个反应都起主导作用, 而我们期望这在其他情况下也是正确的.

另一方面, 即使在小 t 下, 例如 $\sqrt{-t}=m_\pi$, 这两种理论仍然有可能会产生偏差. 那么为什么会出现这种情况呢? 当然, 单 π 介子交换项对于吸收来说必须被修正. $\sigma_{\gamma N}$ 与 $\sigma_{\rho N}$ 在小 t 下的差异, 很可能归结于吸收对于单 π 介子交换期望值的改变程度不同.

首先 (参见 Leith 的报告), 吸收修正的单 π 介子交换模型对 ρ 的数据给出了相当好的拟合 (参考 P. K. Williams, Phys. Rev. D1, 1812 (1970)), 对于我们所关心的振幅, 这给出

$$s^2[\rho_{11}+\rho_{1-1}]\frac{d\sigma_\perp}{dt} = 290 m_\pi^{-4}\exp\left(10(t-m_\pi^2)\right)\left(-\frac{1}{2}\right)^2 \tag{6.18.6}$$

以及

$$s^2[\rho_{11}-\rho_{1-1}]\frac{d\sigma_\parallel}{dt} = 290 m_\pi^{-4}\exp\left(10(t-m_\pi^2)\right)\left(\frac{t}{t-m_\pi^2}-\frac{1}{2}\right)^2 \tag{6.18.7}$$

我们已经看到, 对于这些振幅 (与光子产生的讨论有关), 未被吸收的单 π 介子交换给出

$$\begin{aligned} A_{\perp} &\sim 0 \\ A_{\parallel} &\sim \frac{t}{t-m_{\pi}^2} \end{aligned}$$

并且理想吸收会从每个振幅中扣除 1/2. 这将导致当 $-t=m_{\pi}^2$ 时, $A_{\parallel}$ 为零; 并且, 对于大 t, $A_{\perp}$, $A_{\parallel}$ 的振幅相同. 由此也导致一个不对称: 在 $t=0$ 处从 0 开始上升, 到 $t=m_{\pi}^2$ 时达到 1, 然后在 t 更大时下降到 0. 这与观察到的 ρ 的不对称相一致, 但对于光子却并非如此. 在光子的情况下, 大 t 处的衰减仅仅是适度的, 大概是 0.5 左右. 因此对于光子, 考虑吸收时, 更恰当的修正可能是从两个振幅中扣除 2/3 ($t=2m_{\pi}^2$ 时, 不对称性为 1, 当 t 较大时, 不对称性降到 0.6, 这与实验结果并不冲突). 事实上, 我们并不确切知道为什么吸收的扣除项总是总项的 1/2. 可能在这种情况下, 对于 ρ 是 1/2, 而对于光子有额外的贡献 (同位旋标量或同位旋矢量?) 使得在 1/2 的基础上有所增加. 这里的要点是对 ρ 和 γ 的不同效果, 因此不同于 VDM 的期望值 (除非它可能来自 ω 项). 然而, 待使用的正确常数项是由实验中 $t=0$ 的散射截面决定的, 散射截面与这个常数的平方成正比, 比例系数已知. 这就决定了该常数确实是 1/2 到 10%.

而更显著的是 $\sigma_{\gamma\perp}$ 与 $\sigma_{\rho\perp}$ 的差别. 这种差异在小 t 就已经很大了, 而 $\sigma_{\rho\perp}$ 比 $\sigma_{\gamma\perp}$ 下降得要快很多. 这是为什么? 我并不理解. 我认为这里的神秘之处在于为什么 $\sigma_{\rho\perp}$ 会下降得如此之快. 实验中发现, 为了拟合 OPE 加吸收, 这些散射截面中需要包含一个因子 $\mathrm{e}^{10(t-\mathrm{m}_{\pi}^2)}$. P. K. Williams 基于吸收效应的考虑, 提出了这个因子, 但它预计的衰减会慢得多 (如 $\mathrm{e}^{3(t-\mathrm{m}_{\pi}^2)}$). 是什么导致了这种迅速下降? 如此快速的变化完全出乎我们的预料. 很可能是源于分析数据的方法. 产生一对处于共同 s 波的 π 的振幅效应应当被扣除. 在 $-t=m_{\pi}^2$ 附近的 $\rho_{\parallel}$ 的值对这里的操作特别敏感 (在 $t=0$ 或 $-t\sim 10m_{\pi}^2$ 时不敏感). 然而, 对宇称变换的贡献, γ 和 ρ 是不同的 (违反 VDM). 我们该如何建立理论, 确定何时何地会出现这种偏差? 我们把它作为一个问题来进行更详细的分析. 在指数中看到大数字的明显可能性提醒我们, 对于 π 介子与核子的散射, 总吸收效应 (在弹性散射中看到的那样) 确实呈 $\exp(bt)$ 形式衰减, b 的量级是 8 或 9. 因此, 对吸收的仔细分析, 或者还有关于核子或 ρ 的尺寸导致 π 介子的来源不确定的可能性的仔细分析, 也许可以解释这一点. 然而, 解释它的要点是, 光子情形的衰减要慢得多. 因此, 不管什么原因, 在 ρ 和 γ 中赝标量产生的机制是不同的. 也许我们可以从物理上去思考: VDM 哪里出了错. 这个问题不会很难, 因为这些效应都出现于小 t 亦即大的碰撞参数处. 显然, 这一能区的物理现象都是可以循序渐进地进行分析的.

第 19 讲

ρ, ω, φ的衍射产生

我们要开始的下一个话题是矢量介子通过光子的衍射产生. 我们首先研究 ρ 介子, 因为 ρ 介子的数据更多. 我将不会像我们习惯的那样对结果进行详细讨论, 关于完整的最新报告, 请参阅: Wolf. 1971 International Conference on Electron and Photon Interactions at High Energy, Cornell, Ithaca, N.Y ., 1971.

我们主要关心的是与 VDW 的比较.

在 $\gamma N \to \rho^0 N$ 中, ρ^0 的产生看起来很像衍射散射. 在高能量时, 截面趋于常数, 并且具有这种散射的典型依赖性. 但是光子是如何衍射成 ρ 的? VDM 提供了一种答案. 从预期的振幅关系 (6.18.1), 我们有

$$\frac{d\sigma}{dt}(\gamma N \to \rho^0 N) = \frac{4\pi e^2}{g_\rho^2}\frac{d\sigma}{dt}(\rho^0 N \to \rho^0 N) \tag{6.19.1}$$

(由于同位旋的改变, 我们预期 $\omega^0 N \to \rho^0 N$ 或者 $\phi^0 N \to \rho^0 N$ 的振幅会随着能量的增高而迅速下降, 所以只保留了 ρ 项). 我们不能直接知道 ρ^0 在核子上散射的截面, 但我们预期它是一个典型的弹性散射.

假设夸克的散射与它们的自旋方向无关, 且夸克在 ρ^0 和 π^0 中分布相似, 夸克模型的粗略使用给出 $\sigma(\rho^0 N) = \sigma(\pi^0 N)$. 后者并非由直接实验得出, 而是由同位旋给出, 为 $\frac{1}{2}[\sigma(\pi^- N \to \pi^- N) + \sigma(\pi^+ N \to \pi^+ N)]$. $\gamma N \to \rho^0 N$ 的总截面随能量的变化形式确实与 $\frac{1}{2}[\sigma(\pi^+ N) + \sigma(\pi^- N)]$ 一样. 实际上, 这个规则与式 (6.19.1) 中取 $g_\rho^2 = 2.8$ 正确给出了总散射截面.

因为观察到的过程是 $\gamma N \to N + \pi^+ + \pi^-$, 在解释上存在不确定性 (15%), 而这不确定性源于所谓 Deck 型的图: γ 变成不处在 ρ 共振态上的两个 π 介子, 并且一个 π 介子按图 6.7 散射

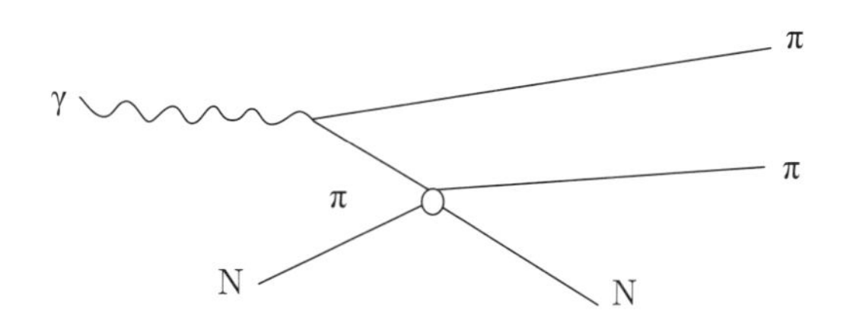

图6.7

而不是

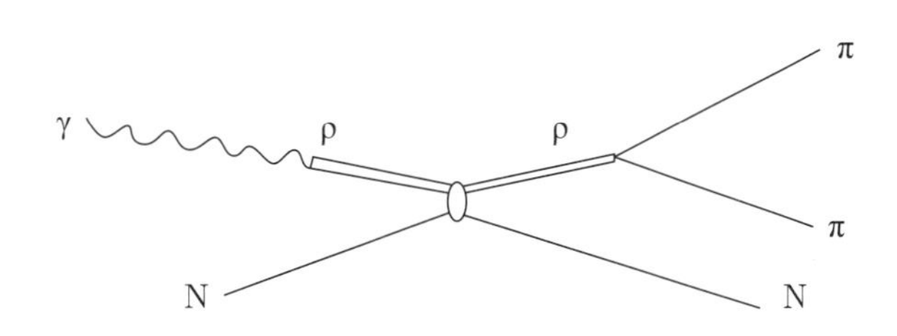

图6.8

依我之见, 严格遵循 VDM 预期会类似得到 ρ, 通过图 6.9 散射为 2π

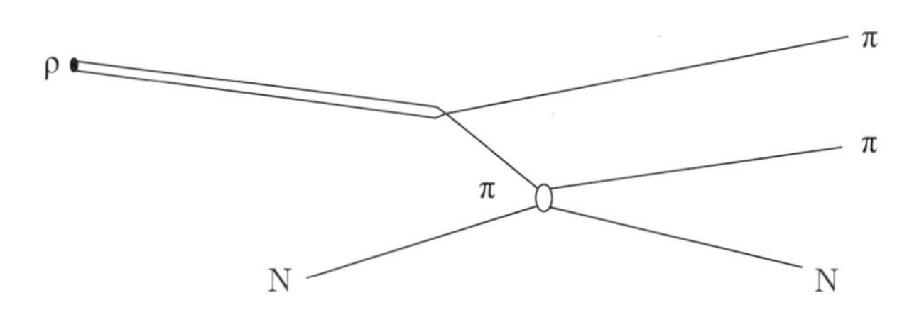

图6.9

但要点在于估计简单的 ρ 弹性散射的效果, 所以我们可以用 π^0 散射类比.

$\gamma N \to \rho N$ 告诉我们关于 $\rho N \to \rho N$ 的信息的这种思想, 使得我们可以通过另一种方式来总结它的行为. 出射的 ρ 的极化可以被测量出来. 它非常接近纯的横向的, 并如入射 γ 射线那样极化. 这是弹性散射过程 (也称坡密子交换) 不会改变质心系螺旋度的出色证据.

ω 的产生. 这时衍射项更小, 其他过程也都起作用, 特别是低能情况下的单 π 介子交换. 除了坡密子交换之外, 自然的宇称交换也可能有 A_2 交换, 所以目前还没有分离出纯的衍射部分进行清楚的检验.

ϕ 的产生. 实验显示有些不一致, 但数据是可靠的.

一种检验 VDM 的方法是比较 $\gamma N \to VN$ 与 $VN \to VN$ 的向前散射的微分截面. 对于后者, 通过使用夸克模型从光学定理估计 VN 的总散射截面, 大概可以很好地估算出来. (夸克模型对 ρ, ω 和 ϕ 的估计是:

$$\begin{aligned}\sigma_T(\rho p) &= \sigma_T(\omega p) = \frac{1}{2}[\sigma_T(\pi^+ p) + \sigma_T(\pi^- p)] = 28 \text{ mb 在 } 5 \text{ GeV 时} \\ \sigma_T(\phi p) &= \sigma_T(K^+ p) + \sigma_T(K^- p) - \sigma_T(\pi^+ p) = 15 \text{ mb 在 } 5 \text{ GeV 时})\end{aligned}$$

这给出了一种拟合, $g_\rho^2/4\pi = 2.6 \pm 0.3$, $g_\omega^2 = 24 \pm 5$ 以及 $g_\phi^2 = 22 \pm 6$. 只有 g_ϕ^2 看起来太大了, 这或许意味着 $\sigma_{\phi N}$ 的夸克估计过大了, 10 mb 可能拟合得更好.

第 20 讲

通过 γ 对原子核 A 的散射, 可以更大量且更清晰地看到矢量介子的衍射产生. (参考: K. Gottfried, Nuclear Photoprocesses and vector dominance, Cornell Conference, 1971.) 对于 ω 还是有些困难的, 因为末态产物 3π 难以观测, 以及 ρ 的衰变宽度很大, 因而牵扯到了解释数据的理论问题. 实验中最清楚的事例是 ϕ 的产生, 但 ρ 存在更多数据. 当然, 在这些 ρ 产生的实验中, 观察到的是光子与原子核散射产生 2π 粒子. 在质量等于 ρ 的质量处, 可以看到 2π 有一个漂亮的共振. 它是不对称的, 显示了与 $\omega \to 2\pi$ 反应的干涉效应, 如 e^+e^- 产生中一样.

ϕ 的数据目前很好. 它对原子核质量数 A 的依赖给了我们一些关于 $\sigma_{\phi p}$ 的想法, 而绝对截面可以确定出 g_ϕ. 然而这里出现了一个不确定性, 因为结果敏感地依赖于一个未知量的选择, 即 ϕN 向前散射振幅的实部 $f_{\phi\phi}$. 令 $\alpha_{\phi N} = \mathrm{Im} f_{\phi\phi}/\mathrm{Re} f_{\phi\phi}$, 则现有的数据不足以完全确定 $g_\phi^2/4\pi$, σ_ϕ 和 $\alpha_{\phi N}$ 这三个量. 如果 $g_\phi^2/4\pi$ 等于它的 Orsay 值 13.3, 那么我们只能得出 $\alpha_{\phi N}$ 可能介于 0.3 到 0.5 之间, 以及 $\sigma_{\phi N}$ 在 8 到 14 mb 之间 (大约 7 GeV 处), 这可能稍低于夸克模型规则所预测的结果.

ρ 的数据更广泛. 在这里, 较大的宽度会导致一些混淆, 即哪一部分的数据可以归因于 ρ 的产生. 同样地, 我们也有三个参数 $g_\rho^2/4\pi$, $\sigma_{\rho N}$ 和 $\alpha_{\rho N}$. 如果我们选择 $\alpha_{\rho N} = -0.24$

(但该数值的确定并不严格), 会得到与预期一致的结果. 这些数据给出了 (8.8 GeV 处的) “良好的值”, $g_\rho^2/4\pi = 2.6$ 以及 $\sigma_{\rho N} = 27$ mb ($\alpha_{\rho N}$ 并未严格确定, 因此具体的结果会依赖于 $\alpha_{\rho N}$ 的数值). 因此, 可以肯定矢量介子的现象是存在的, 且行为非常类似衍射过程, 并在定量上与 VDM 相符. 这是对模型的检验吗? 我认为不是. 因为衍射散射的式 (6.19.1) 可以从另一个假设导出 (在非常高的能量下), 即 ρ 的弹性散射远远大于 ρ 的衍射解离散射 (后者即 $\rho N \to \rho^* N$ 的过程, 其中 ρ^* 是与 ρ 有相同同位旋的另一种态, 这种过程在 $s \to \infty$ 时依然存在). 这种衍射解离 (如 $NN \to N^*N$ 或 $\pi N \to \pi^* N$) 在其他反应中可能只占与原子核弹性散射的 30%, 所以有理由假设 ρ 也如此. 此外, 对于 ρ 我们只需假设, 衍射解离到自旋为 1^-(像光子) 的 ρ^* 的部分比弹性散射小. 还有一个直接的实验证实了这样一个事实, 以衍射解离方式发生的 $\gamma N \to \rho^* N$ 反应不会随着能量的降低而下降, 其中 ρ^* 是任意同位旋为 1 的 1^- 态.

对于原子核上散射的产物, 我们的假设 (关于弹性衍射解离的主导性) 随着原子核质量数 A 的上升而愈发正确, 因为弹性来自整个原子核阴影的衍射, 而解离产生的粒子只能来自原子核的边缘.

式 (6.19.1) 的有效性可以从 ρ 与原子核的衍射产物中 $\rho \to \rho$ 占主导来得到, 而无须关注 γ 是否相对于 ρ 占主导.

在大原子核散射的情况下, 我们可以清楚地看到我们的假设是最有效的. 先不考虑 $\gamma A \to \rho A$ 反应, 而是分析它的逆反应 $\rho A \to \gamma A$, 并与 $\rho A \to \rho A$ 过程进行比较. 在质心系中的高能 ρA 散射出现了:

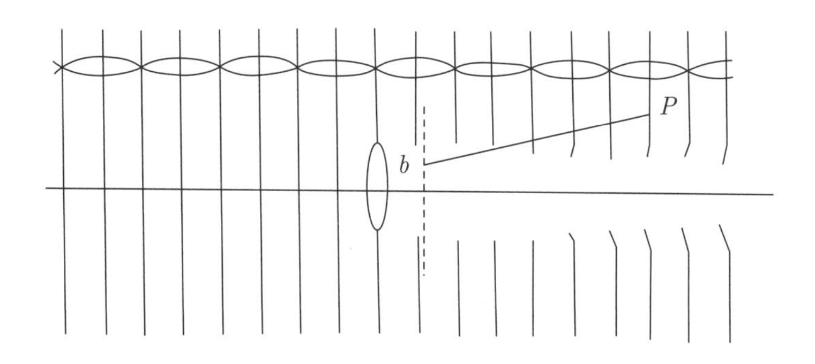

图6.10

ρ 入射波从左边进来, 落在原子核上并被吸收. 超过靶较小距离 (如果 $s \to \infty$, 可以是好多个波长) 处, 也就是虚线处, 波函数几乎是原始的 ρ 波函数, 但有一个洞. 该洞是碰撞参数 b 的函数. 此外, 按照惠更斯原理, 波会慢慢衍射到阴影部分. 如果 $1 - a(b)$ 是在 b 处找到 ρ 的概率幅 (因此, 若 b 小于原子核半径, 则 a 接近 1; 若 b 超过原子核半径, 则 a 接近 0), 则出射波横向动量为 Q 的振幅为 $\int (1-a(b))\mathrm{e}^{\mathrm{i}Q\cdot b}\mathrm{d}^2b = f(Q)$. P 处的振幅约为

$$\psi(P) = \int (1-a(b))\frac{\mathrm{e}^{\mathrm{i}kr}}{r}\mathrm{d}^2b \tag{6.20.1}$$

当然, 1 只给出了向前的波束, 我们对此不感兴趣, 它就好像 ρ 只穿过了原子核的表面. 可以肯定的是, 如果 ρ 不是点粒子, 而是由更小的部分组成 (以交织线表示), 我们就不能仅用振幅来精确地描述 ρ 的所有性质, 而需要一个以所有部分为自变量的函数. 很明显, 对于核外的 b, 这些部分的相对振幅与把 ρ 看成一个整体得到的结果是相同的. 只有在靠近原子核边缘的地方, 这些部分的相对行为才会有所变形. 因而可能有波投射到 ρ 以外的其他地方. 但是显然, 除了原子核边缘附近, 振幅 $a(b)$ 就是 ρ 的振幅; 因此弹性散射比衍射解离大得多 (至少对原子核而言).

现在我们已经从 $\mathrm{e}^+\mathrm{e}^-$ 实验中注意到, 每当有一个 ρ 出现, 这个 ρ 总会有分解为 $\mathrm{e}^+\mathrm{e}^-$(通过一个光子) 的概率幅. 因而会产生一个电磁场源, 即 $j_\mu = \sqrt{4\pi e^2}F_\rho \times$ (ρ 沿μ 方向极化的振幅), ($F_\rho = -M_\rho^2/g_\rho$).

所以在这个问题中, 对于每一点 P, 都有一个大小为 $\psi(P)$ 的电磁场源流, 因此波矢为 $\vec{k}_{\mathrm{out}}$ 的出射光子的总振幅为 $\int \psi(P)\mathrm{e}^{-\mathrm{i}k_{\mathrm{out}}\cdot P}\mathrm{d}^3P$. 如果我们将 $\psi(P)$ 的表达式代入上式, 那么 $\mathrm{e}^{-\mathrm{i}kr}/r$ 和 $\mathrm{e}^{-\mathrm{i}k_{\mathrm{out}}\cdot P}$ 的卷积刚好给出 $\mathrm{e}^{-\mathrm{i}k_{\mathrm{out}}\cdot b}\dfrac{1}{k^2-k_{\mathrm{out}}^2}$. ($k^2 = m_\rho^2$ 且 $k_{\mathrm{out}}^2 = 0$) 所以我们最终得到出射光子的振幅为

$$\frac{\sqrt{4\pi e^2}F_\rho}{m_\rho^2}\int (1-a(b))\mathrm{e}^{-\mathrm{i}Q_{\mathrm{out}}\cdot P}\mathrm{d}^2b \tag{6.20.2}$$

其中 Q_{out} 是 k_{out} 的横向部分. 该积分与 ρ 弹性散射的结果相同, 因此二者振幅成正比关系, 截面比值为 $4\pi e^2/g_\rho^2$.

当然, 我们可以进行更详细的数学计算, 仔细将 z 方向动量与横向动量分离, 这样我们就能发现为什么高能假设是合理的. 如果忽略波通过衍射进入阴影部分的效应, 就很容易理解了. 在阴影背后向前传输的波是 $\mathrm{e}^{\mathrm{i}k_z^\rho z}(1-a(b))$, 其中 ρ 的能量为 E 且 $k_z^\rho = \sqrt{E^2-m_\rho^2} = E - m_\rho^2/2E$. 产生一个能量为 E, 横向动量为 Q, 纵向动量为 $k_z^\gamma = E - Q^2/2E$ 的光子的振幅为

$$\begin{aligned}&\frac{\sqrt{4\pi e^2}F_\rho}{2E}\int \mathrm{e}^{\mathrm{i}(k_z^\rho - k_z^\gamma)z}(1-a(b))\mathrm{e}^{\mathrm{i}Q\cdot b}\mathrm{d}^2b\\&=\frac{\sqrt{4\pi e^2}F_\rho}{\mathrm{i}2E(k_z^\rho - k_z^\gamma)}f(Q)\\&=\frac{\sqrt{4\pi e^2}F_\rho}{m_\rho^2 - Q^2}f(Q)\end{aligned} \tag{6.20.3}$$

考虑到入射和出射粒子都有相对论性归一化常数 $1/\sqrt{2E}$, 我们引入了因子 $1/2E$. 这里的 $m_\rho^2 - Q^2$ 是不对的, 由于波可以衍射到阴影部分, 应当将其改为 m_ρ^2 (由于 ρ 沿此方向运动, k_z^ρ 可以看做是 $E - \dfrac{m_\rho^2 + Q^2}{2E}$).

很明显, 在这个过程中, γ 的极化与 ρ 的极化是相同的. 这种特征很显著, 且在实验上得到了严格的验证, 极化光子产生的 ρ 极化几乎与光子完全相同.

通常, VDM 通过图 6.11 给出式 (6.19.1).

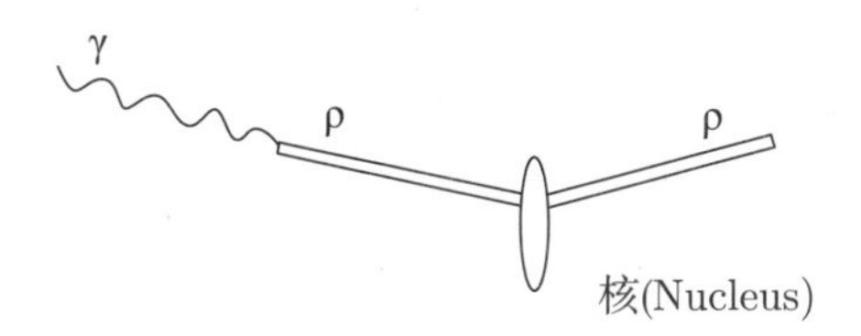

图6.11

这表明光子变成了一个 q^2 为零的虚 ρ, 因而耦合 F_ρ (或 $-m_\rho^2/g_\rho$) 适用于 $q^2 = 0$, 而不是 e^+e^- 中测量的 $q^2 = m_\rho^2$. 这是对 VDM 的检验, 表明这个常数在这一区间是不变的. 但是我们已经看到, 如果考虑逆反应, 忽略衍射解离, 我们就应该选择 m_ρ^2 来得到合适的常数, 而不涉及外延法.

对于以上论点, J. Mandula 通过色散理论和约化公式证明过.

这里我们提出了忽略衍射解离的假设. 在靶核边缘附近, ρ 的各个部分的相对运动并不完全相同, 不能形成整体粒子 ρ, 但它们仍然可能产生光子. 显然这种可能性较小. 这意味着一个量级为 $F_{\rho^*}/m_{\rho^*}^2$ 的干涉项乘以 ρ^* 的振幅 (其中 F_{ρ^*} 是 ρ^* 与光子的耦合) 再对 ρ^* 求和. 至少对于原子核来说它一定很小, 只在边缘附近发生. 关键点不在于 F_{ρ^*} 很小 (它可能确实很小, 因为光子在原子核上产生的 ρ^* 如此之少 (由 $F_{\rho^*}^2 \sigma_{\rho^* \mathrm{N}}$ 量化)), 而在于 ρ 通过衍射解离产生的 ρ^* 很少.

VDM 的其他验证

如果 VDM 是正确的, 那么我们预期光子转化成各种矢量介子的振幅为 $1/g_V$. 因此 γ 对 p 的总截面为 $1/g_V^2$ 乘以各个矢量介子的总截面. 我们预期

$$\sigma_{\mathrm{tot}}(\gamma \mathrm{p}) = \sum_{\rho,\omega,\phi} \frac{4\pi e^2}{g_V^2} \sigma_{\mathrm{tot}}(V\mathrm{p}) \tag{6.20.4}$$

(忽略 ω 和 ϕ 可能存在的干涉效应). 这里 ρ 是主要贡献 (因为三者 g_V^2 的比值是 9:1:2, 且 $\sigma(\phi \mathrm{p})$ 很小). 根据夸克模型, 我们估计 $\sigma_{\mathrm{tot}}(\rho \mathrm{p}) = \sigma_{\mathrm{tot}}(\omega \mathrm{p})$ 与 $\sigma_{\mathrm{tot}}(\pi^0 \mathrm{p})$ 相等 (这个方案我们在上面考虑 $\sigma(\gamma \mathrm{p} \to V\mathrm{p})$ 时已经检验过). 在实验中我们发现 $\sigma_{\mathrm{tot}}(\gamma \mathrm{p})$ 比估计值大了 40%, 好像除了通过虚矢量介子外, 光子还可以通过其他过程与质子发生相互作用.

另一种非常相似的检验给出了完全相同的结果, 利用式 (6.18.1)

$$A(\gamma \mathrm{p} \to \gamma \mathrm{p}) = \sqrt{4\pi e^2} \sum_V \frac{1}{g_V} A(\gamma \mathrm{p} \to V\mathrm{p}) \tag{6.20.5}$$

同样地, ρ 是主要贡献. 由于与相对相位无关, 我们可以得到如下不等式

$$\mathrm{d}\sigma_0/\mathrm{d}t(\gamma \mathrm{p} \to \gamma \mathrm{p}) \leqslant 4\pi e^2 \left| \sum_{\rho,\omega,\phi} \sqrt{\frac{1}{g_V^2} \frac{\mathrm{d}\sigma}{\mathrm{d}t}(\gamma \mathrm{p} \to V\mathrm{p})} \right|^2 \tag{6.20.6}$$

其中, 右边的量可以通过实验直接得到. 式 (6.20.6) 的右边很好地表明了 $\mathrm{d}\sigma_0/\mathrm{d}t(\gamma \mathrm{p} \to \gamma \mathrm{p})$ 是如何依赖于 s (2.7 ~ 5.2 GeV) 和 t (0 ~ 4 GeV^2) 的, 但它总是只有实验测得截面的 1/2 左右! 所以在这里 VDM 失败了.

根据光学定理, 向前的 $\mathrm{d}\sigma/\mathrm{d}t(\gamma \mathrm{p} \to \gamma \mathrm{p})$ 与 $\sigma_{\mathrm{tot}}(\gamma \mathrm{p})$ 的平方有关 (需要一些关于相位的假设), 因此 VDN 的结果与纵截面 40% 的偏差一致.

第 21 讲

核子的遮蔽效应

随着原子核质量数 A 的变化, γ+ 原子核的总截面应如何变化? 我们知道, 对于与强子的碰撞, 核物质几乎是不透明的 (因为强子–核子的 σ 与核子的间距相当), 因此 A

个核子的总截面不是每个核子贡献的简单相加 (即 $\sigma_{\text{tot}} \sim A\sigma_{核子}$), 因为前面的核子会遮蔽后面的核子, 所以对于 A 较大的原子核, 总截面正比于核的面积, 即 $A^{2/3}$.

另一方面, 对于光子-原子核碰撞, 表面看来核应该是透明的 ($\sigma_{\gamma\ 核子}$ 比原子核中的核子间距小得多), 每个核子都能接收到完整的束流, 因此截面正比于 A (乘以单个核子与光子的截面).

然而, VDM 表明后一个结论在一般情况下是不正确的. 光子的振幅应与 ρ 的振幅成正比, 后者是强子的振幅, 因此光子的截面正比于 ρ 的截面, 即 $A^{2/3}$ 形式 (在这里的定性讨论中, 我忽略了 ω 和 ϕ 的贡献, 实际上讨论它们的贡献很容易).

究其原因, 简单来看, 我们设想 $\gamma +$ 核子 $= X$ 是 γ 与核子的局域相互作用过程, 即 γ 只有在靠近核子时才与其发生相互作用, 但 VDM 告诉我们不是这样. γ 可以在靶前很远的地方转化为虚强子 (例如 2π, 但最重要的是 ρ), 虚强子传播很远的距离与核子发生相互作用. 根据微扰理论, 真实的光子是一个纯理想光子加上一个振幅为 $1/\Delta E$ 的虚强子, 其中 ΔE 是给定动量下光子态和强子态的能量差. 因此, 当 ρ 的能量为 $\sqrt{\nu^2+m_\rho^2}$, 其中光子的能量为 ν, 则 $\Delta E=\sqrt{\nu^2+m_\rho^2}-\nu\approx m_\rho^2/2\nu$. 当 ν 很大时, ΔE 很小. 这也是光子-强子转变发生点在核子前的距离. 如果它比原子核中 ρ 的平均自由程大, 就会出现屏蔽效应 ($A^{2/3}$); 如果它比平均自由程小, 就不会有屏蔽效应 (A).

我们可以用一个简单的模型来展示这种物理思想. 假设有两块核物质薄板 a 和 b, 其中 a 在 b 的前面, 距离为 d. 我们可以根据 VDM 进行计算.

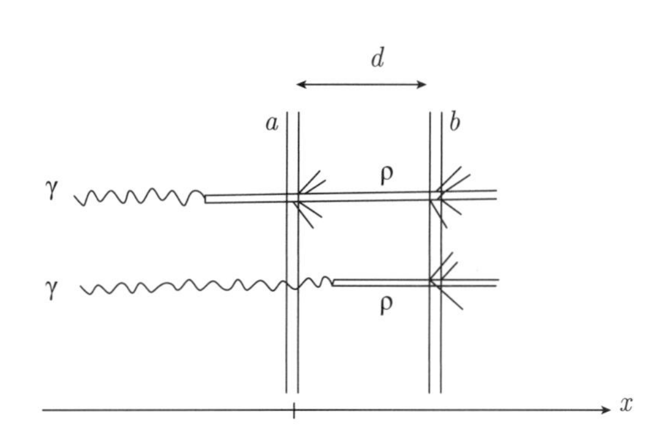

图6.12

如果有一个 ρ 入射, 假设它被第一块板 a 吸收的概率为 f_a; 若 ρ 直接入射到 b 板上, 被吸收的概率为 f_b. 但 ρ 到达 b 的概率为 $(1-f_a)$, 所以 b 上发生反应的概率为 $(1-f_a)f_b$. 因此总截面为 $f_a+(1-f_a)f_b=f_a+f_b-f_af_b$, 最后一项就代表遮蔽效应.

接下来, 让我们通过 VDM 计算当 a 板存在时光子在 b 板产生任何产物的概率. 如果 a 板不存在, 则找到 ρ 在 b 板处发生反应的振幅, 正比于 γ 在 x 处转变为 $\rho(\sqrt{4\pi e^2}F_\gamma)$ 然后 ρ 到达 d 的振幅. 即

$$\sqrt{4\pi e^2}F_\rho e^{i(k_\gamma-k_\rho)(x-d)} \tag{6.21.1}$$

(这里取了与 $x=d$ 处光子的相对相位, 即上式包含了一个额外的因子 $\exp(-ik_\gamma d)$) 其中 k_γ, k_ρ 是相同频率下 γ 和 ρ 的 k 矢量. 因此若 ν 很大 $(=k_\gamma)$, 有 $k_\gamma-k_\rho=m_\rho^2/2\nu$.

当 a 板存在时, 式 (6.21.1) 只对 $d>x>0$ 成立. 当 $x<0$ 时, ρ 穿过 a 板需要引入一个额外的因子 $\sqrt{1-f_a}\approx 1-f_a/2$. 因此当 $x<0$ 时, 有

$$\sqrt{4\pi e^2}F_\rho(1-f_a/2)e^{i(k_\gamma-k_\rho)(x-d)} \tag{6.21.2}$$

因此总振幅 (对 x 积分) 正比于

$$\frac{\sqrt{4\pi e^2}F_\rho}{k_\gamma-k_\rho}\left(1-\frac{f_a}{2}e^{-i(k_\gamma-k_\rho)d}\right) \tag{6.21.3}$$

主要项的振幅正比于 $\dfrac{\sqrt{4\pi e^2}F_\rho}{m_\rho^2}=\dfrac{\sqrt{4\pi e^2}}{g_\rho}$, 与我们的预期一致, 遮蔽项 f_a 的相位不确定, 后面我们在讨论完整问题时会发现, 对于连续介质, 当 $(k_\gamma-k_\rho)d>1$ 时, 这一项会被抵消掉.

因此, ν 是判断散射的标准之一. 当 $\nu\to\infty$ 时, 会发生完全的遮蔽效应.

我们可以轻易拓展到一维厚介质的情况. 为此, 我们求出在 x 处发现 ρ 的振幅 (之后会用到它的平方并对 x 求和来得到总截面).

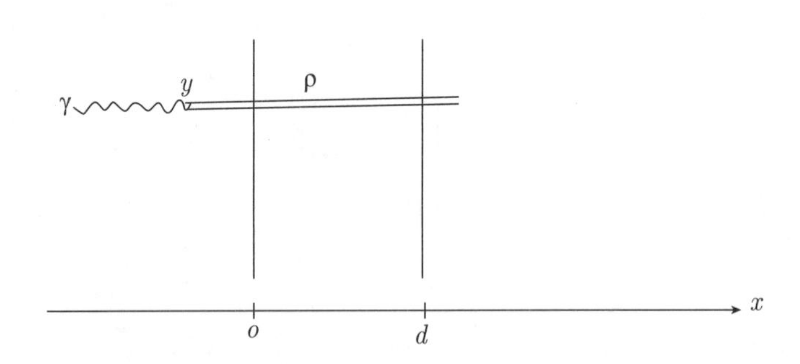

图6.13

有两种情况: $y<0$ 和 $y>0$.

$y<0$: γ 在 y 转化为 ρ, ρ 传播到 0; ρ 在介质中传播到 x.

$y>0$: γ 在 y 转化为 ρ, ρ 在介质中传播到 x.

振幅正比于

$$\begin{aligned} &\mathrm{e}^{\mathrm{i}(k_\gamma - k_\rho)y}\mathrm{e}^{-\mathrm{i}(k_\gamma - k'_\rho)x} \quad y<0 \\ &\mathrm{e}^{\mathrm{i}(k_\gamma - k'_\rho)y}\mathrm{e}^{-\mathrm{i}(k_\gamma - k'_\rho)x} \quad y>0 \end{aligned} \tag{6.21.4}$$

(这里取了与 x 处光子的相对相位, 即上式包含了一个额外的因子 $\exp(-\mathrm{i}k_\gamma x)$).

对 y 积分, 得到 x 处的振幅为

$$\frac{1}{k_\gamma - k_\rho}\mathrm{e}^{-\mathrm{i}(k_\gamma - k'_\rho)x} + \frac{1}{k_\gamma - k'_\rho}\left(1-\mathrm{e}^{-\mathrm{i}(k_\gamma - k'_\rho)x}\right) \tag{6.21.5}$$

这里 k'_ρ 是 k_ρ 在介质中的值. 当 ν 非常大时, k'_ρ 会有一个有限且固定的虚部 (代表吸收), 实部显然会随 ν 变化, 但可能会相差一个有限的量. 因此, 当 $\nu \to \infty$ 时, $k_\gamma - k'_\rho \approx k$, k 是一个固定的数 (其虚部给出了 ρ 的吸收截面, 相位是向前的 ρ 与核子散射的相位).

因此, 若 $k_\gamma - k_\rho = \dfrac{m^2}{2\nu} \ll k$, 式 (6.21.5) 中的第一项占主导, 得到的结果与 ρ 的吸收成正比, 即吸收过程.

有人进行了完整的计算, 其中考虑了原子核的球形几何结构. 他们的结果展示了各种核的 $\sigma_{\text{tot}}(\text{A})/A\sigma(\text{核子})$ 对 ν 的依赖关系 (见 Gottfreid 的报告).

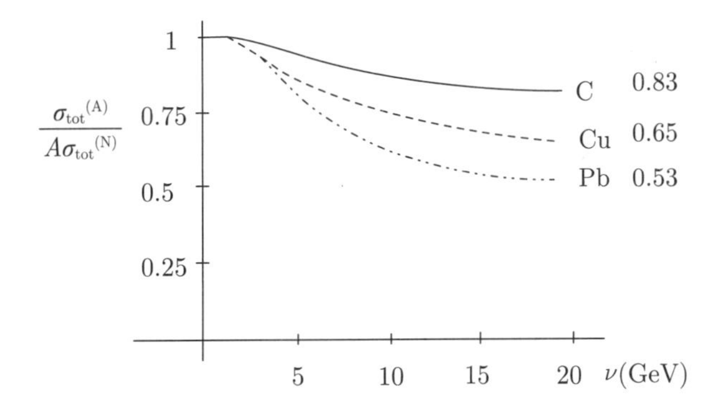

图6.14

数据显示, $\sigma_{\text{tot}}(\text{A})/A\sigma(\text{核子})$ 对 ν 的依赖性不强 (与之前的计算相差不是很大, 因为实验误差很大, 且低能区的实验很困难) 但并没有超出预期. 不管怎样, 对于 C, $\sigma_{\text{tot}}(\text{A})/A\sigma_{\text{tot}}(\text{N})$ 的渐近值趋向于 0.87; 对于 Cu, 趋向于 0.75; 对于 Pb, 趋向于 0.60 (误差很大).

如果认为总截面的 70% 来源于 VDM, 30% 来源于其他贡献, 且其他贡献纯粹只与 A 相关, 没有遮蔽效应 (我们发现确实如此), 那么这些结果就容易理解了. 当 $\nu \to \infty$ 时, $\sigma_{\text{tot}}(\text{A})/A\sigma(\text{N})$ 的渐近值与 1 的差应该仅为 VDM 理论差值的 70%.

6

对于虚光子也进行过测量. 对于虚光子, $q^2=-Q^2$ 且 $k_\gamma=\nu-\dfrac{Q^2}{2\nu}$, $k_\gamma-k_\rho=\dfrac{m_\rho^2+Q^2}{\nu}$. 因此, 根据 VDM, 我们预期再次得到依赖于 ν 的遮蔽效应. 其中, 决定遮蔽程度的参数应该从 $m^2/2\nu$ 变为 $(m^2+Q^2)/2\nu$. 但实验上没有看到遮蔽效应对 ν 的依赖 (对于 Au, $Q^2=0.5$ 时), 这与 VDM 的预言显著不同. 如果我们修正 VDM, 允许一定比例的无遮蔽效应的“其他过程”, 遮蔽效应当然会减弱. 但是我们也应当注意到, “其他过程”所占的比例必须随 Q^2 上升. ρ 的振幅呈 $1/(m^2+Q^2)$ 形式下降, 所以 VDM 截面应当呈 $(m^2+Q^2)^{-2}$ 形式下降. 对于较大的 Q^2, 实际截面可能只能呈 Q^{-2} 形式下降. 因此当虚光子比例更高时, 与虚矢量介子产生 (VDM 贡献) 相关的光子截面的比例必须下降, 所以 Au 的结果并不令人惊讶.

VDM 地位的总结

当 q^2 较小 (或 $q^2=0$) 时, 光子的相互作用会受到矢量介子质量附近的极点的强烈影响. 相互作用的大部分可以理解为中间虚矢量介子耦合的结果, 但是, 并非所有的耦合都可以用这种方法描述 (例如, 高能 γp 截面中只有 70% 可以这样描述).

在耦合到 π 介子的特殊情况下, VDM 的主导地位会更强. 要想验证这一点, 可以直接利用 $e^+e^-\to\pi^+\pi^-$ 实验 (主要呈现 ρ, ω 峰; 直到 $q^2=4\text{GeV}^2$ 都没有发现强背景, 其他共振峰也不多) 和常数拟合 $f_{\rho\pi\pi}\approx g_\rho$. (关于 π 介子形状因子的色散理论将在第 24 讲中进一步讨论.)

最后, 人们还在原子核上进行过非相干 $\rho_0(-t>0.1\text{GeV})$ 的光子产生实验, 以及其他粒子的产生实验, 比如 π^+, π^-, 甚至 π^0(以及 K^+). 在这里, 理论会变得复杂, 比如要考虑离开原子核的粒子的吸收. VDM 理论预言了 A_{eff} 随能量的剧烈变化, 而实验表明这种变化即使存在也很小. (见 Gottfried, 伊萨卡会议 (1971) 及 Diebold, 博尔德高能物理会议 (1969.4)). 关于这个矛盾目前还没有合理解释, 对它的研究将会非常有意义. 我怀疑 γ 仅部分耦合到 VDM 的事实不足以解释这一巨大矛盾, 这可能涉及非相干末态理论中的某些点.

第 7 章

电磁形状因子

第 22 讲

电磁形状因子

核子

电子与核子 (比如质子) 相互作用的散射矩阵元会涉及 $\langle \mathrm{p}|J_\mu|\mathrm{p}\rangle$ 这样的电磁流算符的对角元. 利用相对论不变性和规范不变性, 可以将其写成

$$\langle p_2|J_\mu|p_1\rangle = \left\langle \overline{u}_2 \left| \gamma_\mu F_1 + \frac{1}{2}(\gamma_\mu \not{q} - \not{q}\gamma_\mu)F_2 \right| u_1 \right\rangle$$

其中 u_1 和 u_2 是描述动量分别为 p_1 和 p_2 的入射和出射质子的四分量旋量, 动量转移为 $q = p_2 - p_1$. F_1 和 F_2 仅为 q^2 的函数. 我们还定义了一些 F_1 和 F_2 的线性组合项, 其中最常用的是 (即所谓电形状因子和磁形状因子)

$$\begin{aligned} G_{\mathrm{E}} &= F_1 + (q^2/2M)F_2 \\ G_{\mathrm{M}} &= F_1 + 2MF_2 \end{aligned}$$

显然, 当 $q^2 \to 0$ 时, F_1 为核子的电荷量: $F_{1\,质子}(0) = 1$, $F_{1\,中子}(0) = 0$, F_2 为相应的反常磁矩. 因此, 对于质子 $G_{\mathrm{E}}(0) = 1$, 对于中子 $G_{\mathrm{E}}(0) = 0$, $G_{\mathrm{M}}(0) = \mu_{\mathrm{p}}$ 是质子的总磁矩.

这些已经通过电子质子弹性散射实验进行过测量. 第一阶振幅为

$$(\overline{u}_4 \gamma_\mu u_3) \frac{4\pi e^2}{q^2} \langle p_2|J_\mu|p_1\rangle \tag{7.22.1}$$

其中, $u_3, \overline{u}_4$ 分别为初末态电子的旋量, 由此得到的截面如图 7.1 所示.

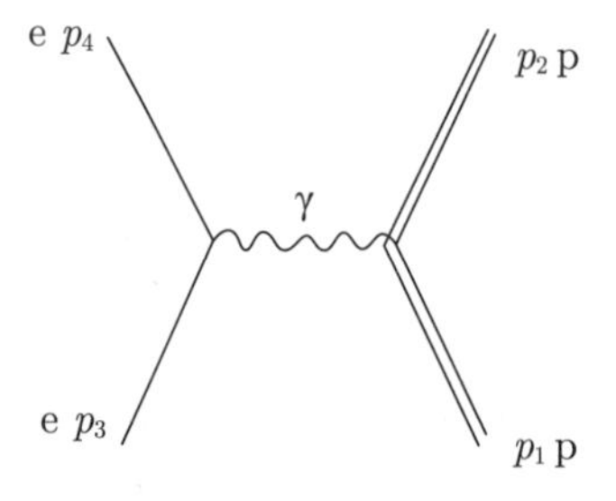

图7.1

实验室系

$$\sigma(\theta) = \sigma_{\mathrm{NS}}(\theta)\left[\frac{G_{\mathrm{E}}^2 + \tau G_{\mathrm{M}}^2}{1+\tau} + 2\tau G_{\mathrm{M}}^2 \tan^2(\theta/2)\right] \tag{7.22.2}$$

(Rosenbluth)

$$\sigma_{\mathrm{NS}}(\theta)=\frac{e^4\cos^2\theta/2}{4E_0^2\sin^4\theta/2\left(1+\dfrac{2E_0}{M}\sin^2\theta/2\right)} \tag{7.22.3}$$

$$\tau=-q^2/4M^2$$

$$-q^2=\frac{4E_0^2\sin^2\theta/2}{1+\dfrac{2E_0}{M}\sin^2\theta/2}$$

通过同时改变 E_0 和 θ, 我们可以独立地改变 q^2 和 θ, 从而验证在 q^2 固定时, 式 (7.22.2) 中的括号部分是否与 $\tan^2(\theta/2)$ 呈线性关系. 实验结果表明: 确实呈非常好的线性关系. 因此, 质子的 G_{Ep} 和 G_{Mp} 都可以从中提取出来. 实验数据显示: 质子的 G_{Mp} 测量值比 G_{Ep} 的测量值更加精确. 对于中子, 氘核波函数的不确定性使得我们难以精确得到 G_{Mn} 和 G_{En}, 尤其是 G_{En}.

更高阶的电磁修正项确实会出现, 尤其是韧致辐射效应:

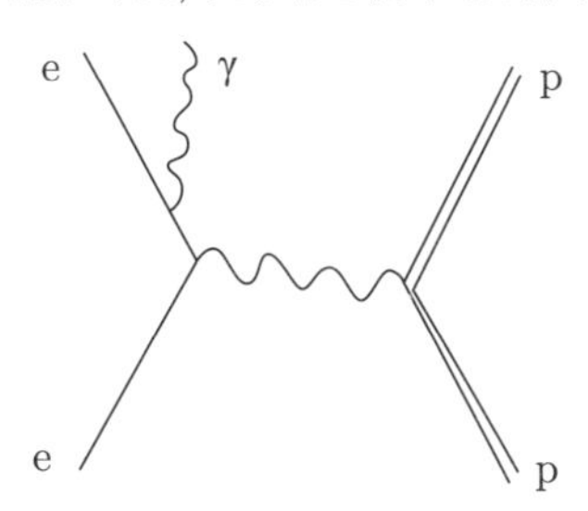

图7.2

但这些高阶电磁修正基本上都是被理解和允许的. 理论上为了得到能与实验比拟的理想光子交换截面, 这些高阶修正将是重要但需要繁冗的计算.

实验数据通常以与一系列纯经验近似值的偏差的形式描述, 即

$$G_{\mathrm{Ep}}=\frac{G_{\mathrm{Mp}}}{\mu_{\mathrm{p}}}=\frac{G_{\mathrm{Mn}}}{\mu_{\mathrm{n}}}=\left(1+\frac{-q^2}{0.71}\right)^{-2}$$ ①

最后这个参数化的函数被称为电偶极形状因子函数 G_{D}.

已知的实验结果中最精确的是 $G_{\mathrm{Mp}}/\mu_{\mathrm{p}}$. 它大致按 G_{D} 的形式变化. 对于较小的 q^2, 它的变化形式大致为 $1+(2.6\pm0.1)q^2$, 与电偶极形状因子函数 G_{D} 非常接近. 当 $1\ \mathrm{GeV}^2<-q^2<6\ \mathrm{GeV}^2$ 时, $G_{\mathrm{Mp}}/\mu_{\mathrm{p}}\sim G_{\mathrm{D}}\sim1.08$. 在 $-q^2>8\ \mathrm{GeV}^2$ 时, 它与 G_{D} 的比值降至 1 以下. 因此当 $-q^2$ 较大时, G_{M} 的下降速度比 $1/q^4$ 更快.

在中子实验数据的精度范围内, 等式 $G_{\mathrm{Mn}}/\mu_{\mathrm{n}}=G_{\mathrm{Mp}}/\mu_{\mathrm{p}}$(近似) 成立.

① 译者注: 公式中 q^2 以 GeV^2 为单位, 下文同.

对于中子, 当 $-q^2 = 1\ \text{GeV}^2$ 时, G_{EM}^2 [①]为 (0.0045 ± 0.0043).

我们可以用 $G_{\text{En}} \approx G_{\text{Mn}}(\tau/(1+10\tau))$ 来对实验数据进行拟合.

低能中子-电子散射 (利用原子中的电子) 大致给出

$$\left.\frac{\mathrm{d}G_{\text{En}}(q^2)}{\mathrm{d}q^2}\right|_{q^2=0} = 0.9\mu_{\text{n}}/4M^2$$

对于质子, 在更大一点的 $-q^2$ 约 $2\ \text{GeV}^2 \sim 3\ \text{GeV}^2$ 时, $G_{\text{Ep}}/(G_{\text{Mp}}/\mu_{\text{p}})$ 下降, 所以如果将其设为 $1+Aq^2$, A 可能为 0.8 (误差很大). $G_{\text{Ep}} = G_{\text{Mp}}/\mu_{\text{p}}$ 不可能对所有的 q^2 都成立. 因为当 $-q^2 = 4M^2$ 时, 用 F_1 和 F_2 定义的这两个 G_{E} 和 G_{M} 函数是相同的, 所以除非 G_{Ep} 和 G_{Mp} 在此处消失 (这非常不可能), 否则我们一定会得到当 $-q^2 = 4M^2$ 时, $G_{\text{Ep}} = G_{\text{Mp}}$. 因此当 $-q^2 = +4M_{\text{p}}^2$ 时, $G_{\text{Ep}}/(G_{\text{Mp}}/\mu_{\text{p}}) = 2.79$, 当 $q^2 = 0$ 时, $G_{\text{Ep}}/(G_{\text{Mp}}/\mu_{\text{p}}) = 1$.

基于纯矢量介子主导模型 (假设 ρ 和 ω 质量相等, 且 ϕ 只弱耦合于质子), 可以预期 $G_{\text{Mp}}, G_{\text{Mn}}, G_{\text{Ep}}, G_{\text{En}}$ 之间的简单比值, 这可以近似认为是正确的. 但是 (在这种情形下), 所有形状因子应该并非正比于 G_{D}, 而是正比于介子传播子[②]$M_\rho^2/(M_\rho^2 - q^2) = (1+Q^2/0.58)^{-1}$. 这里假设光子通过 ρ 介子与核子的电荷发生耦合. 因此当 Q^2 较大时, 它不应该呈 Q^{-2} 形式变化; 当 Q^2 较小时, 它的变化形式应该为 $1-1.7Q^2$, 而不是 $1-2.6Q^2$. 当然, 当我们取 Q^2 为负值, 且越来越远离极点 $Q^2 = -m_\rho^2$ 时, 我们并不指望 VDM 仍然有效. 但毫无疑问的是, 虚 ρ 介子在很大程度上决定了电荷半径平方的大小 (即 Q^2 的系数 -2.6). 而为什么这些比值在 $Q^2 = 0$ 到 $Q^2 = 2$或$3\ \text{GeV}^2$ 的范围内仍保持数值 (尽管确实有 10% 到 20% 的变化) 目前还是不清楚的.

第 23 讲

电磁形状因子 (续)

通过考察非相对论的情况, 我们可以对形状因子的含义有一些深入了解. 对于无自旋系统, 形状因子仅仅是动量表象下的电荷密度.

① 译者注: 原文如此.

② 译者注: $Q^2 = -q^2$.

$$f(Q)=\int\rho(\boldsymbol{r})\mathrm{e}^{\mathrm{i}\boldsymbol{Q}\cdot\boldsymbol{r}}\mathrm{d}^3\boldsymbol{r}=\int\rho(r)4\pi r^2\mathrm{d}r\left(\frac{\sin Qr}{Qr}\right)^{①} \tag{7.23.1}$$

当 Q^2 较小时, 可以对 Q^2 进行幂级数展开, 由于 $\rho(r)$ 是归一化的, 所以

$$\int\rho(r)4\pi r^2\mathrm{d}r=1\text{可得}(\sin Qr/Qr=1-Q^2r^2/6)$$

$$f(Q)=1-\frac{1}{6}r_{\mathrm{p}}^2\omega^2+\cdots \tag{7.23.2}$$

其中, r_{p}^2 是电荷半径平方的平均值

$$r_{\mathrm{p}}^2=\int r^2\rho(r)4\pi r^2\mathrm{d}r$$

由电荷密度的指数衰减因子 $\mathrm{e}^{-\alpha r}$ 可以得到偶极电形状因子分布 $f(Q)=(1+Q^2/\alpha^2)^{-2}$. Q^{-4} 的依赖关系表明在原点处的斜率一定有限且非零. 不过, 用非相对论近似研究 Q^2 较大的情况是不合适的. 但上述结论基本正确.

在相对论情况下, 当 $Q^2\to\infty$ 时, 形状因子趋向于零. 这个事实表明找到作为单个电荷的质子的概率为零. 在场论中这是因为不存在具有质子量子数的理想场实体 (部分子); 即使存在, 真实的质子也总是有相互作用的, 它作为理想质子的振幅就为零.

为了对类氢原子系统 (其电荷分布为 $\mathrm{e}^{-\alpha r}$) 进行相对论类比, 我们假设有两个无自旋粒子, 它们被无自旋的 Yukawa 势束缚在一起, 其中 Yukawa 势是由微弱的标量介子交换产生的, 那么就可以得到: ①非相对论波函数呈现 $\mathrm{e}^{-\alpha r}$ 行为; ②当 Q^2 较大时, 形状因子按照 $1/Q^4$ 变化.

例如, 假设带电粒子 A 质量为 m_A, 中性粒子 B 质量为 m_B[①], 二者形成一个束缚较弱的非相对论体系. 质子的质量近乎 m_A+m_B, 若在零阶近似下忽略相对运动, 入射质子动量为 p_1, 则 A 的动量为 ap_1, B 的动量为 bp_1 $\left(a=\dfrac{m_A}{m_A+m_B}, a+b=1\right)$. 最后我们要得到动量为 p_2 的束缚态质子, 则两部分动量分别为 ap_2, bp_2. 我们通过用一个很大的动量 $Q=p_1-p_2$ 撞击 A 来实现这一点, 而由于质子最终要处于束缚态, p_A 必须只改变 aQ, 则必须有 bQ 的动量传递给 B (A 和 B 通过交换介子传递动量). 如图 7.3 所示.

① 译者注: 原文错误, $\boldsymbol{R}$ 应为 $\boldsymbol{r}$.

① 译者注: 原文误为 m_1 和 m_2.

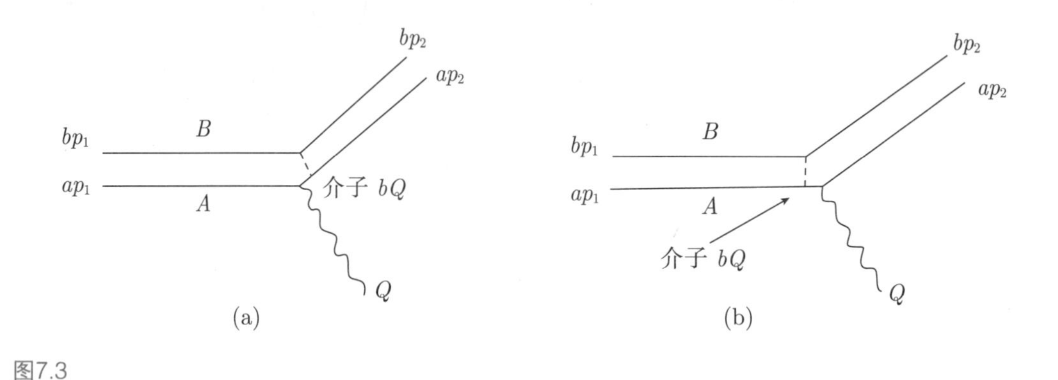

图7.3

当 Q^2 较大时, 两个传播子各自贡献 $1/Q^2$, 因而对形状因子的贡献为 $1/Q^4$. 因此当 Q^2 很大时, 第一个图为

$$\frac{1}{(ap_1+Q)^2}\frac{1}{(bQ)^2} = \frac{a}{b^3Q^4}$$

第二个图为

$$\frac{1}{(ap_2-Q)^2}\frac{1}{(bQ)^2} = \frac{a}{bQ^4}$$

如果一个自旋为 1/2 的粒子和一个自旋为 0 的粒子之间交换矢量介子, 则由于磁耦合, 分子上会出现 Q^2.

在非相对论情况下, 如果一个系统由 3 个粒子组成的, 则 Q^2 很大时的渐近行为将不取决于两个粒子重叠时的奇异性, 而是取决于 3 个粒子重叠时的奇异性.

正如我们将要看到的, 这种图像过于简单且有不足. 我们只是提出了一些非常简单的模型来与非相对论的结果进行比较. 它们将不适用于非弹性散射.

第 24 讲

π 介子形状因子

我们也有 π 介子形状因子的相关数据, 当 $q^2<0$ 时 (类空情况)

$$\langle\pi^+|J_\mu|\pi^+\rangle=(p_1+p_2)_\mu F_\pi(q^2),\quad (F_\pi(0)=1) \tag{7.24.1}$$

这一结果通过 (由电子散射产生的) 虚光子的反应 $\gamma p\to n\pi^+$ 最容易得到.

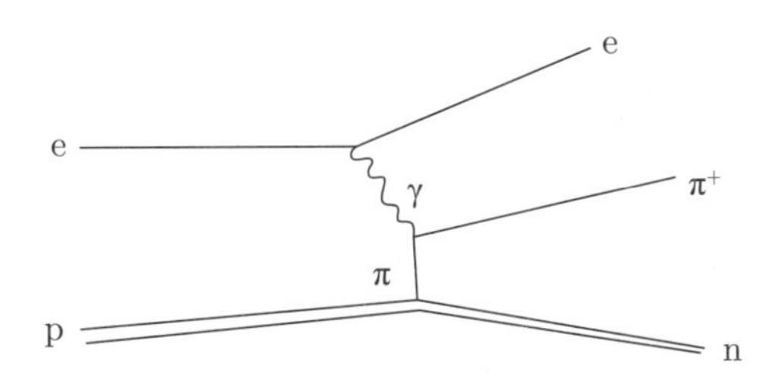

图7.4

当能量足够高时, 我们会得到一个区间, 其中, 虚 π 介子的交换是最主要的贡献, 且这里虚 π 介子的 q^2 接近 0 (因此非常接近在壳状态). 这个区域中, 虚 π 介子与核子的耦合是已知的 ($g_{N\pi\pi}\gamma_5$, $g^2=15$), 所以未知的只有在真实 π 介子与近乎真实 π 介子之间发生的但动量转移 Q 很大的光子-π 介子耦合.

一直到 $q^2=-1.2\ \text{GeV}^2$ 的数据我们都可以得到, 这时 F_π 已经降至 0.28. 这差不多就是 (没有很好的已知理由) 核子形状因子 $F_{1p}-F_{1n}$ 的同位旋矢量部分. 这部分同样适用于所有更小的 Q^2 的情形. 它与纯 VDM 或 ρ 介子极点 $\left(1+\dfrac{Q^2}{0.56}\right)^{-1}$(当 $q^2$①$=-1.2\ \text{GeV}^2$ 时为 0.32) 也符合得相当好, 但在 q 非常小的时候与电偶极形状因子 G_D 符合得不是很好 (当 $q^2=-1.2\ \text{GeV}^2$ 时, $G_D=0.15$).

我们已经讨论过该形状因子在 q^2 为正时的行为, 这已经在 $e^+e^-\to\pi^+\pi^-$ 反应中测量过. 我们得到了一条实验曲线, 它的主导项是 ρ 的极点表达式 (对于 ω-ρ 干涉等有已知的小修正). 有趣的是, 到目前为止, 将表达式向 Q^2 为负的区域外推仍然是非常有效的. 当然, 利用 $e^+e^-\to\pi^+\pi^-$ 的反应率只能测量模方 $|F_\pi(q^2)|^2$, 而无法分别

① 译者注: 原文误为 Q^2, 下同.

测量 $F_\pi(q^2)$ 的实部和虚部. 尽管如此, 曲线的形状 (ρ 共振) 如此简单, 以至于我们凭物理理解将其拆分为实部和虚部也不是没有希望 (例如, 我们之前说过的, 对于共振 $\left(-m_\rho^2/(q^2-m_\rho^2+\mathrm{i}\Gamma_\rho m_\rho)\right)$ 附近的部分, 以及我们关于 Γ 随 q^2 如何变化给出了一些猜测). 如果确实能做到这一点, 我们立马能得到, 或者很快就会得到大范围内 $F_\pi(q^2)$ 的信息. 这里的 q^2 可正可负且取值范围很广. 接下来我们就可以检验大家都已经相信的假设, 即 $F_\pi(q^2)$ 必须是其变量 q^2 的解析函数, 沿 q^2 正实轴有一条割线, 也就是 F_π 满足色散关系

$$F_\pi(q^2) = -\frac{1}{\pi}\int_{(2\mu)^2}^{\infty} \frac{\mathrm{Im}F_\pi(q'^2)\mathrm{d}q'^2}{q^2-(q')^2+\mathrm{i}\varepsilon} \qquad (\mu=m_\pi) \tag{7.24.2}$$

只有当 $q^2>(2\mu)^2$ 时, $F(q^2)$ 才有虚部, 在这个区间至少 $|F_\pi(q^2)|^2$ 是可以被测量的. 若要检验关于虚部的猜测, 我们可以利用式 (7.24.2) 来计算 $q^2>0$ 时的实部, 再比对 $|F_\pi|^2$(或者有一个更简单且等效的方法, 即通过为复函数 $F_\pi(q^2)$ 选择物理上合适的解析表达式来对 $|F_\pi|^2$ 进行拟合). 接着, 在确定了合理的 $\mathrm{Im}F_\pi(q^2)$ 后, 我们可以计算 q^2 为负情况下的 $F_\pi(q^2)$ (此时为实的) 来与实验进行比对. 我们发现与实验符合得依然很好, 即在 q^2 为正的区间, 主要特征为 ρ 共振, 且一直到 q^2 相当大的区域, 都没有发现其他共振或其他几率较大的粒子产生过程.

在非弹性阈值 $q^2=(4\mu)^2$ 以下 (实际上可能也包括阈值以上的一部分), 根据一阶幺正性, $F_\pi(q^2)$ 的相位一定与 π-π 散射的相移相同. 最近, 有关这方面的信息可以从 π 介子-虚 π 介子散射的分析中获得. 这将有助于色散关系的分析.

那么对于很大的 q^2, 我们预期 $F_\pi(q^2)$ 会怎么变化呢? 它的值一定会降低, 因为此时很多其他态都是允许的, 所以仅仅产生两个 π 介子的概率一定非常低. 这一对 π 介子产生的同位旋流一定会与其他强子发生耦合, 而我们要求这种耦合不能发出辐射. 我们稍后会更好地理解, 这种性质使我们能够预测, 当 q^2 很大时, F_π 会按照 q^2 的某个幂次衰减, 但我们不知道这个幂次是多少. 尽管如此, 这些考虑使得我们并不过分惊讶于 (承认 q^2 为正时 $F_\pi(q^2)$ 的实验结果) 当 q^2 为负甚至到 $-1.2\ \mathrm{GeV}^2$ 时 $F_\pi(q^2)$ 的表达式与 ρ 介子极点表达式很接近 (如果大部分虚部都接近 m_ρ^2, 我们可以从式 (7.24.2) 得到这个结论).

通过以下考虑我们可以导出求和规则. 如果完整的色散关系 (7.24.2) 是正确的, 由于已知 $F_\pi(0)=1$, 我们可以得到如下“求和规则”:

$$\frac{1}{\pi}\int_{(2\mu)^2}^{\infty} \frac{\mathrm{Im}F_\pi(q'^2)\mathrm{d}q'^2}{q'^2} = 1 \tag{7.24.3}$$

如果我们在式 (7.24.2) 中令 $q^2 \to \infty$, 我们会得到 $F_\pi(q^2)$ 按照 $1/q^2$ 乘以 $-\dfrac{1}{\pi}\int \mathrm{Im}F(q'^2)\mathrm{d}q'^2$ 的形式变化 (如果 $F_\pi(q^2)$ 变化得比 $1/q^2$ 慢, 那么我们不得不说 $\int \mathrm{Im}F(q'^2)\mathrm{d}q'^2$ 是发散的, 正如我们所预期的那样, $\mathrm{Im}F(q'^2)$ 的衰减速度可能也比 $1/q'^2$ 慢). 如果我们预期 $F_\pi(q^2)$ 的衰减速度比 $1/q^2$ 快 (对此我们没有确切的论据), 我们将得到另一个关系

$$\int_{(2\mu)^2}^{\infty} \mathrm{Im}F_\pi(q'^2)\mathrm{d}q'^2 \quad = \quad 0$$

这被称为超收敛关系.

我们希望得到一个正确的完整色散关系, 因为如果在式 (7.24.2) 右边加上一个未知常数, 那么当 $q^2 \to \infty$ 时 $F_\pi(q^2)$ 就不会趋于零. 无论如何, 我们都有相减关系式 (7.24.2)–(7.24.3):

$$1 - F_\pi(q^2) = \frac{q^2}{\pi}\int_{(2\mu)^2}^{\infty} \frac{\mathrm{Im}F_\pi(q'^2)\mathrm{d}q'^2}{q'^2(q^2 - q'^2)} \tag{7.24.4}$$

实际上, 在将负 q^2 的 $F_\pi(q^2)$ 与相应的实验值进行比对时, 式 (7.24.4) 比式 (7.24.2) 更有用, 因为 q'^2 较大时 (那里没有可用数据) 贡献的不确定度比 q'^2 较小时要小得多.

现在通过式 (7.24.4), 我们可以明白为什么基于实验上已知的 $q^2 > 0$ 的 $F_\pi(q^2)$ 的数据, 可以得出 $q^2 < 0$ 的 $F_\pi(q^2)$ 值应该接近于 ρ 介子的极点值, 即使 q^2 的差异相当大. 在式 (7.24.4) 中我们知道 $\mathrm{Im}F(q^2)$ 由 ρ 极点主导, 对于更大的 q^2, $|F_\pi(q^2)|^2$ 并不大 (至少没有到 4 GeV^2 的共振峰), 且对于进一步增大的 q^2, 以及负的 q^2, 即使到 $-1.2\ \mathrm{GeV}^2$, 式 (7.24.4) 都对被积函数无贡献. 因此, $F_\pi(0) - F_\pi(q^2)$ 几乎是由 ρ 极点的表达式解析延拓得到的. 但是正如我们之前所说的, $F_\pi(0)$ 几乎是 (VDM①约束 $f_{\rho\pi\pi}/g_\rho = 1$ 的例外, 见第 16 讲) 由 ρ 极点的表达式本身给出的; 因此 $F_\pi(q^2)$ 也应如此. 对这些讨论进行定量分析将是一项有趣的研究. 你也可以质疑关于 $(\mathrm{e}^+\mathrm{e}^- \to \pi^+\pi^-)$ 的数据是否足够精确到可以支持式 (7.24.3), 从而解释 $f_{\rho\pi\pi}/g_\rho = 1$ 的例外.

q^2 为正时的质子形状因子

q^2 为正时的质子形状因子可以从反应 $\mathrm{e}^+ + \mathrm{e}^- \to \mathrm{p} + \overline{\mathrm{p}}$ 中得到. 至今还没有任何定量的实验, 但预计不久之后就会进行. 有一个在阈值附近进行的实验, 实验中没有发现质

① 译者注: VDM 为 Vector-meason Dominance Model (矢量介质主导模型) 的编写.

子对, 这表明在阈值附近 $G_{\mathrm{M}}, G_{\mathrm{E}}$ 很小, 小到与计算得到的偶极子表达式 ($q^2 \sim 4\ \mathrm{GeV}^2$) 相当 (或更小). 这里我们还是预期 $F_1(q^2)$ 和 $F_2(q^2)$ 是解析函数, 它们满足如下形式的色散关系:

$$F(q^2) = -\frac{1}{\pi}\int \frac{\mathrm{Im}F(q'^2)\mathrm{d}q'^2}{q^2 - q'^2 + \mathrm{i}\varepsilon} \tag{7.24.5}$$

(当振幅可以用多种方式表示时, 例如螺旋度反转振幅, 或旋量表示中 Dirac 矩阵的系数, 对于后者, 最简单的色散关系应该成立, 其他组合的关系一定能由这些导出.)

这次我们遇到了困难. 当 $q^2 < 0$ 时, $F(q^2)$ 可以通过电子散射实验测量, 当 $q^2 > 4M^2$ 时, $F(q^2)$ 可以通过 $\mathrm{e}^+\mathrm{e}^-$ 湮灭到质子–反质子对的实验测量. 但在 $q^2 = 0$ 到 $4M^2$ 的区间, $F(q^2)$ 在实验上应如何定义? 我不知道确切的物理定义. 但我们预期 (根据场论中的实例等) $\mathrm{Im}F(q'^2)$ 在这个区间不为零, 实际上式 (7.24.5) 中的积分在 $(2\mu)^2$ 处有临界点. 因此, 无论多少实验数据都不可能对式 (7.24.5) 做非常详细的检验, 因为被积函数的其中一部分是完全得不到的. 当然, 如果有一个关于 $F(q^2)$ 的理论, 就可以通过解析延拓来对中间地带 ($0 < q^2 < 4M^2$) 进行定义, 但如果我们已经有了一个理论, 它很可能已经满足式 (7.24.5), 那么该做的应该是直接将它与物理上可以达到区间的实验结果进行比较.

因此, 在与实验进行比对方面, 核子形状因子的色散关系并没有太多直接用处.

附注:

$\mathrm{Im}F(q^2)$ 在阈值以下可以被认为是零, 关于阈值位置式 (7.24.5) 的理论预测, 我们以附注的形式在这里给出.

当电荷密度分布形式为 e^{-ar} 时, 由经典理论可以得到 $F = 1/(Q^2 + a^2)$, 它在 $Q^2 = -a^2$ 处有一个一阶奇点. 指数叠加 $\int_{\lambda_0}^{\infty} f(\lambda)\mathrm{e}^{-\lambda r}\mathrm{d}\lambda$ 得到 $F = \int_{\lambda_0}^{\infty} \dfrac{f(\lambda)}{Q^2 + \lambda^2}\mathrm{d}\lambda$①, 这给出一系列连续的奇点, 而其中最小的是 $Q^2 = -\lambda_0^2$, 这也是收敛速度最慢的指数因子. 这种观点在相对论情形下是有效的. (已经证明, 只要将一个过程中的实粒子看作虚粒子, 这里奇点的位置就与图中奇点的位置相同.)

对于质子, 存在一个 π 介子以 $\mathrm{e}^{-\mu r}/r$(的梯度) 向外延伸的虚态 $\mathrm{N} + \pi^+$. 它的平方, 即电荷密度, 包含 $1/r$ 的多项式乘以 $\mathrm{e}^{-2\mu r}$, 因此最大的指数为 2μ, 阈值为 2μ.

有一种更有趣的情况, 比如一个质量为 M_1 的 Σ 重子, 事实上它可以虚发射一个

① 译者注: 原文公式错误, 已改正.

K 介子 (质量为 m), 变成一个质量为 M_2 的核子, 满足 $M_2 < M_1$. 我们通过研究微扰图 7.5 得到奇点, 但我们也可以用如下方法从物理上得到它的位置:

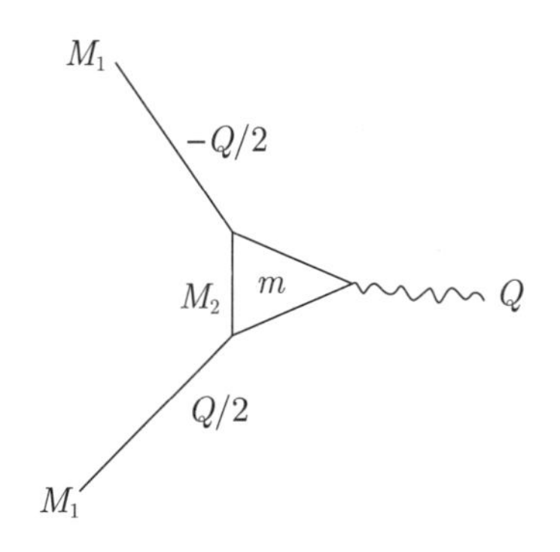

图7.5

我们关心: 在场的上升速度超过电荷密度的下降速度导致发散之前, 我们允许电势指数上升 (与时间无关) 的最大速度是多少?

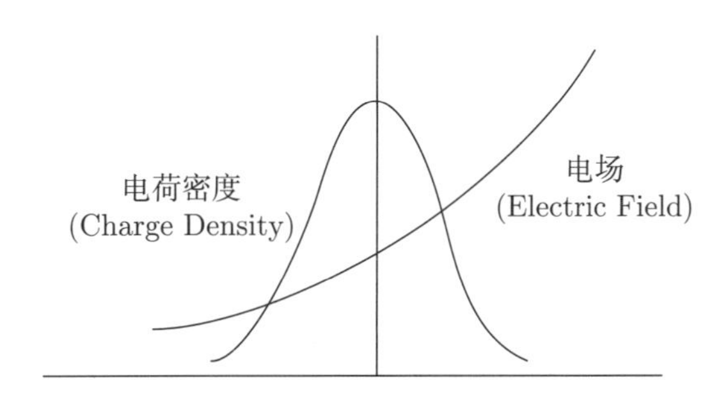

图7.6

因此我们得到一个动量为 Q 的场 (它是纯虚的 $= \mathrm{i}a$) 并且只能从 Σ 重子中产生 K 介子. 这里的虚态是一个质量为 M_2, 动量为 0 的粒子, 和一个质量为 m, 动量为 $+Q_2$ 的粒子, 其中初态是一个质量为 M_1, 动量为 G/q 的粒子 (Breit 参考系, $\omega = 0$).

刚好发散的条件是: 分母上, 该态的能量刚好为零.

$$\sqrt{M_1^2 + Q^2/4} \quad = \quad \sqrt{M^2 + Q^2/4} + M_2$$

(这个方程是相对论性的, 因为它同时满足能量和动量守恒.) 如果 $M_2^2 < M_1^2 - m^2$ (否则平方根不是正的), 有解

$$Q^2 = -a^2 = -4m^2 + \left(M_1^2 - M_2^2 - m^2\right)^2 / M_2^2$$

阈值在 $q^2=+a^2$ 处. 我们猜测, 这比产生一对粒子所需要的能量 $4m^2$ 更低, 我们称之为 "反常" 阈值.

当 $M_2^2>M_1^2-m^2$ 时, 此方程无法求解. 当光子首次可以产生一对粒子时 ($q^2=4m^2$), 奇点才真正出现 (正常阈值). 以上在 Feynman, Kislinger 和 Ravndal 的夸克模型中有注释.

基于 FKR, 质子的形状因子为

$$\frac{G_{\mathrm{M}}}{\mu}=(1-q^2/4M^2)^{-1}\exp\left(\frac{q^2}{2\Omega}(1-\frac{q^2}{4M^2})\right)\qquad \begin{array}{l}\Omega=(1\mathrm{GeV})^2\\ M=\text{质子的质量}\end{array}$$

这是非常糟糕的, 因为它在 $-q^2$ 较高时迅速截断 (没有理由指望该模型适用于大 Q^2). 对于较小的 q^2, 它的形式大约为 $1-0.7q^2$[①], 而不是 $1+2.6q^2$. 在该模型中, 光子是直接耦合的 (不考虑像 VDM 这种过程, 如果要考虑, 我们将添加一个因子 $(1-q^2/m_{\rho}^2)^{-1}$ 或 $1-1.7q^2$ 以便于理解). 比值 $G_{\mathrm{E}}\mu/G_{\mathrm{M}}$ 呈 $1+q^2/2M^2$ 或 $1+0.5q^2$ 形式, 随 q^2 迅速降低 (实验给出的形式约为 $1+0.06q^2$).

(Fujimara 等人在 Prog. Theor. Phys. 44, 193 (1970). 中给出了另一种处理夸克方程的方法, 该方法在形状因子的推导上做得好得多, 但对光子电矩阵元的拟合度更差一些).

对于 π 介子, 基于 FKR 将得到 ($m_{\pi}^2=\mu^2=0.02\ \mathrm{GeV}^2$)

$$F_{\pi}=\frac{1+\dfrac{q^2}{4\mu^2}}{1-\dfrac{q^2}{4\mu^2}}\exp\frac{q^2}{2\Omega}\left(1-\frac{q^2}{4\mu^2}\right)$$

这显然是荒谬的 (比如, 在 $q^2=-0.08\ \mathrm{GeV}^2$ 处有零点！). 这毫无疑问是他们模型 "最严重的灾难" (这源自他们处理不受光子影响的夸克自旋的特别方式), 一般会很自然地以为他们会写在论文中. 但令人惊讶的是他们没有, 他们在写论文的时候居然没想到去计算它!

① 译者注: q^2 以除以 GeV^2 进行无量纲化, 下同.

第 8 章

电子质子散射与深度非弹性区域

第 25 讲

$q^2 < 0$ 的其他光子过程

得益于电子束, 我们能研究像 $\mathrm{e}+\mathrm{p} \to \mathrm{e}+x$ 这类型的反应, 其中 x 是某个强子末态.

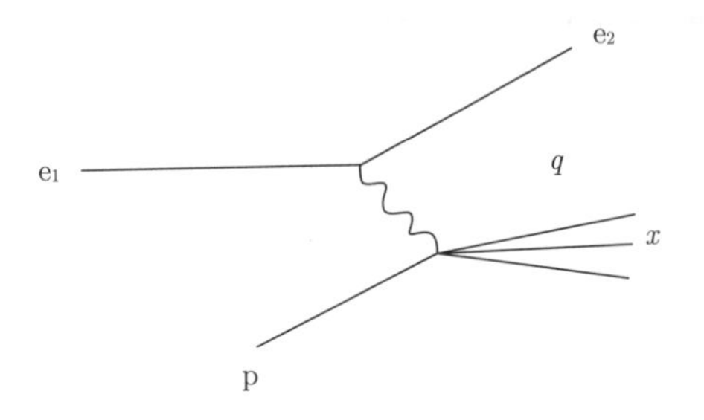

图8.1

这种反应的振幅是 $(\bar{u}_2\gamma_\mu u_1)\dfrac{4\pi e^2}{q^2}\langle x|J_\mu|p\rangle$, 其中只有因子 $\langle x|J_\mu|p\rangle$ 是未知的, 所以我们可以测量这个矩阵元 (或者更准确地说, 是它的平方). 最新奇的特点是虚光子的 q^2 可以从 $q^2=0$ (实光子实验, 我们已讨论过) 延展到 $q^2<0$, 且实际上可以到远小于零的区域. 另外, 高能装置中可以激发出非常高能 (高质量) 的态 x. 因此可以获得大量信息, 并且存在很多理论问题, 尤其对于新的大 q^2 和高质量的态 x.

可进行的最简单的是那些完全不需要研究 x 态 (对所有可能的 x 态遍历求和) 而只研究电子束的实验, 因为电子束的偏转和能量可以推断出动量转移的信息, 而电子束的能损可以推断出 (在实验室系) x 的能量与质子质量之差. 这些实验完成得最早也最全面, 因此我们首先讨论这些实验的结果和理论阐述 (这将占据我们许多章节). 然后我们再回头讨论末态 x 可能的性质, 以及据我们所知它们在实验中的行为.

电子核子非弹性散射

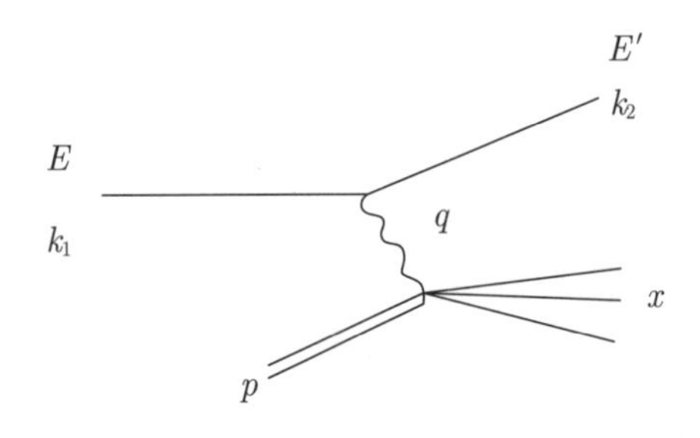

图8.2

实验室中电子的能损 $\nu=E-E'$ 和四动量转移 q^2 一样可以测量得到. 所以问题的

不变量是 q^2 和 $p\cdot q = M\nu$，其中 p 是质子的四动量. 所有适合强子的测量量均由这两个变量的函数表示. 于是我们测量的概率正比于

$$M^2 = (\bar{u}_2\gamma_\nu u_1)^*(\bar{u}_2\gamma_\mu u_1)\left(\frac{4\pi e^2}{q^2}\right)\sum_x \langle p|J_\nu(-q)|x\rangle\langle x|J_\mu(q)|p\rangle 2\pi\delta\left((p+q)^2 - M_x^2\right) \tag{8.25.1}$$

对于非极化电子的情况 (目前还没有极化电子和质子的实验, 但我们稍后会在理论上进行探讨), 对电子态进行求和与平均得到 spur[①]: $(\bar{u}_2\gamma_\nu u_1)(\bar{u}_2\gamma_\mu u_1) = 1/2\,\mathrm{sp}(\not{k}_2\gamma_\nu\not{k}_1\gamma_\mu) = 2(k_{1\mu}k_{2\nu} + k_{1\nu}k_{2\mu} - \delta_{\mu\nu}k_1\cdot k_2)$. 而对强子态进行求和给出以下表示, 我们记作 $K_{\mu\nu}$

$$K_{\mu\nu} = \sum_x \langle p|J_\nu(-q)|x\rangle\langle x|J_\mu(q)|p\rangle 2\pi\delta\left(M_x^2 - (p+q)^2\right) \tag{8.25.2}$$

(对 p 的自旋取了平均, 等于对任意自旋取 $\mu\nu$ 对称部分). (注意, 产生的末态的质量平方用变量 q^2, ν 表示为

$$M_x^2 = (p+q)^2 = M^2 + 2M\nu + q^2 \ (q^2 \text{ 为负})$$

对于给定 q^2, 通过改变 ν, 我们可以改变 M_x^2, 寻找末态共振等现象).

基于规范不变性和相对论性的论证, 张量 $K_{\mu\nu}$ 的对称部分 (对于非极化的电子只计对称部分, 如果质子非极化, 则只有对称部分) 必为如下形式

$$\frac{M}{\pi}K_{\mu\nu} = 4W_2(q^2,\nu)(p_\mu - q_\mu\frac{p\cdot q}{q^2})(p_\nu - q_\nu\frac{p\cdot q}{q^2}) - 4W_1(q^2,\nu)M^2(\delta_{\mu\nu} - \frac{q_\mu q_\nu}{q^2}) \tag{8.25.3}$$

W_1, W_2 的一些性质:

上式在 $q^2 = 0$ 处存在着明显的极点, 这是由我们选择表达式的方式引起的, 当然不是真正的极点. 为了去除最高阶极点, 当 $q^2 \to 0$ 时, 我们必须有 $(p\cdot q)^2 W_2 = -M^2q^2W_1$ 或 $W_2 = -q^2/\nu^2 W_1 + O(q^4)$, 但 W_1 在 $q^2 \to 0$ 时可以趋于一个常数 $W_1(0,\nu)$. 因此对于较小的 q^2, $W_1 = W_1(0, q^2)$; $W_2(q^2,\nu) \to -q^2/\nu^2 W_1(0,\nu)$.

对于质量平方为 q^2 的虚光子撞击质子, 总吸收截面为

$$\begin{aligned}\sigma &= \frac{4\pi e^2}{2k\cdot 2M}\sum |\langle x|e_\mu J_\mu|p\rangle|^2\, 2\pi\delta\left(M_x^2 - (p+q)^2\right) \\ &= \frac{4\pi e^2}{2k\cdot 2M}\, e_\mu e_\nu K_{\mu\nu}\end{aligned} \tag{8.25.4}$$

其中, k 为光子在 p 静止系中的动量.

① 译者注: “spur” 意为 “矩阵的迹”. 该词源于德语, 在早期文献中, 某些学者会用该词或其简写 “sp” 来表示 “矩阵的迹”.

有两种极化情况:

横向: e_μ 垂直于 q_μ 和 p_μ

$$\sigma_t = \frac{4\pi^2 e^2}{k} W_1 \tag{8.25.5}$$

纵向: 有时称为标量

$$e_t = q_z/\sqrt{-q^2}, \quad e_z = q_t/\sqrt{-q^2}$$

$$\sigma_s = \frac{4\pi^2 e^2}{k}\left[\left(1+\frac{\nu}{-q^2}\right)W_2 - W_1\right] \tag{8.25.6}$$

这两种截面可代替 W_1, W_2 作为参量.

根据以上表达式

$$\frac{W_1}{W_2} = \left(1+\frac{\nu^2}{-q^2}\right)\left(\frac{\sigma_t}{\sigma_t+\sigma_s}\right) \tag{8.25.7}$$

为了方便, 定义

$$R = \sigma_s/\sigma_t$$

结合电子的求和平均与 $K_{\mu\nu}$ 的表达式, 我们可以得到实验室系中的总截面

$$\frac{\mathrm{d}^2\sigma}{\mathrm{d}\Omega\mathrm{d}E'} = \frac{\alpha^2}{4E^2\sin^4\theta/2}\left[(\cos^2\theta/2)W_2 + 2(\sin^2\theta/2)W_1\right] \tag{8.25.8}$$

原则上可以同时得到 W_1, W_2, 这在某些情况下确实可以实现, 但最准确的是 W_2, 而且通常是在关于 W_1 的某些假设下给出的 W_2. 举个列子, 我们有

$$\frac{\mathrm{d}\sigma}{\mathrm{d}\Omega\mathrm{d}E'} = \frac{e^2}{2\pi^2}\frac{kE'}{-q^2E(1-\varepsilon)}\left[\sigma_t + \varepsilon\sigma_s\right] \tag{8.25.9}$$

$$\varepsilon = \left[1 + 2\tan^2\theta/2\left(1+\frac{\nu^2}{-q^2}\right)\right]^{-1}$$

而通常给出的是 $\sigma_t + \varepsilon\sigma_s$ 的数据, 而不是它们各自的值, ε 通常很小.

问题: 对于质子弹性散射, 证明

$$\begin{aligned} 4M^2W_1 &= -q^2 G_{\mathrm{M}}^2 \delta(\nu + q^2/2M) \\ W_2 &= \frac{G_{\mathrm{E}}^2 - \dfrac{q^2}{4M^2}G_{\mathrm{M}}^2}{1-\dfrac{q^2}{4M^2}}\delta(\nu + q^2/2M) \end{aligned}$$

第 26 讲

电子核子非弹性散射 (续)

我们现在对实验结果给出一种初步描述, 细节稍后处理. 首先, 为了讨论低能结果, 一个有用的变量是末态的质量平方 M_x^2. $M_x^2 = M^2 + 2M\nu + q^2$. 我们将在讨论中先使用 M_x^2 和 q^2. 作为 M_x^2 的函数, 在 M_x^2 小于 M^2 时我们自然什么也得不到, 于是当末态只是一个质子时, 对应 $M_x^2 = M^2$, 有一个大的弹性峰, 正比于 $\delta(q^2 + 2M\nu)$, 且如我们之前已研究过的, 这个弹性峰依赖于 $G_\mathrm{M}, G_\mathrm{E}$. 当 q^2 增大时, 这个贡献以 $1/(1-q^2/0.71)^2$ 的形式衰减.

接下来, 对于固定的 q^2, 当 M_x^2 变化时, 我们在 $M_x = 1236$ 处看到 "第一" 共振, 在 $M_x = 1520$ 附近看到 "第二" 共振, 最后在约 1700 处看到 "第三" 共振, 以及在 1900 处某些迹象表明有 "第四" 共振. 理论上我们应该看到更多共振, 比如在 1535 处, 但毫无疑问 "第二" 峰是这二者的不可分辨混合, 而 1700 处附近那个有时被称为 1688 处共振峰的, 可能是与预计在该能量附近的其他四个共振峰的混合. 1407 处的共振 (Roper 共振) 在这些实验中没被发现.

这些共振可以拟合为背景上的 Breit-Wigner 峰, 随着 M_x^2 的增长, 背景逐渐形成平滑曲线.

共振强度如何随 q^2 变化? 在 q^2 很低时, 理论上变化行为依赖于态的角动量, 并从 Q $(Q^2 = -q^2)$ 的一个合适幂次开始. 然而对于较高的 q^2, 共振强度都或多或少下降, 弹性峰也是如此. 事实上如果画出比率 $(\mathrm{d}\sigma/\mathrm{d}\Omega)_\mathrm{res}/(\mathrm{d}\sigma/\mathrm{d}\Omega)_\mathrm{elastic}$ 对 $-q^2$ 的依赖曲线就会发现, 当 $q^2 > 1\ \mathrm{GeV}^2$ 左右时, 曲线从阈值 (光电) 迅速提升到饱和值 (1 附近或稍低).

对于更大的 q^2 和较大的 ν, 就没有什么共振了. Bjorken 提出, 此时函数 $\nu W_2(q^2,\nu)$ (以及 $W_1(q^2,\nu)$) 应该只是变量 $x = -q^2/2M\nu$ 的函数. (数据也经常表示为 $\omega = 2M\nu/(-q^2) = 1/x$ 的函数). 事实证明这是相当正确的. 当 $-q^2 \to \infty, \nu \to \infty$ 而 $-q^2/2M\nu = x$ 保持不变时, $\nu W_2(q^2,\nu)$ 趋于 x 的函数 $F(x)$, 这个特征被称为 Bjorken 标度律. 关于它的理论意义, 我们将在后面进行着重介绍.

截至目前 (1972 年 1 月), 以下区域的数据是可知的.

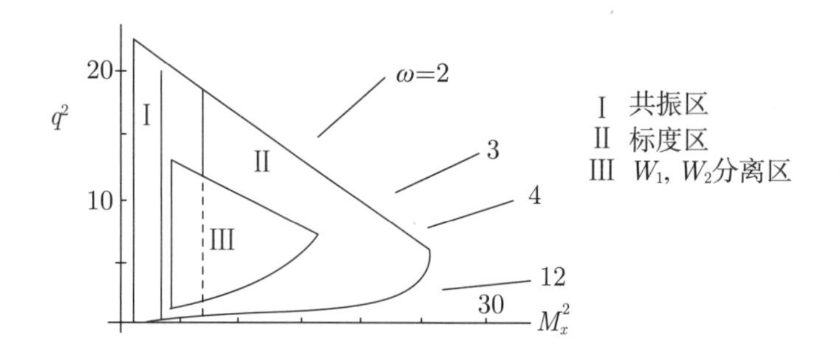

图8.3

在 $\omega < 4$ 的区域, $M_x^2 = 2.6^2$ 以上出现了标度律. 在 $12 > \omega > 4$ 的区域, 对于 $M_x > 2, -q^2 > 1$, νW_2 在误差范围内是常数, 对任意变量都有标度律.

νW_2 的数据如图 8.4 所示.

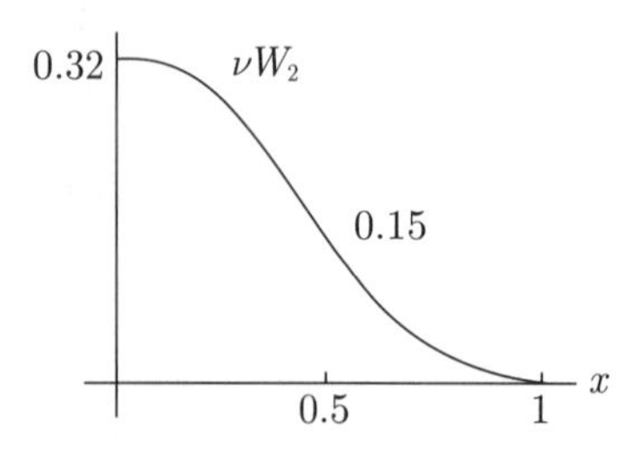

图8.4

$$\int_0^1 \nu W_{2\mathrm{p}} \mathrm{d}x = 0.18 \pm 1 \text{ (对于质子)}$$
$$\int_0^1 \nu W_{2\mathrm{n}} \mathrm{d}x \approx 0.12 \qquad \text{(对于中子)}$$

中子的数据 (从氘核扣除质子) 也是可知的. 与 $W_{2\mathrm{p}}$ 的比值如图 8.5 所示.

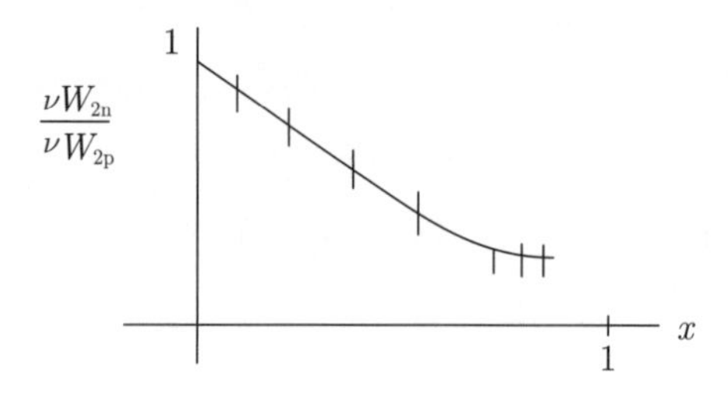

图8.5

在 $x=0$ 到 0.75 之间, 比值曲线与直线 $(1-x)$ 一致. 在更大的 x 处, 迹象表明, 比值曲线向直线上方弯曲, 并且当 $x\to 1$ 时, 比值可能高达 0.4 (?), 但更高的值可能被排除.

在 W_1 和 W_2 能分辨的区域, 可以找出 R 的值, 它们在 0 到 0.5 之间变化, 误差很大, 所以看不出明确的趋势. 如果假设 R 为常数, 则为 0.18 ± 0.10, 数据与 $R=0.03(-q^2)/M^2$ 或 $R\approx q^2/\nu^2$ 相符. 在后一种情况下, 根据标度律, 我们预期对固定的 x, $R\to 0$.

电子质子非弹性散射理论

我们现在开始对非弹性 e-p 散射进行漫长的理论讨论. 我们先讨论“深度”非弹性区域 $-q^2\to\infty, \nu\to\infty$, $-q^2/2M=x$, 或 Bjorken 标度律区域. 首先, 我们将简要讨论所谓的部分子模型; 然后我们将讨论 W_2, W_1 的一般性质, 我们会看到它们与两个流的对易子相关联. 最后, 我们回来讨论部分子模型的更多细节, 讨论部分子即夸克这些观点, 然后讨论这与一个更抽象的表示即 Gell-Mann 光锥代数之间的关系. 接下来是各种各样的讨论, 最后以尝试理解 q^2, ν 平面上其他区域 (即更小的 q^2, 或共振处) 的问题等作为收尾 (实际上我们的讨论过程不会如此井然有序, 我们将在这些问题之间逡巡).

第 9 章

部分子模型

部分子模型

部分子模型在概念上是最容易理解的, 尽管它看起来有点儿特别, 因为似乎做出了特殊的假设. 所以, 更一般的抽象考虑更令人满意, 不过我们首先讨论更基本的观点. 在讨论这些问题时, 最好记住所有的相对论、量子力学、幺正性、解析性等等原理. 为此, 一种方法是在同时满足所有这些原理的概念模型中进行讨论. 没有已知的简单模型符合这个要求, 除了场论 (可能场论也不行, 因为所有例子都发散!), 这确实是一个非常复杂的模型. 尽管如此, 我们还是试试看场论能给出些什么.

在场论中, 一个态, 比如质子的波函数, 可以通过找到以各种动量运动的裸场粒子的振幅得到. 这些裸场粒子我们称之为"部分子". 有时一些现象可以通过波函数直接理解, 但通常需要分析它到其他态波函数的矩阵元. 然而, 波函数从一个相对论系统转换到

另一个相对论系统 (必须知道哈密顿量) 并不容易, 因为它代表了给定时间的一个切片. 所以有些性质从某个特定系统的波函数中比较容易看出. 深度非弹性散射行为可以从具有极高动量 P (在 $+z$ 方向) 的质子的波函数得到最好的理解. 事实上, 我们研究的是波函数在 $P\to\infty$ 时的极限形式.

波函数对哪些变量具有极限形式? 通过在几个实例中对典型场哈密顿量的特征进行研究, 以及对非常高能量的单举强子碰撞的研究, 我们得出这样的结论: 如果测得部分子的动量以 ξP 形式正比于 P, 且正比于绝对单位制下的横动量 k, 则随着 P 增长, 振幅只依赖于 ξ,k (但有例外, 如果 ξ 足够小, 以至于 ξP 只有几个 GeV, 这种 $1\mathrm{GeV}/P$ 量级的 ξ 被称作 "软" 的[①], "软" 部分子的分布可能用绝对变量 p_z,k 描述得最好. 正如我们将看到的, "软" 区域很难分析, 但深度非弹性散射的主要特征并不涉及它们).

$k_\perp$ 是有限的这一事实, 至少不能通过任何明显的方法直接从场论得出 (事实上微扰理论没有给出这个结论, 所以它并不可靠), 而是从高能碰撞中最终产物能获得的横向动量的平均值约为 $\overline{p_\perp^2}=(0.4\ \mathrm{GeV})^2$ 这个普遍结果简单猜测而来.

但是承认了这一点, 就可以从场论中得到 ξP 标度律 (虽然如今我们也可以直接以实验为基础, 但这里是非常高能量的碰撞产物纵向动量的标度律). 以下是论证过程的一些思路. 在微扰理论中, 一个能量为 E 的态看作由两部分能量 $E_n=E_1+E_2$ 组成的振幅由一个因子主导

$$A/(E-E_n)=A/(E-E_1-E_2) \tag{9.26.1}$$

但这两部分动量的 z 分量即整体动量 $P=p_1+p_2$. 令 $p_1=\xi_1 P$, $p_2=\xi_2 P$, $\xi_1+\xi_2=1$, $E=\sqrt{P^2+M^2}\approx P+\dfrac{M^2}{2P}$. 如果 M_1 是第一部分的质量, k_1 为它的横动量, 有

$$E_1=\sqrt{\xi_1^2P^2+k_1^2+M_1^2}\approx \xi_1 P+\frac{k_1^2+M_1^2}{2\xi_1 P}\qquad \text{近似成立} \tag{9.26.2}$$

类似地

$$E_2\approx \xi_2 P+\frac{k_2^2+M_2^2}{2\xi_2 P}$$

$$\text{因此 } A/(E-E_1-E_2)=AP/\left(\frac{M^2}{2}-\frac{M_1^2+k_1^2}{2\xi_1}-\frac{M_2^2+k_2^2}{2\xi_2}\right) \tag{9.26.3}$$

(分子中的 P 通常被吸收进归一化因子, 或以 A 的形式吸收, 而这本质上的复杂行为是 ξ_1,ξ_2,k_1^2,k_2^2 的函数. 类似的论证在最初是被用来预测单举标度, 它们已经被实验证实了.

此外, 我们看到 ξ_1 (在软区域之外) 必须是正的, 即没有部分子是奋力后退的, 因为如果 ξ_1 是负的, 式 (9.26.2) 不成立, 方程右边应该是 $|\xi_1|$. 那么 (如果 ξ_1 是负的)

① 译者注: "wee" 的意译.

$E - E_1 - E_2 \approx (1 - |\xi_1| - \xi_2)P = 2\xi_2 P$, 所以分母不是小量, 而是大的量, 振幅比前一种情况小 $1/P^2$.

第 27 讲

部分子模型 (续)

我们设想动量为 P 的质子是由动量各自为 $\xi_i P$ 的各个部分子组成的, 这些部分子以不同的比例 ξ_i 分摊质子的动量, 所有的 ξ_i 都在 0 到 1 之间 (否则, 由于 $\sum \xi_i = 1$, 必然有其他部分为负值).

因此, 我们可以把入射质子看作一盒分摊动量且近乎自由的部分子. 另一种看待方式是在静止系中对各部分进行动态观察, 并假设各部分之间有相互作用能量, 因此随着时间的推移, 它们在有限的时间内改变动量, 产生或湮灭等等. 但在以大动量 P 运动时, 时间会因相对论变换而膨胀, 因此随着 P 的增加, 事物变化得越来越慢, 直至最终它们看起来根本没有相互作用.

当质子被光子撞击时, 相互作用算符 J_μ 与某一个部分子耦合, 并将这个部分子撞成动量为 $p_2 = p_1 + q$ (近似有 $p_1 = \xi P$) 的一个新态. 如果这个部分子的质量平方为 m^2, 我们可以预计这个比率正比于

$$\frac{1}{2E_1}|M|^2 2\pi\delta\left((p_1+q)^2 - m^2\right) = \frac{1}{2E}K_{\mu\nu} \tag{9.27.1}$$

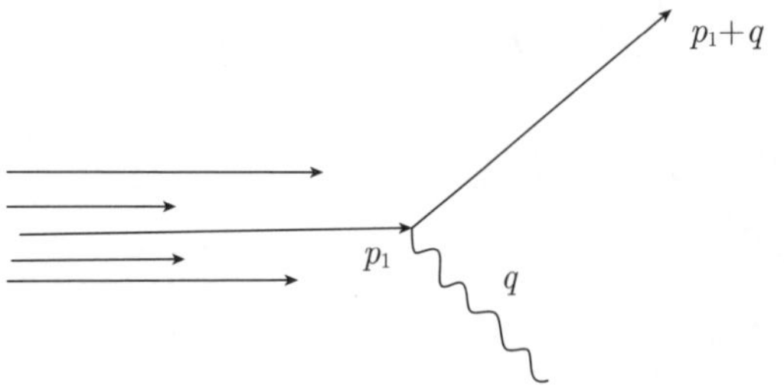

图9.1

(考虑到 $|M|^2$ 和 $K_{\mu\nu}$ 的归一化, 计入了因子 $1/2E_1$ 和 $1/2E$). 事实上, 由于假设有相互

作用能量, 能量损失与自由粒子情况并不相等, 而是与之相差了一个未知量 (但是有限的, 可能随 x 变化之类).

对于自旋为零的部分子

$$|M|^2=(p_{1\mu}+p_{2\mu})(p_{1\nu}+p_{2\nu}) \tag{9.27.2}$$

对于自旋为 1/2 的部分子

$$\begin{aligned}|M|^2&=1/2\,\mathrm{sp}\left((\not p_1+m)\gamma_\mu(\not p_2+m)\gamma_\nu\right)\\&=(2p_{1\mu}p_{2\nu}+2p_{1\nu}p_{2\mu}-2\delta_{\mu\nu}(p_1\cdot q))\end{aligned} \tag{9.27.3}$$

(我们将具体计算自旋为 1/2 的情况, 对于自旋为 0 的只陈述结果.) 为了方便起见, 我们将省略 $K_{\mu\nu}$ 中 q_μ 的所有项, 因为我们知道如何通过规范不变性得到它们. 因此在 $|M|^2$ 中用 $p_{1\nu}$ 代替 $p_{2\nu}$. 在我们目前有所限制的情况下, $p_{1\mu}=\xi P_\mu$ 是一个非常好的近似, 其中 P_μ 是质子的四动量 (严格来说, 这个近似只对 z 分量成立, 不过我们已经看到, 由于 t 分量满足 $E_1=\xi E$, 而横向分量相对较小, 仅仅是非零, 所以 z 分量成立就意味着 $p_{1\mu}=\xi P_\mu$ 近似成立).

因此, 如果 $f(x)\mathrm{d}x=$ 动量在 x 到 $x+\mathrm{d}x$ 之间的部分子的数目, 其中权重因子为电荷的平方 (以电子电荷为单位), 我们有

$$\begin{aligned}K_{\mu\nu}&=\frac{\pi}{M}(4P_\mu P_\nu W_2-4\delta_{\mu\nu}M^2W_1)\\&=\int\frac{f(\xi)}{\xi}(4\xi^2P_\mu P_\nu-2\xi\delta_{\mu\nu}P\cdot q)2\pi\delta\left((\xi P+q)^2-m^2-\Delta\right)\mathrm{d}\xi\end{aligned} \tag{9.27.4}$$

(前面的 $1/\xi$ 来自归一化因子 $2E/2E_1$). 在 δ 函数中, 有 $(\xi P+q)^2-m^2-\Delta=2\xi(P\cdot q)+q^2+\xi^2M^2-m^2-\Delta$; 但是当 $-q^2\to\infty$, $P\cdot q=M\nu$ 趋于 ∞, 且 $-q^2=2M\nu x$, 这就变成了 $2M\nu(\xi-x)+$(有限项), 或者 δ 函数近似为 $\delta(2M\nu(\xi-x))=\dfrac{1}{2M\nu}\delta(\xi-x)$. 因此, 对于大 ν, 积掉 δ 函数后我们有

$$4P_\mu P_\nu W_2-4\delta_{\mu\nu}M^2W_1=\frac{f(x)}{\nu}(4xP_\mu P_\nu-2M\nu\delta_{\mu\nu})$$

因此

$$\begin{aligned}\nu W_2(q_1^2\nu)&=xf(x)\\2MW_1(q_1^2\nu)&=f(x)\end{aligned} \tag{9.27.5}$$

我们得到仅以 $x=-q^2/2M\nu$ 为自变量的函数.

如果我们使用标量部分子, νW_2 的形式不变, 但 $W_1=0$. 如果自旋为 1/2, 动量为 x (以它们的电荷平方为权重因子) 的部分子的占比为 $\gamma(x)$, 我们得到 W_2 不变, $2MW_1=\gamma(x)f(x)$. 比值

$$R=\frac{\sigma_s}{\sigma_t}=\frac{\left(1+\frac{\nu^2}{-q^2}\right)W_2-W_1}{W_1}$$

在标度律极限下为

$$R=\frac{\nu W_2/x-2MW_1}{2MW_1}=\frac{1-\gamma(x)}{\gamma(x)} \tag{9.27.6}$$

在研究区间内, R 的量级是 0.18 ± 10, 所以 γ 大于 0.8[①], 没有很多标量部分子. 一个更有可能的假设是

流中的部分子都是自旋1/2

留待当今实验测量的 R 值, 是由于我们没有足够的能量和 q^2 来覆盖标度律极限. 例如, $R\approx q^2/\nu^2$ 也能拟合数据, 它在标度律极限下给出零.

这是关于强子基础理论结构的一个非常深刻的结论. 我们必须观望, 达到标度律极限时, R 是否真的趋于零.

如果带电部分子都携带基本电荷 $\pm e$, 那么在我们的单位制下电荷平方为 1, 因此我们可以说, 只有 18% 的动量由质子中的带电部分子所携带 (因为 $\int xf(x)\mathrm{d}x=0.18\pm0.01$), 其余的 82% 由中性粒子携带. 这 18% 小得令人惊讶. 如果部分子是夸克, 携带 $\pm2/3$ 或 $\pm1/3$ 这样的电荷, 那么夸克携带动量的百分比可能会更高. 我们将更细致地讨这种模型, 但事实证明, 即使如此, 也有必要假设其他中性物质携带了部分动量.

第 28 讲

软区域

导出标度律公式 (9.27.5) 的思想是非常可靠的. 通过对软区域的进一步假设, 我们可以理解 W_1 和 W_2 的其他方面. 必须认识到, 我们现在正在详细阐述我们最初的部分

① 译者注: 原文误为"γ 小于 0.2".

子思想, 进一步发展它们, 以理解 $f(x)$ 曲线的更多特征. 当 $x \to 0$ 时, νW_2 的数据似乎趋于一个常数 (0.32), 意味着 $f(x)$ 的函数形式为 $0.32/x$, 这显示了随着 x 落入软区域, 部分子的平均数目将增长 (因此软部分子的数目是有限的, 且不依赖于 P, 而处于动量为 P 的态的部分子, 其总数目的平均值随 P 呈对数增长). 这并非完全出乎意料, 它与强子碰撞中产物的分布是一样的. 通过研究高能下的场论方程, 以及韧致辐射的微扰理论, 我们可以了解这种现象的发生方式. 在后一种情况下, 产生中性粒子的分布为 $\mathrm{d}k/E =\sim \mathrm{d}P_z/\sqrt{p_z^2+k_\perp^2+m^2} \to \mathrm{d}x/x$. 这些中性粒子可以产生对, 所以 x 较小的区域包含了大量的数目几乎相等的粒子和反粒子. 场方程方法提出了同样的观点; 以及, 低区域是通过 x 的一系列级联 $x \to x' \to x''$ 由更高动量的更高阶微扰生成的. 每一种情况下我们都得出结论, 这些对在整体上呈中性, 因此质子和中子的性质是相同的. 这些预期也已通过其他方式给出, 例如, 从 $\mathrm{d}x/x$ 导出虚光子 (质量平方的负数是固定但较大的值) 的常数截面. 考虑到这些光子有到虚强子 (比如 ρ) 的振幅, 而强子给出常数截面 ("坡密子" 这个神奇的词用于 "解释" 此处), 质子和中子都一样, 所以这些截面应为常数. 因此, 我们期望当 $x \to 0$ 时, $\nu W_{2\mathrm{n}}$ 等于 $\nu W_{2\mathrm{p}}$, 事实确实如此; 在小 x 时, p 和 n 的 $f(x)$ 都趋于 $0.32/x$. 实验上我们也知道, 在 16 GeV 下, $q^2=0$ 时, $\sigma_{\gamma\mathrm{p}} = \sigma_{\gamma\mathrm{n}}$, 误差为 3%.

$f(x)$ 在 $x \to 0$ 时看起来趋于 $0.32/x$ 的事实意味着, 当能量趋于无穷, q^2 的负数为大的固定值时, 质子与能量为 ν 的虚光子的总截面是一个常数, 就像真实光子的截面那样. 我们可以预期, 只要我们在高于软区域, 即 $x=b/P$ 中 b 足够大, 则如测量给出的那样, $f(x) \approx 0.32/x$. 因此在标度律极限下, 虚光子横向截面为

$$\sigma_t = \frac{4\pi e^2}{k} W_1 = \frac{4\pi^2 e^2}{\sqrt{\nu^2 - q^2}} \frac{1}{2M} f(x) = \frac{4\pi^2 e^2}{\nu} \frac{f(x)}{2M} \tag{9.28.1}$$

而对高于软区域的 $x(-q^2$ 足够大,)

$$\sigma_t = \frac{4\pi^2 e^2}{2M\nu} \frac{0.32}{x} = \frac{4\pi^2 e^2 (0.32)}{-q^2} = 115\ \mu\mathrm{b} \left(\frac{0.32\ \mathrm{GeV}^2}{-q^2} \right) \tag{9.28.2}$$

在这一点上, 我们完全可以猜测 (这些考虑与部分子模型无关), 当 ν 较大而 $-q^2$ 不够大, 以致 $-q^2/2M\nu$ 足够远离软区域 $\sim 1\mathrm{GeV}/P$ 时, 会发生什么. 我们知道对于 $q^2=0$, 总的光子截面与 ν 无关. 对于其他 $-q^2$, 不可靠的 VDM 在振幅中给出一个因子 $-m_\rho^2/(q^2 - m_\rho^2)$, 或在截面中给出因子 $\left(1/(1-q^2/m_\rho^2)\right)^2$ 乘以一个与 ν 无关的项 (ν 较大). 对于较大的 $-q^2$ (远离 ρ 极点) 来说, 这显然是错误的, 因为它以 $(-q^2)^{-2}$ 形式下降, 而非上面我们刚从实验中看到的 $(-q^2)^{-1}$. 但我们当然可以猜测, 在 ν 较大时, 对于每个 $-q^2$, 截面都是常数, 但这个常数依赖于 $-q^2$, $\sigma_t = 4\pi^2 e^2 C(-q^2)$. 目前除了 $q^2=0$ 和 $-q^2$ 较大的情形, 我们并不清楚 $C(-q^2)$. 关于这个函数, 我们需要一个好的理论.

虽然部分子的数目是无限的, 但它们包含的动量必然有限, 因为所有中性的和带电的部分子的总动量是 1 (以 P 为单位). 以 e^2 为权重因子, 所有带电部分子携带的动量为 $\int_0^1 xf(x)\mathrm{d}x = 0.18 \pm 0.01$.

R 的公式

关于 R 在趋于标度律极限时的行为, 我们可以通过在这个区域直接计算 σ_s 来了解. 我们在特定参考系中计算, 其中 q 是纯类空的

$$P_\mu = (E,P,0,0) \quad P_\mu - \frac{P\cdot q}{q^2}q_\mu = (E,0,0,0)$$
$$q = (0,-2Px,0,0) \quad \delta_{\mu\nu} - \frac{q_\mu q_\nu}{q^2} = \text{ diag. } (1,0,-1,-1)$$

利用式 (9.27.4), 并恢复 $|M|^2$ 中所有 q_μ

$$\frac{\pi}{M}(4P_\mu P_\nu W_2 - 4\delta_{\mu\nu}M^2 W_1) =$$
$$\int \frac{f(\xi)}{\xi} 2\left[p_{1\mu}p_{2\nu} + p_{1\nu}p_{2\mu} - \delta_{\mu\nu}(p_1\cdot p_2 - m^2)\right] 2\pi\delta\left((p_1+q)^2 - m^2 - \Delta\right)\mathrm{d}\xi$$

(δ 函数中的表达式变为 $(4P^2x(\xi - x) - \Delta)$). 现在为了得到 σ_s, 我们想在等式两边取 t 分量; 然而, 如果等式右边是精确的, z 分量将完全消失 (根据规范不变性). 为了避免物理量取值较大导致的误差, 我们取 $\mu = t - z$, $\nu = t - z$, 则 $\delta_{\mu\nu}$ 消失, $p_{1\mu}p_{2\nu} \to (\varepsilon_1 - p_{1z})(\varepsilon_2 - p_{2z})$ (相当于将光子的极化 $e_\mu = (1,0,0,0)$ 替换为 $e'_\mu = (1,1,0,0)$; 从规范不变性应该可得到同样结果). 现在 p_{2z} 向后跑, 所以 $\varepsilon_2 - p_{2z} \approx 2|p_{2z}| = 2(2x - \xi)p$. 但 p_{1z} 向前跑, 所以 $\varepsilon_1 - p_{1z} \approx \sqrt{p_{1z}^2 + k_\perp^2 + m^2} - p_{1z} \approx \dfrac{k_\perp^2 + m^2}{2p}$. 这里 $k_\perp^2 + m^2$ 是平均垂直动量的平方加部分子的质量平方 (在 ξ 处), 不管这是什么意思, 它至少是某个有限能量的平方. 得出 σ_s 和 R 如下①

$$(4E^2W_2 - 4M^2W_1) = 2Mf(x)\frac{4(k_\perp^2 + m^2)}{-q^2}\bigg|_{x\text{处}}$$

$$R = \frac{4(k_\perp^2 + m^2)}{-q^2}\bigg|_{x\text{处}}$$

这种对 m^2 的明确依赖是错误的. 在部分子模型中使用自由部分子导致的计算偏差, 可能会对所有部分子的有效质量带来 $\pm\Delta$ (结合能修正) 不确定度. 在这种特殊情况下, 误差来自于在 $\varepsilon_1 - p_{1z}$ 中简单地假设了 ε_1 就是自由部分子的动能, 而没有考虑更复杂的机制. 在 Schrodinger 微扰理论中, 当算符涉及到 $\mathrm{d}/\mathrm{d}t$ 时, 它们的精确表达式通常比

① 译者注: 原文误为 $(4E^2W_2 - 4m^2W_1)$.

动能算符更为复杂. R 的公式应为[①]

$$R=\left.\frac{4(k_{\perp}^{2}+m^{2}\pm\Delta)}{-q^{2}}\right|_{x处} \tag{9.28.3}$$

预期的 $1/(-q^2)$ 下降趋势在数据中并不明显, 误差很大. 如果我们估算[②]$k_{\perp}^{2}\approx 0.25(\mathrm{GeV})^2$, 像强子碰撞中那样与 x 无关, 并且与 m^2 同量级 (否则我们无法解释为什么 $k_{\perp}^{2}$ 如此小), 我们得到 $R\approx(2\pm4\Delta)/(-q^2)$; 对于 $-q^2=7$ (数据中心附近) $R\approx0.3\pm4\Delta/7$, 与平均值 0.18 相比并非不合理.

第 29 讲

近 $x=1$ 区域

首先研究 $x=1$ 的极限情况, 通过 $-q^2$ 较大时的弹性形状因子, 我们可以得到近 $x=1$ 区域的一些定性理解. 我们取特定坐标系, 其中 $q=(0,-Q,0,0)$ 为纯类空矢量. 质子的动量 $P_\mu=(E,P,0,0)$, 必有 $P=Q/2$, 碰撞后质子动量 $P'_\mu=P_\mu+q_\mu=(E,-P,0,0)$, z 分量方向相反. 对于较大的 Q, 从而较大的 P, 我们可以将质子的初态描述为 (关于 $x,k_\perp$ 的) 各种构型的振幅. 举个例子, 假设这个构型包含两个非软部分子和两个软部分子, 如图 9.2 所示:

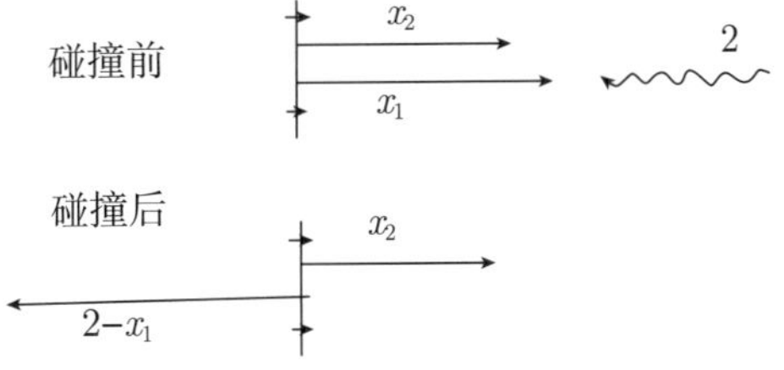

图9.2

---

① 译者注: 原文误为 $R=\left.\frac{4(k^{2}+m^{2}\pm\Delta)}{-q^{2}}\right|_{x处}$.

② 译者注: 原文误为 $k^2\approx0.25(\mathrm{GeV})^2$.

现在我们要求末态 (“碰撞后的”图) 只是一个质子, 也就是因子 $\langle$ 动量为 $-P$ 的质子 $|$ 碰撞后的态 $\rangle$, 在质子波函数中出现碰撞后的态的振幅 (的复共轭). 但向左运动的质子永远无法 (对于较大的 P) 看起来像碰撞后的图, 因为它包含一个向后运动的部分子 (x_2), (关于它的质量平方, 任何估算均为 P^2 量级, 为使之下降到 M_{p}^2, 需要 P^2 量级的结合能贡献)

因此, 如果质子看起来像“碰撞前的”图, 对弹性散射的贡献就非常小. 为了弹性地散射, 我们必须从这样一种构型开始: 其中一个部分子拥有几乎所有的动量, $x=1$, 其余的都是软部分子, 即低于 $1/P$.

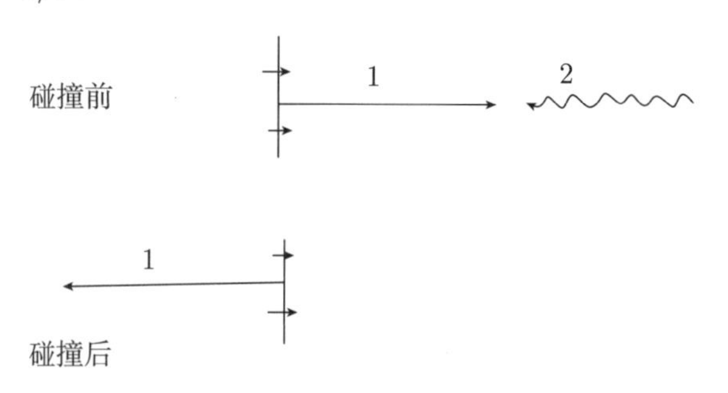

图9.3

现在单个高速部分子被入射光子反转, 能量变化不大, 末态构型可以是一个质子, 因为软部分子 (p_z 绝对值有限, 即低于 1 GeV 量级的那些) 既可以向前, 也可以向后. 因此散射振幅 (形状因子) 与质子看起来像“碰撞前的”那样的振幅平方成正比, 从而与质子中所有部分子只有一个不在软区域的概率成正比.

我们现在通过如下方式定性地看看这为什么应该是 Q 的某个负幂次. 如果“海” $(\mathrm{d}x/x)$ 区域的韧致辐射分析有定性的现实效应, 我们可以断定, 所有粒子的 x 不超出 x_0 达 $1/Q$ 量级以上的概率为 $\mathrm{e}^{-c\overline{n}}$, 其中 $\overline{n}$ 是预计超过 x_0 的平均数目, c 是计及相关性的某个常数 (不像一阶韧致辐射是纯泊松型的, 也许每个“光子”可以产生两个其他产物, 等等, 这样粒子的平均数目会更高, 但与一些定义含糊的“统计独立事件的平均数目”成比例). 现在我们看到了, 至少对于较小的 x, n 的形式为 a/x, 其中 a 是另一个常数; 因此 $\overline{n}$, 即超过 x_0 的平均数目, 为 $a\int_{x_0}^{x_1}\mathrm{d}x/x=a\ln x_1-a\ln x_0$, 其中 x_1 是某个未知的上限, 在那里使用 $\mathrm{d}x/x$ 进行积分的想法失效. 因此, 对于足够小的 x_0, $\mathrm{e}^{-c\overline{n}}$ 以 $\exp\left(ca(\ln x_0-\ln x_1)\right)$ 形式变化, 即一个常数乘以 x_0 的幂次. 也就是说, 在软区域外没有“海”粒子的概率以 Q 的幂次形式下降.

可能还有一些特殊的部分子补齐了总量子数，它们不是海的部分，必须也在软区域. 场方程的标度律研究以及其他的理论论据 (与 Regge 型行为相关) 强烈表明，它们将呈 $x^{\alpha}\mathrm{d}x/x$ 的形式，其中 $\alpha \geqslant 0$，因此它们在 x_0 以下的区域被找到的概率也将按 x_0 的幂次形式衰减.

我们的结论是，质子看起来像我们所说的 $x=1$ 附近的部分子、而所有其他部分子都低于某个下限 x_0 的概率按 x_0 的幂次形式衰减，即 x_0^{γ}.

特别是如果 x_0 极小，到 $1/Q$ 量级，我们得到概率的变化形式为 $Q^{-\gamma}$.

因此质子的形状因子 G_{M} (G_{E} 也如此，见下) 应按 Q 的幂次形式 $Q^{-\gamma}$ 衰减. 实验上 γ 可能略大于 4.

形状因子在 $Q \to \infty$ 时趋于零这一事实意味着质子 (当 $P \to \infty$ 时) 作为单个部分子出现的振幅为零. 这可能是因为没有哪个单个部分子具有准确的质子量子数，即使有，一个更具说服力的理由是，找到一个部分子不带由其相互作用产生的其他场 (表示为海 $\mathrm{d}x/x$) 的概率为零 (正如韧致辐射理论所预期的那样).

我们在上一讲中关于比值 $R=\sigma_s/\sigma_t$ 的分析也能应用于 $x=1$ 的弹性散射. 因此我们得到[①]

$$\left.\frac{\sigma_s}{\sigma_t}\right|_{\text{elastic}} = \left.\frac{4(k_\perp^2+m^2\pm\Delta)}{-q^2}\right|_{x=1}$$

其中 $k_\perp^2+m^2\pm\Delta$ 是携带几乎全部动量的单个部分子的值. 这个比值用 G_{E}, G_{M} 来表达会很简洁

$$\left.\frac{\sigma_s}{\sigma_t}\right|_{\text{elastic}} = \frac{4M^2G_{\mathrm{E}}^2}{-q^2G_{\mathrm{M}}^2}$$

($M=$ 质子的质量). 因此我们预期，当 q^2 较大时，$(G_{\mathrm{E}}/G_{\mathrm{M}})^2$[②]会趋于常数 $(k_\perp^2+m^2\pm\Delta)_1/M^2$. 当我们通过实验估算该常数时，出现了一个大问题. 如果 $G_{\mathrm{M}} \approx \mu G_{\mathrm{E}}$, $\mu=2.79$，我们得到 $(k_\perp^2+m^2\pm\Delta)_1=0.11(\mathrm{GeV})^2$，这个结果小得令人不安！但是 $q^2=2.6$ 时的数据显示 $G_{\mathrm{E}}/G_{\mathrm{M}}$ 小于 1，大约为 0.6 (更低?)，所以 $(k_\perp^2+m^2\pm\Delta)_1<0.04$?

现在我们可以看看，当 x 在 1 附近，或者说 $x=1-y$ 而 y 很小时，$f(x)$ 应该如何变化. 我们先看 x 超过 $1-y$ 时的总概率，即 $\int_{1-y}^{1} f(x)\mathrm{d}x$. 我们再次需要找到一个携带几乎全部动量的部分子，其他所有部分子携带的动量之和不能超过 y. 这与我们之前求出的所有部分子都在 $x_0=y$ 以下的概率为 y^{γ}[③]不同，不过稍经思考立即就会知道，幂次是相同的，只是前面的常数不同. (从量纲分析非常容易看出这一点；或者也可以详细计

① 译者注：原文误为 $\left.\dfrac{4(k_\perp^2+m^2\pm\Delta)}{-q}\right|_{x=1}$.

② 译者注：原文误为 $G_{\mathrm{E}}/G_{\mathrm{M}}$.

③ 译者注：原文误为 $y^{-\gamma}$.

算 dx/x Poisson 分布的情况来检验.) 因此对于很小的 y, 有

$$\int_{1-y}^{1} f(x)\mathrm{d}x \propto y^{\gamma}$$

或者说, 对于 1 附近的 x, 有

$$f(x) \propto (1-x)^{\gamma-1}.$$

也就是, 我们预计弹性散射的幂次律与 $f(x)$ 在 $x=1$ 附近行为的幂次律有关联. 尤其是, 我们预计 $f(x) \propto (1-x)^3$ 或稍高一点. 实验数据与此并不冲突. (该关系为 Drell 和 Yan 首次发表.)

$-q^2$ 较大、M_x^2 有限的区域

共振

我们能否推广这些想法, 以试图理解为什么在 Q^2 较大时, 共振和弹性峰以 Q 的大致相同的幂次衰减? (这里我们研究的是 $-q^2$ 较大、$2M\nu \approx -q^2$ 的区域, 更确切地说是 $M_x^2 = M^2 + 2M\nu - (-q^2)$ 有限.) 或许换个直白的角度问会好一点, 比如直接问共振随 $-q^2$ 的衰减行为与弹性峰一致这个事实能告诉我们关于这些共振波函数的哪些信息.

比如, 如果我们激发 Δ^+, 我们的图像看起来同样不会像图 9.2, 图 9.2 ("碰撞后的" 图) 不可能描绘高速向左运动的 Δ^+, 因为它包含一些运动方向不对的部分子. 我们的图像应该像图 9.3 那样, 但这次我们不再问图 9.3 的 "碰撞后的" 图是否看起来像质子, 而是问: 它看起来像 Δ^+ 的振幅是多少? 我们同样预期 Δ^+ 有海区域, 等等, 以及 Δ^+ 只有单个非软部分子的难度以因子 $Q^{-\gamma'/2}$ 来衡量 (这是振幅中的因子, 对于质子是 $Q^{-\gamma/2}$). 我们从实验中推断出 γ' 可能等于 γ, 或许可以构造一个后验的论据来解释这一点. (例如, 两种情况的海可能非常相似, 因为它们由相同的部分子产生, 也就是说, 这个部分子没有非软粒子的概率正是这个因子所衡量的, 而两种情况下这个部分子是相同的.) 从初始向右运动的质子中余下的软部分子, 只有一定的振幅按正确份额 (非 Q 相关的动量等) 分配给向左运动的质子, 而以不同振幅分配给 Δ^+. 正是这些非 Q 相关的振幅 (平方) 之比, 决定了在 Q^2 较大时 Δ^+ 与质子的最终产率之比. (当然, 原则上总是有可能对于某种特殊的共振, 该振幅为零, 这样的共振随 Q 的衰减比弹性峰更快.)

弹性峰, 共振以及 $f(x)$ 渐近行为的幂次律之间的关系很有意思, 值得注意的重点是, 它们可以用一个与任何部分子理论解释相去甚远的一般性原理来表述 (我非常感谢 J. D. Bjorken 先生就该想法进行了讨论). 这样说吧, 它们被认为是相当深刻的, 代表了高能碰撞一个新的基本性质 (因为相应的关系预计与高能强子的遍举反应和单举反应有关).

假设对给定较大的 q^2, 我们画出 νW_2 关于 $M_x^2 - M^2 = 2M\nu(1-x) \propto -q^2(1-x)$ 的图像 (x 在 1 附近, 且 $2M\nu \approx -q^2$). 注意 $M_x^2 - M^2$ 与 $1-x$ 恰好成正比. 在适当的 M_x^2 处, 我们发现一系列共振, 以及 "背景" 曲线 $(1-x)^{\gamma-1}\mathrm{d}x$ 或 $(-q^2)^{-\gamma}(M_x^2 - M^2)^{\gamma-1}\mathrm{d}(M_x^2)$ 的尾部.

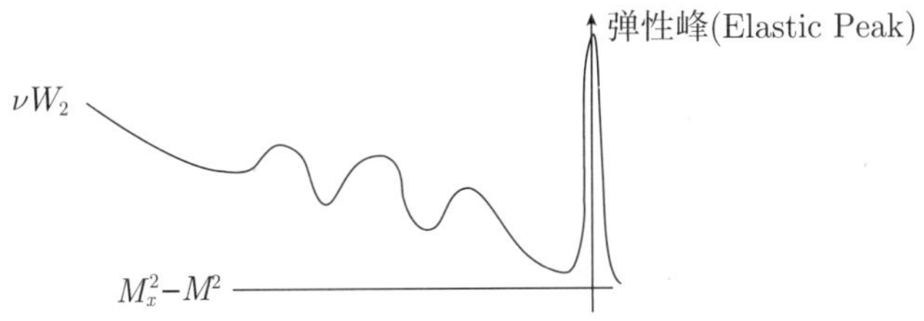

图9.4

现在, 当我们增大 q^2, 如我们所见所有共振都按 $(q^2)^{-\gamma}$ 形式衰减 (但保持在相同 M_x^2 处), 但 "背景" 曲线的尺寸 (在给定 M_x^2 处) 也会以 $(q^2)^{-\gamma}$ 形式衰减①. 也就是 "背景" (我说的背景是指标度律区域函数 $f_{\mathrm{p}}(x)$ 在高 x 处的尾部) 对共振有固定的比值. 不可能通过到更高的 q^2 (或强子碰撞中更高的 s) 将共振与背景分得更清晰, 共振也不可能完全融于背景. 换句话说, 背景始终可以看作源于重叠的共振, 或共振自身的尾端, 而且所有共振最终都以相同的方式衰减 (随着 q^2 增长, 按 q^2 的幂次形式). Bohr 会说, 关于背景有两种互补的看待方式, 一种看作通向标度律预期的连续单粒子态, 另一种看作大量共振, 而老天作祟, 使得我们不可能在中间区域 ($M_x^2 - M^2$ 较大的) 判断究竟哪种看待方式是正确的.

第 30 讲

关于 $\gamma' = \gamma$ 的论证

我们将假设对于任意态 (例如 p 或 Δ), 随着动量 Q 的增长, 在极小 x 区域 (= 有限动量) 的分布趋于一个与 Q 无关的确切分布. 或者针对我们的情况说得更明确一点, 我们假设质子由单个部分子加极小动量区域 (例如低于 2 GeV) 内的给定分布组成, 且

① 译者注: 原文误为 $(q^2)^{\gamma}$.

在中间动量区域没有任何组份的振幅, 以某种方式随 Q 衰减, 而在极小动量区域的分布趋于确定的渐近函数 (例如, 不含软部分子的振幅 / 含一个动量为 300 MeV 的部分子的振幅 / 含两个动量分别为 100 MeV 和 400 MeV 的部分子的振幅, 等等, 这些比值都成为常数).

$\langle$一个 $x \approx 1$ 的部分子, 动量为各 k 值的多个软部分子|动量为 Q 的质子$\rangle$
$= F_{\rm p}(Q) f_{{\rm p},i}(k's)$[①](指标 i 表示部分子类型), 共振也类似. 因此, 将高速部分子从 Q 扭转为 Q' (例如在 $q_\mu = (Q - Q', 0, 0, Q + Q')$ 的坐标系中) 的光子散射:

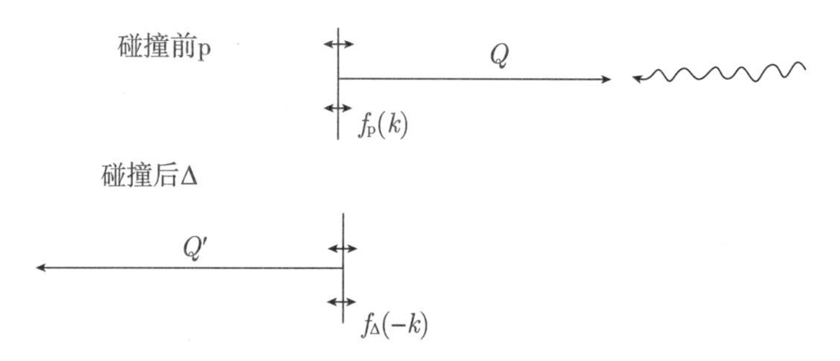

图9.5

振幅正比于

$$F_{\rm p}(Q) F_\Delta(Q') \int \overline{f}_{\rm p}(k) f_\Delta(-k) {\rm d}^3 k$$

我们明确地认为最后一个因子非零. (对于特定的共振, 或特定的量子数 (例如同位旋), 它可能为零, 那些情况会随 Q 衰减得更快, 但我们现在不考虑那些特殊情况.) 然而结果必须是相对论性不变的, 所以只是 $q^2 = 4QQ'$ 的函数. 因此, $F_{\rm p}(Q) F_\Delta(Q')$ 只是 QQ' 的函数, 由此我们可以推出 $F_{\rm p}(Q)$ 和 $F_\Delta(Q)$ 的形式必为 $1/(2Q)^{\gamma/2}$ (常数可以吸收到第二个因子中).

因此 ${\rm p} \to \Delta$的振幅 $= (q^2)^{-\gamma/2} a({\rm p}, \Delta)$, 其中[②]

$$a({\rm p}, \Delta) = \sum_i \int \overline{f}_{{\rm p},i}(k) f_{\Delta,i}(-k) {\rm d}^3 k$$

依赖于 ${\rm p}, \Delta$ 态, 但与 q^2 无关.

如果两个态在各自的 $F(Q) = Q^{-\gamma/2}$ 中, 具有 Q 的不同幂次, 那么它们必然正交, 即 $\int \overline{f}_{\rm p}(k) f_\Delta(-k) {\rm d}^3 k = 0$, 这通常是因为软系统中有不同的量子数, 如电荷、奇异数或同位旋 (或者角动量的 z 分量).

① 译者注: $k's$ 表示各 k 值.

② 译者注: 原文误为 $a({\rm p}, \Delta) = \sum_i \int \overline{f}_{{\rm p},i}(\overline{k}) f_{\Delta,i}(-\overline{k}) {\rm d}^3 k$.

上一讲最后讨论的原理很可能也适用高能强子碰撞; 尽管在这一讲它不是我们的直接兴趣点, 但我将简要概述一下它如何作用.

考虑一个遍举反应 (动量转移 t 为给定值或零) $A+B\rightarrow C+$共振态X, 其中 A,B,C 粒子都固定. 令质心系中入射动量为 p, C 的出射动量 $=p_C=px$, 以及 $s=4p^2$ 趋于无穷; 设想我们通过 $M_X^2=P_X^2=(P_A+P_B-P_C)^2\approx s(1-x)+M_A^2+M_B^2-M_C^2$ 测量共振损失的质量. 从而画出共振的数据 $M^2=M_X^2+M_C^2-M_A^2-M_B^2\approx s(1-x)$. 随着 s 变化, 共振当然会保持在固定的 M^2, 但它们的尺寸很可能按 s 的幂次下降, 即 $s^\alpha F(M^2)\mathrm{d}M^2$ 的形式 (α 为负数); 正如对遍举反应预期的那样, 其中 α 是导致量子数从 A 变到 C 的某种交换的最小概率的负数. 但是因为我们并非真正考察产物 M_X, 所以这可以被认为是一个单举反应, 已经有论证 (R. P. Feynman, Phys. Rev. Lett. 23, 1415 (1969)) 指出这个概率应该只是 x 的函数. 因此只有当 $s^\alpha F(M^2)\mathrm{d}M^2=s^\alpha F(s(1-x))\,\mathrm{d}s(1-x)$ 仅为 x 的、而非 s 的函数时, 在 $x=1$ 附近的标度律区域对于较大的 M^2 才会出现共振. 所以在 $x=1$ 附近, 这个函数 $F(s(1-x))$ 的变化形式必须为 $(s(1-x))^{-\alpha-1}$, 则考虑标度律后的结果为 $(1-x)^{-\alpha-1}\mathrm{d}x$. (在有些情况下, 例如, C 和 A 都是质子, 技术上很难达到足够高的 x 来避免从其他强子共振态 C' 分裂出 p' 导致的污染, 等等, 但这些问题并不涉及我们此处的细节; 因此, 该结果尚未被检验.)

第 31 讲

关于 ν 较高区域的 νW_2 和 W_1 , 我们对所有已知和猜测给一个总结.

区域 Ⅰ　ν 较大, $-q^2$ 较大, 但 $-q^2/2M\nu=x$ 有限.

$2MW_1$ 仅是 x 的函数, 记为 $f(x)$. $W_2=(-q^2/\nu^2)W_1$.

区域 Ⅱ　ν 较大, 且 $\nu\rightarrow\infty$ 时, $-q^2$ 为定值.

$$2MW_1=\frac{2M\nu}{-q^2}\text{ 乘以某个 }q^2\text{ 的函数, 即 }=\frac{2M\nu}{-q^2}g(-q^2)$$

区域 Ⅲ　ν, $-q^2$ 都较大, 但 $M_x^2-M^2=2M\nu-(-q^2)$ 有限.

$2MW_1=(2M\nu)^{-\gamma+1}$ 乘以某个仅以 M_x^2 为自变量的函数,

即 $(-q^2)^{-\gamma}h(M_x^2-M^2)2M\nu$. (单独提出最后一个因子 $2M\nu$ 是为了便于从 $\mathrm{d}M_x^2$ 到 $\mathrm{d}x$ 的变量替换).

为了使这三个区域结合在一起, 我们有

(I;II) 对于较小的 x, $f(x)$ 的形式为 $a/x(a=0.32)$; 对于较大的 $-q^2$, $g(-q^2)$ 趋于 a.

(II;III) 当 x 在 1 附近, $f(x)$ 的形式为 $A(1-x)^{\gamma-1}$, $\gamma\approx 4$或5; 当 $M_x^2-M^2$ 较大, $h(M_x^2-M^2)$ 的形式为 $A(M_x^2-M^2)^{\gamma-1}$

在区域 I 中, 我们预期随着 ν 的增长, σ_s/σ_t 按 $1/\nu$ 或 $1/(-q^2)$ 形式衰减. 在区域 II 中, 我们预期当 $\nu\to\infty$ 时, σ_s/σ_t 趋于某个依赖于 $-q^2$ 的有限的极限值. (这意味着 νW_2 有限, W_2 与 $(-q^2/\nu^2)W_1$ 同量级, 但与之并不相等.) 在区域 III 中, 我们预期随着 ν 的增长, σ_s/σ_t 按 $1/\nu$ 形式衰减. 在 q^2 较小的特殊区域: $W_2=-q^2W_1/\nu^2+\mathcal{O}(q^4/\nu)$; $\sigma_s\approx q^2$.

关于幂次律 $(q^2)^{-\gamma}$ 的一般评述, 它可能有对数衰减系数, 即 $(q^2)^{-\gamma}/(a\ln q^2+b)$ 这样的形式. 在上一讲的讨论中我们看到了这种幂次, 那里 γ 可能取决于软群体的量子数, 比如总同位旋, 角动量等. 这些量子数是离散的, 因此各个 γ_i 是离散的, 并且有个最低值. 不过, 也有非离散的, 即横动量; γ 可以依赖于高速部分子的横动量, 如 $\gamma=\gamma_0+\gamma_1k_\perp^2$, 因此结果为

$$\int(q^2)^{-(\gamma_0+\gamma_1k_\perp^2)}\mathrm{d}k_\perp^2=\frac{(q^2)^{-\gamma_0}}{\gamma_1\ln q^2}\tag{9.31.1}$$

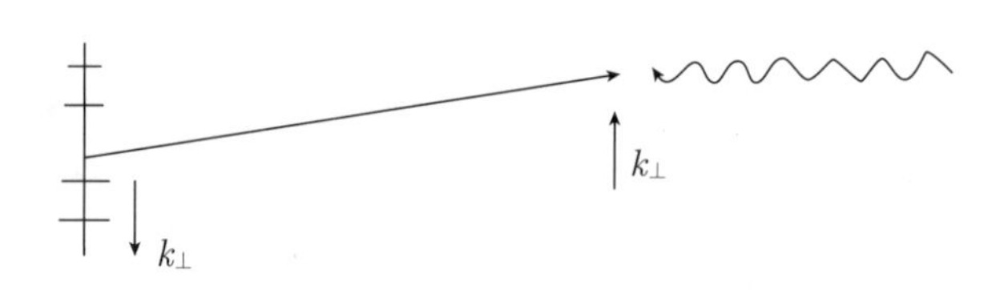

图9.6

部分子作为夸克

我们自然想进一步找出部分子带有哪些量子数. 从目前的实验结果来看, 我们所知甚少, 但未来的实验可以提供更多信息, 会对众多可能性给出极大限制. 我们通过选取一

个例子来讨论, 即带电荷的部分子携带夸克的量子数. (在这个模型下, Gell-Mann 的等时流对易关系自动得到满足.) 我们不是在刻意建立三夸克模型, 事实上夸克的数目可能是, 也确实必须是无穷的.

有一个问题立即引起了人们的注意, 即如果部分子不带整数电荷, 我们对标度律的解释是否还可能成立. 当时的想法是, 出射部分子 (现在的夸克) 可以逃逸, 不需要进一步的大的 (由 P 表征) 相互作用, 最终将自身分解为一束出射强子.

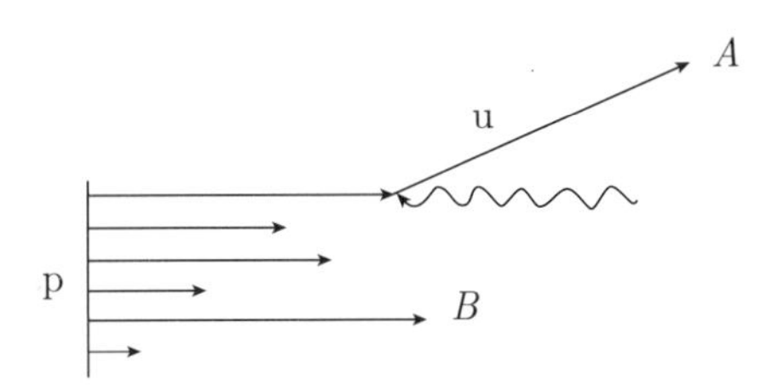

图9.7

但它是一个夸克, 不可能变成强子 (已知没有低能强子带 2/3 这样的电荷), 除非它从另一个部分子夸克那里攫取额外的 1/3 电荷. 如果这个额外的部分子来自动量量级为 P 的持续部分子源, 则动量改变量 (从 B 方向到 A 方向) 也将是 P 量级, 在我们的推导中显然要求的结合力较弱的假设将会失效. 另一方面, 也许有可能在软部分子中发现额外的夸克, 这对于任何强子波函数都是很自然的, 并且由于向 A 或 B 方向运动的强子共享相同的软区域, 因此它们可以交换夸克, 从而凑出必要的整数电荷. 虽然有些差强人意, 但尝试带电部分子就是夸克的思想, 查看结果, 并设计实验来检验, 是一次令人激动的冒险开拓; 如果这些成功了, 我们将更激动地回到这个问题: 大自然必须如何解决以下三者之间的明显悖论

a. 部分子带有夸克的量子数

b. 强子不带

c. 标度律起效

本着这种精神, 我们想知道通过哪种方式可以检验 (a). 最起码, 我们会给出一个例子, 说明实验如何能进一步识别部分子的特征.

为了描述质子中部分子的分布, 我们引入六个函数.

$u(x) =$质子中, 动量在 x 到 $x+\mathrm{d}x$ 区间的 u 夸克数目

$d(x) =$质子中, 动量在 x 到 $x+\mathrm{d}x$ 区间的 d 夸克数目

$s(x) =$质子中, 动量在 x 到 $x+\mathrm{d}x$ 区间的 s 夸克数目

类似地, $\overline{u}(x)$、$\overline{d}(x)$ 和 $\overline{s}(x)$ 分别是质子中, 动量在 x 到 $x+\mathrm{d}x$ 区间的反 u、反 d

9

和反 s 夸克数目.

质子中的总电荷数为 +1, 因此

$$1 = \frac{2}{3}\int_0^1 [u(x) - \overline{u}(x)]\,\mathrm{d}x - \frac{1}{3}\int_0^1 \left[d(x) - \overline{d}(x)\right]\mathrm{d}x - \frac{1}{3}\int_0^1 [s(x) - \overline{s}(x)]\,\mathrm{d}x$$

同位旋的 z 分量为 $+1/2$, 因此

$$\frac{1}{2} = \frac{1}{2}\int_0^1 [u(x) - \overline{u}(x)]\,\mathrm{d}x - \frac{1}{2}\int_0^1 \left[d(x) - \overline{d}(x)\right]\mathrm{d}x$$

奇异数为零, 因此

$$\int_0^1 [s(x) - \overline{s}(x)]\,\mathrm{d}x = 0$$

这些方程有解

$$\begin{aligned}\int_0^1 [u(x) - \overline{u}(x)]\,\mathrm{d}x &= 2\\ \int_0^1 \left[d(x) - \overline{d}(x)\right]\mathrm{d}x &= 1\\ \int_0^1 [s(x) - \overline{s}(x)]\,\mathrm{d}x &= 0\end{aligned} \tag{9.31.2}$$

也就是说, 每种夸克的净数目和简单的非相对论三夸克模型里的数目是一样的. 从 $2MW_1$ (或 $\nu W_2/x$) 观察到的函数 $f_\mathrm{p}(x)$ 等于每种夸克的数目以各自的电荷平方加权求和:

$$f_\mathrm{p}(x) = \frac{4}{9}(u(x) + \overline{u}(x)) + \frac{1}{9}\left(d(x) + \overline{d}(x)\right) + \frac{1}{9}(s(x) + \overline{s}(x)) \tag{9.31.3}$$

当然, 关于 e-p 散射的测量只给出了这个求和的结果, 我们不能仅从中提取出单独各项. 另一方面, 我们也有关于中子散射的数据. 中子由相同的公式给出, 只不过现在的 $u(x)$ 是中子内 u 夸克的数目. 尽管如此, 通过同位旋反射, 即在质子的函数中用 d 替换 u, u 替换 d 可以得到中子的函数. 因此, 如果 $u(x)$ 继续如定义所示, 那么质子中的上夸克的数目就等于中子里的下夸克的数目, 我们得到

$$f_\mathrm{n}(x) = \frac{1}{9}(u(x) + \overline{u}(x)) + \frac{4}{9}\left(d(x) + \overline{d}(x)\right) + \frac{1}{9}(s(x) + \overline{s}(x)) \tag{9.31.4}$$

对于这两个函数, 我们都有实验数据. 比值 $f_{\mathrm{n}}/f_{\mathrm{p}}$ 如图 9.8 所示.

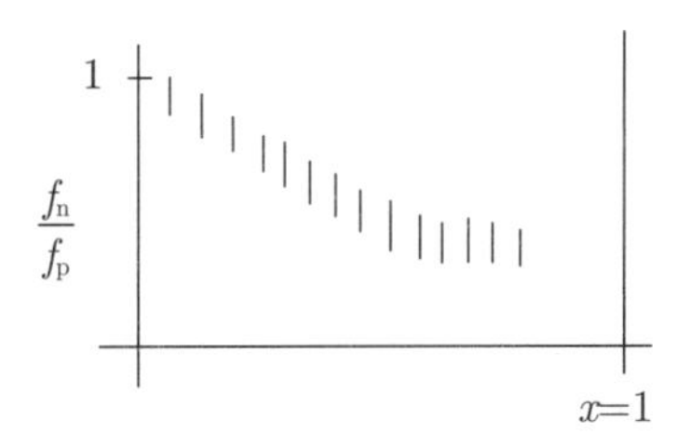

图9.8

这表明当 $x\to 1$ 时[①], $f_{\mathrm{n}}/f_{\mathrm{p}}\sim 1-x$, 可能趋近于零. 我们立即注意到如果带电荷的部分子是夸克, 这是不可能的; 因为 $u(x)$、 $\overline{u}(x)$ 等都是正的, $f_{\mathrm{n}}/f_{\mathrm{p}}$ 的值不可能小于 0.25. 原始数据只达到大约 $x\sim 0.8$ 处, 此时比值已下降到 0.3 左右, 因此 0.25 是 $x\to 1$ 时可能的极限, 但后来我们知道了计算机程序中有一个错误, 在 x 等于 1 附近比值其实更接近于 0.4.

不过, 仅仅作为一个练习, 如果当 $x\to 1$ 时显示 $f_{\mathrm{n}}/f_{\mathrm{p}}$ 刚好等于 1/4, 我们能从中得什么信息? 这意味着在 $x\to 1$ 时, $d(x)$ 比 $u(x)$ 更快衰减到零. 如果我们假设, 总同位旋为零的软部分子的 $\gamma((q^2)^{-\gamma}$或$(1-x)^{\gamma-1}$中的$\gamma)$, 小于同位旋为 1 的情形 (只有一个非软部分子) 的 γ, 就会得到这个结果. 于是领头项 (γ 最低阶) 将要求高速部分子有与质子相同的同位旋, 则只有 u 夸克 (因为软部分子的同位旋为零). 然而, 在那种情况下, 激发出 Δ 共振态 (同位旋为 3/2) 的概率将比弹性峰衰减得更快, 因为只有同位旋为 1 的软部分子才能产生 Δ (由于领头阶夸克只贡献 1/2). 因此, 我们预期 Δ 共振态随 q^2 的衰减会比其他的更快 (事实上关于这一点, 数据还不足以判别对错).

我们可以进行如下论证 (若部分子是夸克), 如果 $f_{\mathrm{n}}/f_{\mathrm{p}}$ 降至 1 以下, 它 “几乎一定” 会衰减到 1/4: 我们首先假设软部分子中不同量子数对应的 γ “几乎一定” 不相等, 假设有一个起主导作用. 先考虑更简单的情况, 在没有 s 夸克的软部分子中, γ_0 对应 $I=0$, γ_1 对应 $I=1$. 因此, 在软部分子中我们最终 (当 $x\to 1$ 时) 有纯 $I=0$ 或纯 $I=1$ 的态, 取决于 γ_0 和 γ_1 哪个更小. 对于 $I=0$, 非软区域的夸克一定是 (1/2,1/2) 或 u, 我们立即得到 $f_{\mathrm{n}}/f_{\mathrm{p}}=(\text{d的电荷数})^2/(\text{u的电荷数})^2=1/4$. 如果 $I=1$, 非软区域的夸克可以是 u 或 d, 其权重由恰当的 Clebsch-Gordan 系数给出, $\mathrm{p}=\sqrt{2/3}(+1)\mathrm{d}-\sqrt{1/3}(0)\mathrm{u}$, $\mathrm{n}=\sqrt{1/3}(0)\mathrm{d}-\sqrt{2/3}(-1)\mathrm{u}$, 因此

$$\frac{f_{\mathrm{n}}}{f_{\mathrm{p}}}=\frac{(2/3)(4/9)+(1/3)(1/9)}{(2/3)(1/9)+(1/3)(4/9)}=\frac{3}{2}\qquad(\text{若}I=1)$$

① 译者注: 原文误为 $x\to 0$.

因此, 基于各个 γ 不相等的假设, 1/4 或 3/2 才是极限 (所以, 如果 $f_{\mathrm{n}}/f_{\mathrm{p}}$ 小于 1, 则极限为 1/4). (还有一种可能性, 非软区域的夸克是反夸克, 这种情形下如果 $I=0$ 占主导, 那么有 $f_{\mathrm{n}}/f_{\mathrm{p}}=2/3$, 不过对于 p 和 n, 这种情况被认为是不太可能的).

另一种可能的态是软部分子的奇异数为 +1, 非软区域的部分子全是 s 夸克. 这不大可能比奇异数为零的情况更容易, 但即便如此, 比值还是 1, 因此这种情况被排除了.

有几种模型预测比值低于 1 但高于 1/4. 所有这些模型都假设, 高速夸克的量子数和我们明确论证了的软区域的态的特征之间没有关联, 也就是, 它们意味着一种 $\gamma_1=\gamma_0$ 的简并, 当然, 在这种情况下, 其他值也是可能的.

读者可以证明, 当 $-q^2$ 较大时, 对于同位旋为零的软部分子, 质子与中子的 G_{M} 之比为 -2 (从 $q^2=0$ 时 $\mu_{\mathrm{p}}/\mu_{\mathrm{n}}=-1.4$ 开始). 我们应首先尝试软部分子的总角动量为零的情况. 再证明对于较大的 $-q^2$, 质子的 G_{M} 是正的, 因此当 q^2 增长时, 不需要有符号的改变, 这是令人满意的, 因为实验上质子的 G_{M} 似乎从未降为零. 对于软部分子, 同位旋为 1 给出 $G_{\mathrm{M}}^{\mathrm{p}}/G_{\mathrm{M}}^{\mathrm{n}}\to 0$, 且在 $-q^2$ 较大时 $G_{\mathrm{M}}^{\mathrm{n}}$ 是正的.

第 32 讲

夸克携带的动量

另一个有意思的研究是每种夸克所带的总动量.

令 $U=\int[u(x)+\overline{u}(x)]x\mathrm{d}x$、 $D=\int\left[d(x)+\overline{d}(x)\right]x\mathrm{d}x$、 $S=\int[s(x)+\overline{s}(x)]x\mathrm{d}x$ 分别为 u 夸克 (加反 u 夸克)、d 夸克 (加反 d 夸克)、s 夸克 (加反 s 夸克) 的总动量. 我们知道 $\int xf_{\mathrm{p}}(x)\mathrm{d}x=0.18$, $\int xf_{\mathrm{n}}(x)\mathrm{d}x=0.12$, 所以

$$\begin{aligned}\frac{4}{9}U+\frac{1}{9}D+\frac{1}{9}S=0.18\\ \frac{1}{9}U+\frac{4}{9}D+\frac{1}{9}S=0.12\end{aligned}\tag{9.32.1}$$

现在如果我们假设夸克旁边没有中性部分子 (例如, 没有“胶子”), 质子携带的所有动

量都是夸克提供的, 那么我们有

$$U+D+S=1$$

求解上述方程组我们得到 $U=0.21,\ D=0.03,\ S=0.76$. 这个结果显然是不合理的, 作为非奇异物质的质子, 其动量的 3/4 竟然会在奇异夸克中发现. 这强烈表明, 并非所有部分子都是夸克, 必然有某些带动量的中性粒子, 称为 N. 这些动量可以认为是夸克之间相互作用的场 (如果有) 所携带的; 这种场 (比如可能是一个中性的赝矢量场) 如果在场论中用中介场部分子表述, 通常被称为胶子.

在近 $x\to 0$ 的区域, 函数 f_{p} 和 f_{n} 按 $0.32/x$ 的形式发散, 这对应着夸克和反夸克数目的无穷大. (净夸克数是有限的, 参见式 (9.31.2) 以及讨论.) 进一步, f_{p} 和 f_{n} 必定具有相同的行为, 所以如果对于较小的 x, 有 $u(x)=\alpha/x$, 则 $\overline{u}(x)=u(x)=d(x)=\overline{d}(x)$. 由于对称性不是完美的 SU_3, 我们不认为可以证明 $s(x)$ 及相等的 $\overline{s}(x)$ 也必须等于这个值, 但可能相差并不远 (如果确实不相等).

有一个有意思的量, 即 $x\to 0$ 时 u 和 d 彼此接近的程度; 尽管它们都是无穷大, 但差值是有限且可积的. 关于积分 $\int_0^1[f_{\mathrm{p}}(x)-f_{\mathrm{n}}(x)]\,\mathrm{d}x$, 实验给出的值约为 0.17, 但误差比较大, 因为它精确取决于 $x=0$ 附近的小差值 (因为这是 $\int_0^1(\nu W_2^{\mathrm{p}}-\nu W_2^{\mathrm{n}})\mathrm{d}x/x$.)

模型

有人 (比如 Paschos、Weisskopf 和 Kuti) 尝试通过简化假设来推测函数 u,d 等, 这些假设的选择是基于简单性而不是物理需求. 这样的预测可能成功也可能不成功, 如果不成功, 我们只能说大自然不是那么简单的. 不同于我们目前为止一直在使用的部分子模型的思想, 在这些模型中所做的额外假设通常没有物理的支撑. 以备有人对此感兴趣, 这里我们给出这种理论的一个范例: 软部分子或 $\mathrm{d}x/x$ 区域完全由无关联的对组成, 除此之外, 有三个三夸克模型中那种“价夸克”, 且波函数是独立部分的简单相乘. (我们不指望这么简单.) 如果 $\alpha(x)$ 是典型的海分布, $v(x)$ 是价夸克的分布, 对于质子我们可以写出

$$\begin{aligned} u&=\alpha+2v & \overline{u}&=\alpha\\ d&=\alpha+v & \overline{d}&=\alpha\\ s&=\alpha & \overline{s}&=\alpha \end{aligned}$$

$\int_0^1 v(x)\mathrm{d}x = 1$ (以满足式 (9.31.2)). 在 $x \to 0$ 附近, $\alpha(x)$ 趋于无穷 (以 $0.24/x$ 的形式), 但 $x \to 0$ 时 $xv(x) \to 0$. 关于夸克携带的总动量, 这预测了 $S = 2D - U$, 所以式 (9.32.1) 给出 $U = 0.36, D = 0.18$ 以及 $S = 0$ (出乎意料), 因此我们遇到了某种麻烦 (α 不能为零), 除非实验误差允许 $\int x f_{\mathrm{n}} \mathrm{d}x$ 超过 $\frac{2}{3}\int x f_{\mathrm{p}} \mathrm{d}x$. 无论如何, 必定有一些 (46%) 动量属于胶子. 预测有 $\int_0^1 (f_{\mathrm{p}}(x) - f_{\mathrm{n}}(x))\,\mathrm{d}x = \frac{1}{3}$, 这很难与实验结果的 0.17 协调, 但也并非不可能. 通过假设 $x \to 1$ 时 α 比 ν 衰减得更快, 也预测了 $\nu W_{2\mathrm{n}}/\nu W_{2\mathrm{p}} \to 2/3$ (因此可能是错的).

第 33 讲

未来对带电部分子=夸克的检验

到目前为止, 尚无足够精确的直接数据可以证实或否决带电部分子即夸克的想法. 但进一步的实验可以. 我们举两个例子, 中微子散射, 极化电子与质子的散射.[①]

我们将讨论中微子与质子的非弹性散射, $\nu + \mathrm{p} \to \mu +$ 任何粒子, 本讲座最后一部分有详细介绍. 我们不了解弱相互作用理论, 也不了解量子电动力学, 但可以用这些实验本身来检验 (例如, 如果相互作用不是点状的四费米子型, 那么标度律就会失效, 具体形式见下), 而假设现在都是正确的, 我们假设与夸克的耦合为 $(\overline{\mu}\gamma_\mu(1+\mathrm{i}\gamma_5)\nu)\left(\overline{Q}'\gamma_\mu(1+\mathrm{i}\gamma_5)Q\right)$, 夸克的量子数从 $\overline{\mathrm{u}}$ 夸克变为 $\cos\theta_c\overline{\mathrm{d}} + \sin\theta_c\overline{\mathrm{s}}$, 其中 θ_c 是 Cabibbo 角, $\sin^2\theta_c \approx 0.06$. 此处讨论比较粗糙, 为简单起见, 我们取 $\theta_c = 0$.

如果我们将 $\overline{\nu}$ 散射为 μ^+, 则只会影响到 u 夸克 (将 u 转为 d) 或 $\overline{\mathrm{d}}$ 夸克 (将 $\overline{d}$ 转为 $\overline{u}$). 所以, 如果流是纯矢量流, 我们就可以只测量 $u + \overline{d}$, 但事实上它是 V-A 流[②]. 对于相对论性粒子, A 与 V 很像 (除了一点, 对于反粒子, A 的符号不变, 而 V 的符号变

① 见附录 B.

② 译者注: V 表示矢量流, A 表示轴矢量流.

反.) 如果我们写出 V-A 流的矩阵元

$$M_{\mu\nu}=\sum\left\langle \mathrm{X}\left|J_{\nu}^{V}-J_{\nu}^{A}\right|\mathrm{p}\right\rangle^{*}\left\langle \mathrm{X}\left|J_{\mu}^{V}-J_{\mu}^{A}\right|\mathrm{p}\right\rangle 2\pi\delta(M_{\mathrm{X}}^{2}-M^{2}-2MV+q^{2}) \tag{9.33.1}$$

类比于电动力学, 按照惯例的一般形式为

$$M_{\mu\nu}=\frac{\pi}{M}\left[4P_{\mu}P_{\nu}W_{2}-4M^{2}\delta_{\mu\nu}W_{1}-2\mathrm{i}\epsilon_{\mu\nu\sigma\lambda}P_{\sigma}q_{\lambda}W_{3}\right] \tag{9.33.2}$$

(省略所有正比于 q_μ 的项, 因为它们仅对粒子 μ, ν 有小影响, 正比于 (μ的质量)^2). W_1, W_2 和电动力学里的一样, 除了它们包含 (几乎相等的)VV 和 AA 项; 新的 W_3 项来自 VA 干涉项. 在标度律区域, νW_2, $2MW_1$, νW_3 标度化为三个函数 $f_2(x)$, $f_1(x)$, $f_3(x)$ ($x=-q^2/2M\nu$). 如果部分子的自旋为 1/2, 那么 $f_2=2xf_1$. 对于夸克模型, 我们有

$$\begin{aligned}
f_1^{\nu\mathrm{p}}&=2(\overline{u}+d\cos^2\theta+s\sin^2\theta)\\
f_1^{\nu\mathrm{n}}&=2(\overline{d}+u\cos^2\theta+s\sin^2\theta)\\
f_1^{\overline{\nu}\mathrm{p}}&=2(u+\overline{d}\cos^2\theta+\overline{s}\sin^2\theta)\\
f_1^{\overline{\nu}\mathrm{n}}&=2(d+\overline{u}\cos^2\theta+\overline{s}\sin^2\theta)\\
f_3^{\nu\mathrm{p}}&=2(\overline{u}-d\cos^2\theta-s\sin^2\theta)\\
f_3^{\nu\mathrm{n}}&=2(\overline{d}-u\cos^2\theta-s\sin^2\theta)\\
f_3^{\overline{\nu}\mathrm{p}}&=-2(u-\overline{d}\cos^2\theta-\overline{s}\sin^2\theta)\\
f_3^{\overline{\nu}\mathrm{n}}&=-2(d-\overline{u}\cos^2\theta-\overline{s}\sin^2\theta)
\end{aligned} \tag{9.33.3}$$

于是我们得到很多关系式, 例如

$$\begin{aligned}
f_1^{\nu\mathrm{p}}-f_3^{\nu\mathrm{p}}&=4(d\cos^2\theta+s\sin^2\theta)\\
f_1^{\nu\mathrm{n}}-f_3^{\nu\mathrm{n}}&=4(u\cos^2\theta+s\sin^2\theta)\\
f_1^{\overline{\nu}\mathrm{p}}+f_3^{\overline{\nu}\mathrm{p}}&=4(\overline{d}\cos^2\theta+\overline{s}\sin^2\theta)\\
f_1^{\overline{\nu}\mathrm{n}}+f_3^{\overline{\nu}\mathrm{n}}&=4(\overline{u}\cos^2\theta+\overline{s}\sin^2\theta)
\end{aligned} \tag{9.33.4}$$

忽略 $\sin^2\theta$, 有

$$\begin{aligned}
4\overline{u}&=f_1^{\nu\mathrm{p}}+f_3^{\nu\mathrm{p}}\quad 4u=f_1^{\overline{\nu}\mathrm{p}}-f_3^{\overline{\nu}\mathrm{p}}\\
4\overline{d}&=f_1^{\nu\mathrm{n}}+f_3^{\nu\mathrm{n}}\quad 4d=f_1^{\overline{\nu}\mathrm{n}}-f_3^{\overline{\nu}\mathrm{n}}
\end{aligned} \tag{9.33.5}$$

$$\int_0^1 (f_1^{\bar{\nu}\mathrm{p}} - f_1^{\nu\mathrm{p}})\mathrm{d}x = 2(2-\cos^2\theta) \approx 2$$
$$\int_0^1 (f_1^{\bar{\nu}\mathrm{n}} - f_1^{\nu\mathrm{n}})\mathrm{d}x = 2(1-2\cos^2\theta) \approx -2$$
$$\int_0^1 (f_3^{\nu\mathrm{p}} + f_3^{\bar{\nu}\mathrm{p}})\mathrm{d}x = -2(-2-\cos^2\theta) \approx -6$$
$$\int_0^1 (f_3^{\nu\mathrm{n}} + f_3^{\bar{\nu}\mathrm{n}})\mathrm{d}x = -2(1+2\cos^2\theta) \approx -6 \tag{9.33.6}$$

第一个是 Adler 求和规则 (不依赖于夸克模型), 第三个最早是由 Llewellyn Smith 和 Gross 导出的.

分布预测

$$\begin{aligned} f_3^{\bar{\nu}\mathrm{p}} - f_3^{\nu\mathrm{p}} &= 2\left(-(u-\overline{u}) + \cos^2\theta(d-\overline{d}) + \sin^2\theta(s-\overline{s})\right) \\ &= -6\left(f^{\mathrm{ep}} - f^{\mathrm{en}}\right) + \sin^2\theta\left((s-\overline{s}) - (d-\overline{d})\right) \end{aligned} \tag{9.33.7}$$

最后一项可能可以忽略, 它对模型给出了详细检验. 如果对此有疑虑, 可以用

$$\begin{aligned} f_3^{\bar{\nu}\mathrm{n}} - f_3^{\nu\mathrm{n}} &= 2\left(-(d-\overline{d}) + \cos^2\theta(u-\overline{u}) + \sin^2\theta(s-\overline{s})\right) \\ &= 6\cos^2\theta(f^{\mathrm{ep}} - f^{\mathrm{en}}) + \sin^2\theta\left((s-\overline{s}) - (d-\overline{d})\right) \end{aligned} \tag{9.33.8}$$

减去前面的关系式来消除最后一项.

知道了 $f_1^{\nu\mathrm{p}}$, $f_1^{\bar{\nu}\mathrm{p}}$, f^{ep}, f^{en}, 我们就可以分别得到 $\overline{u}+u$, $\overline{d}+d$, $\overline{s}+s$, 知道了 $f_3^{\nu\mathrm{p}}$, 我们就能进一步忽略 $\sin^2\theta$ 单独得到 u, $\overline{u}$, d, $\overline{d}$, s, $\overline{s}$.

带自旋的深度非弹性散射

如果在深度非弹性散射中, 电子束和质子是极化的, 我们就能得到更多的信息, 这次是关于在一个极化的质子中, 部分子是怎样极化的. 出于确定性考虑, 我们将假定所有带电部分子的自旋为 1/2 .

对于静止粒子, 可以将自旋说成在某种特定空间的取向 $\boldsymbol{s}$ 来描述其状态. 而相对论性协变的自旋态可以用一个单位四矢量 s_μ 来描述 (变换后的 s 就像极化矢量[①]), s_μ 满

① 译者注: 原文为 “polar vector”, 译为 “极矢量”. 译者认为作者此处想表达的其实是 “polarization vector”, 译为 “极化矢量”, 二者意义截然不同.

足 $s_\mu s_\mu=1$ 和 $s_\mu p_\mu=0$ ($p_\mu=$ 态的动量). 如果将普通的投影算符 $\not{p}+m$ 替换为更完整的算符 $(\not{p}+m)(\mathrm{i}-\mathrm{i}\gamma_5\not{s})/2$ 来投影到自旋态 s_μ，那么在取矩阵元的时候, 我们可以用 spur 算符对态进行遍历求和. 这个 s_μ 是赝矢量. 在

$$W_{\mu\nu}=\sum\langle \mathrm{X}|J_\nu|\mathrm{p}'\rangle^*\langle \mathrm{X}|J_\mu|\mathrm{p}\rangle 2\pi\delta\left(M_\mathrm{X}^2-(P+q)^2\right)$$

的 J_ν 因子中 p 的自旋态不必与 J_μ 因子中的相同; 但我们想求的量对自旋的依赖表现为一个 2×2 矩阵 (密度矩阵), 两个态一进一出. 不过, 如果关于所有态的对角元都已知, 例如, 不仅知道 $\mathrm{p}=\mathrm{p}'=+z$或$-z$ 的, 也知道 $\mathrm{p}=\mathrm{p}'=\mathrm{X}=((+z)+(-z))/\sqrt{2}$ 的 (事实上, 对于我们考虑的情况, 这三种情形再加 $\mathrm{p}=\mathrm{p}'=-\mathrm{X}$ 就足够了), 那么所有的信息都囊括其中. 因此, 我们只考虑各种 s_μ 的对角情形, p的自旋 $=$ p′的自旋 $=s_\mu$. 于是 $W_{\mu\nu}$ 能表示为如下形式:

$$\frac{M}{\pi}W_{\mu\nu}=4P_\mu P_\nu W_2-4M^2\delta_{\mu\nu}W_1+4M\mathrm{i}\epsilon_{\mu\nu\lambda\sigma}q^\lambda\left[M^2s^\sigma G_1+(P\cdot qs^\sigma-s\cdot qP^\sigma)G_2\right] \tag{9.33.9}$$

(忽略正比于 q_μ 或 q_ν 的项) 其中 W_1, W_2 与之前一样, 而 G_1, G_2 是关于 q^2,ν 的两个新函数.

在深度非弹区域, 根据部分子模型, 我们对 G_1, G_2 这两个新函数有怎样的预期呢? 如果部分子具有动量 $p_1=xP$，自旋用 w^μ 表示, 那么到 $p_2=p_1+q$ 的散射可描述为

$$\mathrm{sp}\left((\not{p}_2+m)\gamma_\mu(\not{p}_1+m)(1-\mathrm{i}\gamma_5\not{w})\gamma_\nu\right)/2=2\left(p_{1\mu}p_{2\nu}+p_{1\nu}p_{2\mu}-\delta_{\mu\nu}(p_1\cdot q)+\mathrm{i}m\epsilon_{\mu\nu\lambda\sigma}q^\lambda w^\sigma\right) \tag{9.33.10}$$

例如, 我们选择特定参考系, 其中光子只有 z 分量

$$q=(0,-2Px,0,0)\qquad 2M\nu=4p^2x$$
$$P_\mu=(\varepsilon,P,0,0)\qquad -q^2=4P^2x^2$$

现在, 先假设质子的螺旋度为 $+$, 于是 $s_\mu=(P,\varepsilon,0,0)/M$. 接着, 令

$h_+(x)$ = 在螺旋度为+ 的质子中, 螺旋度为+ 的部分子的数目$\cdot$(电荷)^2

$h_-(x)$ = 在螺旋度为− 的质子中, 螺旋度为− 的部分子的数目$\cdot$(电荷)^2

对于螺旋度为 $+$ 的部分子有 $w^\mu=(P_1,\varepsilon_1,0,0)/m=xMS^\mu/m$, 对于螺旋度为 $-$ 的部分子有 $w^\mu=xMS^\mu/m$. 因此

$$\frac{1}{2\pi}W_{\mu\nu}=\int\frac{1}{\xi}(h_++h_-)(4\xi^2P_\mu P_\nu-2\xi\delta_{\mu\nu}P\cdot q)\delta\left((\xi P+q)^2-m^2-\Delta\right)$$

$$+\int \frac{1}{\xi}(h_+ - h_-)(2\mathrm{i}m\epsilon_{\mu\nu\lambda\sigma}q^\lambda w^\sigma)\delta\left((\xi P-q)^2-m^2-\Delta\right) \tag{9.33.11}$$

在标度律极限下, δ 函数给出 $\delta(\xi-x)/2M\nu$. 第一个积分给出了我们已知的结果 $2MW_1=f(x)=h_+ + h_-$ 以及 $\nu W_2 = xf(x)$. 第二个积分给出了

$$2M^2\nu(G_1-2xG_2)=h_+(x)-h_-(x) \tag{9.33.12}$$

所以函数 G_1-2xG_2 是标度化的.

现在假设质子沿 $+x$ 方向极化, 则对于沿 $+x$ 方向极化的部分子有 $s^\sigma = w^\sigma = (0,0,1,0)$, 对于沿 $-x$ 方向极化的部分子有 $w^\sigma=-s^\sigma$.

$$k_+(x) = \text{在沿}+x\text{ 方向极化的质子中, 沿}+x\text{ 方向极化的部分子的数目}\cdot(\text{电荷})^2$$
$$k_-(x) = \text{在沿}-x\text{ 方向极化的质子中, 沿}-x\text{ 方向极化的部分子的数目}\cdot(\text{电荷})^2$$

我们得到了式 (9.33.11) 那种类型的表达式, 只不过将其中的 h_+ 替换为 k_+, h_- 替换成 k_-, 由此得到

$$2M^3\nu G_1+2M^2\nu^2G_2 = m\left(k_+(x)-k_-(x)\right)/x \tag{9.33.13}$$

所以函数 $2M^3\nu G_1+2M^2\nu^2G_2$ 是标度化的.

于是从式 (9.33.12) 和式 (9.33.13) 得到, $M^2\nu^2G_2$ 和 $M^3\nu G_1$ 都是标度化的, 我们令 $M^2\nu G_1 = g_1(x)$, $M\nu^2G_2=g_2(x)$. 这些是有自旋情况的标度律预言. 相对而言, 式 (9.33.12) 中的 G_2 项可以忽略 (量级为 $1/\nu$ 的因子乘以 G_1 中的项). 于是有

$$2g_1(x)=h_+(x)-h_-(x) \tag{9.33.14}$$

$$2\left(g_2(x)+g_1(x)\right)=k_+(x)-k_-(x) \tag{9.33.15}$$

$$h_+ + h_- = k_+ + k_- = f(x)$$

当然, 这些新函数 g_1, g_2 无法从 $f(x)$ 中得到, 因为涉及到新的分布, 具有各种自旋的部分子的数目是各种螺旋度的态, 所以即使用了夸克模型等特殊模型, 我们除了能得到标度律, 其他什么也得不到. 不过, 在该模型中, 我们可以得到令人瞩目的 Bjorken 求和规则.

使用质子波函数 (由部分子描述), 我们不仅可以得到深度非弹性散射的标度律预测, 还可以像其他波函数那样, 写出各种算符在其中的期望值. 之前我们将 j_μ 写成算符形式 $\sum_{\text{夸克}} e_i\gamma_\mu$, 并将质子总电荷表示为 $\int_0^1\left[\frac{2}{3}(u-\overline{u})-\frac{1}{3}(d-\overline{d})-\frac{1}{3}(s-\overline{s})\right]\mathrm{d}x$ 时, 其实我们就已经平庸地在这样做了.

现在, 我们来讨论一个稍微不那么平庸的算符, 即 $\mathrm{p}\to\mathrm{n}$ 变化中的 β 衰变轴算符. 它被经验性地写成 $\langle \mathrm{p}|J_{A\mu}^{+}|\mathrm{n}\rangle = \mathrm{i}(\overline{u}_{\mathrm{p}}\gamma_\mu\gamma_5 u_{\mathrm{n}})(G_A/G_V)$, 实验上 $G_A/G_V=1.23\pm0.02$. 理论方面, 在夸克模型中, 算符 $J_{A\mu}^{+}$ 是 $\tau^{+}\gamma_\mu\gamma_5$ 对夸克的遍历求和 (τ^{+} 是同位旋上升算符). 如果我们转而考虑同位旋的第三分量, 可以使用关系式

$$\langle \mathrm{p}|J_{A\mu}^{3}|\mathrm{p}\rangle = \left\langle \mathrm{p}\left|\sum_{\text{夸克}\,i}\tau^{3}\gamma_\mu\gamma_5\right|\mathrm{p}\right\rangle = \overline{u}_{\mathrm{p}}\gamma_\mu\gamma_5 u_{\mathrm{p}}(G_A/G_V)(1/2)$$

对一个以动量 P 高速向右运动、自旋为 s^σ 的质子, 我们计算等式两边, 通过 sp 算符对质子态求和并正确投影. 等式左边有对应的夸克求和, 因此

$$\text{总的 sp}\left[(\not p+m)(1-\mathrm{i}\gamma_w \not w)\gamma_5\gamma_\mu\right] = \frac{1}{2}(G_A/G_V)\mathrm{sp}\left[(\not p+M)(1-\mathrm{i}\gamma_5\not s)\gamma_5\gamma_\mu\right] = \sum m w^\mu$$

对 u、$\overline{u}$ 以权重 1/2 求和, 对 d、$\overline{d}$ 以权重 $-1/2$ 求和, 最终 $=(G_A/G_V)s^\sigma M/2$. 现在等式左边的求和刚好是 $2g_1$ (或 $2(g_1+g_2)$, 取决于自旋的具体情况) 对 x 的积分, 这正是我们在深度非弹性 e-p 散射中需要的, 只是后者的权重因子不同, 那里对于质子, u、$\overline{u}$ 的权重为 4/9, d、$\overline{d}$ 的权重为 1/9, s、$\overline{s}$ 的权重为 1/9 (或者对于中子, u、$\overline{u}$ 为 1/9, d、$\overline{d}$ 为 4/9, s、$\overline{s}$ 为 1/9), 而这里我们想要 u、$\overline{u}$ 为 1/2, d、$\overline{d}$ 为 $-1/2$. 但是对于质子和中子的 g_1 函数即 $g_{1\mathrm{p}}$ 和 $g_{1\mathrm{n}}$ 之差, u、$\overline{u}$ 的权重因子为 1/3, d、$\overline{d}$ 的为 $-1/3$, 或我们想要的 2/3. 因此, 对于两种极化情况我们有

$$2\int_0^1 (g_{1\mathrm{p}}-g_{1\mathrm{n}})\mathrm{d}x = \frac{1}{3}\left(\frac{G_A}{G_V}\right) \tag{9.33.16}$$

$$2\int_0^1 (g_{1\mathrm{p}}-g_{1\mathrm{n}}+g_{2\mathrm{p}}-g_{2\mathrm{n}})\mathrm{d}x = \frac{1}{3}\left(\frac{G_A}{G_V}\right) \tag{9.33.17}$$

(式 (9.33.16) 是 Bjorken 关系式). 从这两式我们得出 $\int_0^1(g_{2\mathrm{p}}-g_{2\mathrm{n}})\mathrm{d}x=0$. 这个结果仅仅源自 z 方向极化与 x 方向极化两种情况下系数相等, 不管权重是多少, 都必须相等; 因此我们能分别得出 $\int_0^1 g_{2\mathrm{p}}\mathrm{d}x=0$ 和 $\int_0^1 g_{2\mathrm{n}}\mathrm{d}x=0$, 即

$$\int_0^1 g_2\mathrm{d}x=0, \tag{9.33.18}$$

这是旋转对称的结果 (角动量守恒).

第一个关系式更令人瞩目, 可以同时检验夸克观点, 以及对 $\gamma_\mu(1+\mathrm{i}\gamma_5)$[①]作为弱相互作用流的理解, 不仅对基本粒子 e, ν_e, μ, ν_μ, 也对基本组分夸克 (或带有夸克量子数的自旋为 1/2 的部分子). 该结论的证实或证伪, 对未来高能理论物理的发展方向具有决定性影响.

① 译者注: 原文误为 $\gamma_\mu(1+\mathrm{i}\nu_5)$.

第 10 章

部分子模型的检验

第 34 讲

部分子波函数中的角动量

方程 $\int_0^1 g_2 \mathrm{d}x = 0$ 是关于质子与部分子角动量 (两者自旋均为 1/2) 的. 这个方程揭示了角动量和部分子波函数 (关于 x 和横向动量 $k_\perp$ 的函数) 的关系. 这些函数对横向动量 $k_\perp$ 的依赖关系是未知的, 并且是一个有趣的理论问题. 通过研究部分子波函数的角动量特性, 可以获得关于此问题 (或其他相关问题) 的任何信息吗? 例如, 质子的总角动量为 1/2 的事实对波函数有何约束? 或者, 假定螺旋度为 +3/2 的 Δ 粒子的部分子概率分布 $f(x)$ 已知, 则能对螺旋度为 +1/2 的 Δ 粒子的分布做出怎样的预言?

其他检验部分子模型的实验 (Drell)

Drell 提出了另一个可以通过部分子分布作出预言的实验. 在这个实验中, 我们仍使用部分子图像的夸克模型来描述这个思想, 当然这个思想也可以用其他形式的部分子图像以同样的方式进行分析. 考虑的反应过程为 $\mathrm{p}+\mathrm{p}\to\mu^+\mu^-+\mathrm{X}$ (X 代表任意粒子), 即质子与质子 (或质子与反质子 $\mathrm{p}+\bar{\mathrm{p}}$) 在很高的 s (例如考虑质心系动量 P 很大的情形) 产生一个能量与 P 成正比的 $\mu^+\mu^-$ 对 (当 $P\to\infty$ 时, 其动量的 z 分量与 P 为同阶量). 过程的示意图如图 10.1 所示.

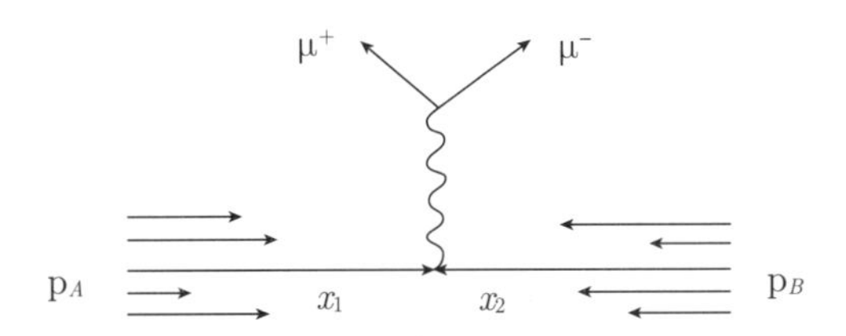

图10.1

μ 子对是由质子 A 中的一个部分子和质子 B 中的一个反部分子湮灭而产生的, 其他部分子则产生末态强子即"任意粒子". 通过适当选取 μ 子的能量和 (z 方向) 动量, 我们可以确定湮灭部分子对的 x_1 和 x_2. (因此, 如果在质心系中碰撞的质子动量为 P, 并且 μ 子的能量和 z 方向总动量分别为 ε 与 p_z, 由动量和能量守恒定律我们可以得到

$$Px_1-Px_2=p_z;\quad Px_1+Px_2=\varepsilon$$

$$Px_1=(\varepsilon+p_z)/2P,\quad Px_2=(\varepsilon-p_z)/2P$$

实验中, 沿大角度方向测量 μ 子对是最容易的 (其角分布为 $1+\cos^2\theta$), 因为此处的 μ 子对强度不会损失很大, 且能避开主要沿 z 方向运动的背景强子. 但是, 如果选择沿着 $\theta=0$ 方向测量 μ 子对, 则两个 μ 子的动量可直接由 Px_1 和 Px_2 给出, 因为在这种相对论粒子的一维碰撞中, 末态粒子的动量与入射粒子的动量完全相同.

由相对论粒子对湮灭的反应截面 $(e^4(1+\cos^2\theta)/16\varepsilon^2)$ 乘以找到恰当的部分子湮灭的概率 C, 可以给出此过程的反应截面; 例如对于 p+p, 如果部分子为夸克, 则概率为

$$C=\frac{4}{9}(u(x_1)\overline{u}(x_2)+\overline{u}(x_1)u(x_2))+\frac{1}{9}\left(d(x_1)\overline{d}(x_2)+\overline{d}(x_1)d(x_2)\right)$$
$$+\frac{1}{9}(s(x_1)\overline{s}(x_2)+\overline{s}(x_1)s(x_2)) \tag{10.34.1}$$

当然, 为了使这个模型有效, 需要避免在“软”区域, 即 P 必须足够大, 使得 Px_1 和 Px_2 大于 1 GeV 的量级. 人们可能会考虑到, 反应的初态 $|P\rangle|P\rangle$ 并非稳定态, 因为质子会通过强相互作用而发生散射. 因此, 在湮灭成 μ 子对之前, 部分子的分布有可能首先受到“强”相互作用的干扰. 但是, 我们最终明白: 在这种意义下, “强相互作用”并非那么强——在强子–强子碰撞中, 相互作用的不是快部分子, 而是“软”部分子. 这也适用于在非常高能量的强子碰撞中的低动量转移与标度性——只要避开这些“软”区域 (在有限能量下的相互作用, 而非与 P 同量级), 那么我们几乎就可以将部分子当作自由粒子 (因 $P\to\infty$).

显然, 有了足够多的实验数据, 我们就可以检验公式 (10.34.1) 的形式是否成立——或者如果我们从中微子散射实验中得到 u, $\overline{u}$ 等, 我们可以直接对其进行检验.

第 35 讲

$\mathrm{p}+\mathrm{p}\to\mu^+\mu^-+\mathrm{X}$ (续)

Gronau 曾指出, 即使只利用我们现有的数据, 也可以在一个区域中计算因子 C. 如果 x_1 很小, 我们知道所有函数 u、$\overline{u}$、d 和 $\overline{d}$ 有 α/x_1 的变化行为, 其中 α 是一个常数, 而函数 s 与 $\overline{s}$ 的变化行为可用 α_s/x_1 表示, 其中 α_s 与 α 近似相同 (但不一定完全等同, 即有 $\alpha_s=\alpha-\beta$, 其中 β 为很小的量; SU_3 理论认为 $\alpha_s=\alpha$, 但这是不严格的). 首先我们考虑 $\beta=0$ 的情形, 然后再来考察 $\beta\neq 0$ 的效应. 在该区域 $(\alpha=0.24)$, 我们有

$$C=\frac{\alpha}{x_1}\left[\frac{4}{9}(u(x_2)+\overline{u}(x_2))+\frac{1}{9}\left(d(x_2)+\overline{d}(x_2)\right)+\frac{1}{9}(s(x_2)+\overline{s}(x_2))\right] \tag{10.35.1}$$

我们知道最后一个因子就是 $f^{\text{ep}}(x)$, 即我们知道的质子的 $2MW_1$, 因此在该区域我们获得因子 C 的预言值. 这表明 Drell 的实验可以作为各种形式部分子模型的一个检验——我们期待它能够成为一个有趣的实验.

如果 β 不等于零, 我们得到

$$C=\frac{0.24}{(1-\beta/6)x_1}\left[f^{\text{ep}}(x_2)-\frac{\beta}{9}(s(x_2)+\overline{s}(x_2))\right]$$

在这里任何合理的 β 值的影响都很小. 例如, 对于小的 x_1 和 x_2, 有

$$C=\frac{4}{3}\frac{(0.24)^2}{x_1x_2}\left[1+5(\frac{\beta}{6-\beta})^2\right]$$

可以看出其对 β 的依赖性非常弱.

以类似的方式, 我们可以描述质子与反质子反应的情形, 反应式为: $\mathrm{p}+\overline{\mathrm{p}}\to\mu^+\mu^-+$ 任意粒子. 该反应的概率因子为

$$\begin{aligned}C'=&\frac{4}{9}(u(x_1)u(x_2)+\overline{u}(x_1)\overline{u}(x_2))+\frac{1}{9}\left(d(x_1)d(x_2)+\overline{d}(x_1)\overline{d}(x_2)\right)\\&+\frac{1}{9}(s(x_1)s(x_2)+\overline{s}(x_1)\overline{s}(x_2))\end{aligned}\tag{10.35.2}$$

最后, 如果我们确定了质子的分布函数 u 和 $\overline{u}$ 等信息, 则可以通过反应 (虽较难获得足够的能量) $\pi+\mathrm{p}\to\mu^+\mu^-+\mathrm{X}$ 来确定 π 介子的相应 $u_x(x)$ 和 $\overline{u}_x(x)$ 等函数, 该反应的概率因子为

$$\begin{aligned}C_\pi=&\frac{4}{9}(u_{\text{p}}(x_1)\overline{u}_\pi(x_2)+\overline{u}_{\text{p}}(x_1)u_\pi(x_2))+\frac{1}{9}\left(d_{\text{p}}(x_1)\overline{d}_\pi(x_2)+\overline{d}_{\text{p}}(x_1)d_\pi(x_2)\right)\\&+\frac{1}{9}(s_{\text{p}}(x_1)\overline{s}_\pi(x_2)+\overline{s}_{\text{p}}(x_1)s_\pi(x_2))\end{aligned}\tag{10.35.3}$$

强子的电子对产生

Drell 还提出了另一个可能得出部分子特征的基本实验. 这就是高能反应过程: $\mathrm{e}^+\mathrm{e}^-\to\mathrm{X}$ (X 代表任意强子)①. 我们期望该反应产生一些自旋为 1/2、电荷为 e_i 的部分子对, 这样有②

$$\frac{\mathrm{d}\sigma}{\mathrm{d}\Omega}=e_i^2\frac{e^4}{4q^2}(1+\cos^2\theta),\quad \sigma=e_i^2\frac{4\pi e^4}{3q^2}=\left(\frac{e_i}{e}\right)^2\sigma_0\tag{10.35.4}$$

① 译者注: 改进了原文对反应式的表达.

② 译者注: 下式中的第二个公式的第二个等号在原文中没有, 来自于后面一个行内公式.

其中 σ_0 是自旋为 1/2 的对产生截面, 例如 $\mathrm{e^+e^-}\to\mu^+\mu^-$. 现在这一对粒子将转变成强子——如果能量足够高, 其能量接近于部分子对的虚态能量. 因此, 如果存在着一定数量的带电荷 e_1 和 e_2 等不同种类的部分子对, 则总截面 $\sigma_{\mathrm{e^++e^-}\to\mathrm{X}}$ (X 代表强子) 为每种部分子对产生截面的总和:

$$\frac{\sigma(\mathrm{e^+e^-}\to\mathrm{X})}{\sigma(\mathrm{e^+e^-}\to\mu^+\mu^-)}=\sum_i e_i^2 \tag{10.35.5}$$

我们看到, 该比率为一个常数, 其值等于存在的每种类型部分子的电荷的平方和. 如果有任何自旋为 0 的部分子, 将最多贡献一个 1/4 因子 (例如, 每个自旋为 0 的部分子贡献 $e^2/4$). 我们将该值 $D=\sum_i e_i^2$ 称为"Drell 常数".

例如, 对于部分子是夸克, 我们预期该常数为 $D=\sum_i e_i^2=4/9+1/9+1/9=2/3$. 如果部分子带有整数单位的电荷且自旋为 1/2, 则总和必须至少为 1. 在部分子是夸克的情况下, 我们将遇到曾经使我们放弃的困惑: 一对电荷为 $\pm 2/3$ 且背向运动的部分子如何转变成带有整数单位电荷的强子. 或许存在某种途径可以从部分子对的"软海洋"中获得所需的夸克[①]作为补充. 但人们也许可以合理地质疑上述论点是否完全清楚, 因为这里假设了部分子态完全转变成了强子态. 这样忽略带有夸克量子数的态的处理方法真的自洽吗? 如果从实验中得出比率正是 2/3, 那么这将是最吸引人的结果, 因为这样一个简单答案背后的理论问题是很有意思的. 我想一个值得做的练习是: 先假设结果为 2/3, 然后检查是否存在矛盾需要克服 (如果有的话).

正如我们在前面 (见第 5 讲) 理论上的讨论, 依赖于 q^2 ($q^2=4E^2, E$ 是质心能量) 的总截面 $\sigma(\mathrm{e^+e^-}\to\mathrm{X}$, X 代表任意强子)[②]决定了流乘积的真空期望值

$$\langle 0|\,J_\mu(-q)J_\nu(q)\,|0\rangle=(q_\mu q_\nu-\delta_{\mu\nu}q^2)\theta(q_0)p(q^2) \tag{10.35.6}$$

其中

$$\sigma=\frac{(4\pi e^2)^2}{2q^2}p(q^2)$$

虚强子与虚光子的真空散射由下式确定:

$$\mathrm{F.T.}\langle 0|\,\{J_\mu(1)J_\nu(2)\}_T\,|0\rangle=(q_\mu q_\nu-\delta_{\mu\nu}q^2)v(q^2)$$

其中色散理论告诉我们 $\mathrm{Im}(\mathrm{i}v)=\dfrac{1}{2}p(q^2)$,

$$4\pi e^2\mathrm{i}\left[v(q^2)-v(0)\right]=\frac{q^2}{\pi(4\pi e^2)}\int_{4m\pi^2}^{\infty}\frac{\sigma(s)\mathrm{d}s}{s-q^2} \tag{10.35.7}$$

① 译者注: 其实就是海夸克.

② 译者注: 改进了原文对反应式的表达.

因子 (1+ 上面的量) 必须乘以光子传播子 $1/q^2$ 才能获得虚强子的一阶效应, 即①

$$\text{(had)} = \frac{1}{q^2} 4\pi e_i^2 [v(q^2) - v(0)]$$

对于低能标下的检验, 如对 Lamb 移位的影响, 则仅取决于最低阶的 q^2 或 $\mathrm{i}v'(0)$, 即 $\int \sigma s^{-1}\mathrm{d}s$.

现在我们可以对此进行详细的探讨, 因为在 $(2m_\pi)^2$ 至刚超过 1 GeV^2 的区域, ρ、ω、 ϕ 介子的产生截面占有主导地位. 也许对于较大的 q^2, $p(q^2)$ 将迅速降至 $D/6\pi$. 尽管有人会认为我们可能必须越过核子对的产生, 但事实可能并非如此. 软粒子的产生可能在所有能标下都占据主导地位, 并且更迅速地达到其渐近值.

A. Cisneros 计算了各种强子对 $\mathrm{i}v'(0)$ 的贡献. 在合理假设 Drell 常数和 q^2 的值使 $p(q^2)$ 达到渐近值的情况下, ρ、 ω 和 ϕ 的贡献可以比大 q^2 的贡献大十倍.

从 $\mathrm{e}^+\mathrm{e}^-$ 对撞的数据我们可以直接得到 ρ 的贡献. 将数据代入公式

$$\mathrm{i}v'(0) = \frac{1}{\pi(4\pi e^2)^2}\int_{4m\pi^2}^{\infty}\frac{\sigma(q^2)}{q^2}\mathrm{d}q^2 \tag{10.35.8}$$

从而得到

$$\mathrm{i}v'_\rho(0) = (5.5 \pm 0.5)\times 10^{-2}\,\mathrm{GeV}^{-2} \tag{10.35.9}$$

(这里使用的是 π 介子形状因子的数据, 从而我们就几乎可得到反应过程 γ(虚) → ρ → 强子中的所有项. 即使当 $q^2 = (0.8\ \mathrm{GeV})^2$, 4π 的非弹性项贡献也很小).

我们假设 VDM, 此模型对 ω 和 ϕ 介子过程是有效的. 这样矢量介子 $V = \omega$ 或 ϕ 的贡献是

$$p(q^2) = \frac{2}{g_V^2}\frac{\Gamma_V}{m_V}\frac{m_V^4}{(q^2 - m_V)^2 + \Gamma_V^2 m_V^2} \tag{10.35.10}$$

从关系 $\mathrm{Im}\,(\mathrm{i}v(q^2)) = \dfrac{1}{2}p(q^2)$ 我们推导出

$$\mathrm{i}v_V(q^2) = \frac{1}{g_V^2}\frac{m_V^2}{(q^2 - m_V^2) - \mathrm{i}\Gamma_V m_V} \tag{10.35.11}$$

对于非常窄的共振态 (这对 ω 和 ϕ 介子是一个很好的近似), 我们有 $p(q^2) = m_V^2 g_V^{-2} 2\pi\delta(q^2 - m_V^2)$, 这样 $\mathrm{i}v'(0)$ 的值简化为

$$\mathrm{i}v'(0) = g_V^{-2} m_V^{-2} \tag{10.35.12}$$

对于 ρ 介子此公式给出 $\mathrm{i}v'_\rho(0) = 5.3\times 10^{-2}\,\mathrm{GeV}^{-2}$, 与上面直接使用数据获得的结果非常一致. 因此 ω 和 ϕ 介子的贡献为

$$\mathrm{i}v'_\omega(0) = (0.7 \pm 0.1)10^{-2}\,\mathrm{GeV}^{-2} \tag{10.35.13}$$

① 译者注: 下式是原文给出的, 可能缺少一项.

$$\mathrm{i}v'_{\phi}(0) = (0.57 \pm 0.06)10^{-2}\,\mathrm{GeV}^{-2} \tag{10.35.14}$$

现在, 我们来估计一下 $p(q^2)$ “尾部” 的贡献. 假设它在 $q^2 = q_0^2$ 已达到渐近值 $D/6\pi$

$$\mathrm{i}v'_{\mathrm{t}}(0) = \frac{1}{2\pi}\int_{q_0^2}^{\infty} \frac{D}{6\pi}\frac{\mathrm{d}q^2}{q^4} = \frac{D}{12\pi^2}\frac{1}{q_0^2} \text{①} \tag{10.35.15}$$

这里给出 $\mathrm{i}v'_{\mathrm{t}}(0) = 0.84 \times 10^{-2} D q_0^{-2}$. 如果 q_0^2 低至 $1\,\mathrm{GeV}^2$ 且 D 为夸克值 2/3, 我们得到 $\mathrm{i}v'_{\mathrm{t}}(0)$ 值为 $0.56 \times 10^{-2}\,\mathrm{GeV}^{-2}$. 在此我们认为非矢量介子的实际贡献不会比此大很多, 可以将其不确定性定为 100%. 将所有贡献总和起来, 我们最终得到

$$\mathrm{i}v'_{强子}(0) = (7.3 \pm 1.1) \times 10^{-2}\,\mathrm{GeV}^{-2}$$

这个值相应为对 μ 子磁矩 $(g-2)/2$ 贡献值 $(5.5 \pm 0.7) \times 10^{-8}$ 作出的修正.

为了进行比较, 我们在这里给出 μ 子的 $\mathrm{i}v'(0)$ 值为 $[4\pi^2 15 M_{\mu}^2]^{-1} = 15.3 \times 10^{-2}\,\mathrm{GeV}^{-2}$, 因此强子的贡献约为其值的一半.

在远离 $q^2 \approx 0$ 的区域, $p(q^2)$ 的 “尾部” 对 $\mathrm{i}(v(q^2) - v(0))$ 的贡献随着矢量介子贡献的下降而增长, 因此不确定性会更大.

部分子模型的另一个有趣的预言是高能 $\mathrm{e}^+\mathrm{e}^-$ 碰撞中强子产物的角分布.

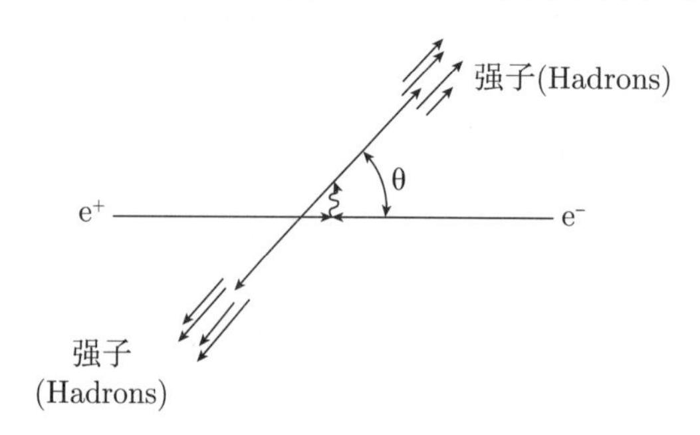

图10.2

我们期望碰撞产生的自旋为 1/2 的部分子的角分布具有 $(1 + \cos^2\theta)$ 的形式, 假设足够高能量的部分子沿着 θ 角产生出来, 则最终观察到的强子相对于 θ 方向具有较小的横动量. 在实验上可以通过两束沿着相反方向运动的强子确定 θ 角的值. 如果同时还有自旋为 0 的带电部分子产生, 则其角分布为

$$D_{1/2}(1 + \cos^2\theta) + \frac{1}{2}D_0(1 - \cos^2\theta)$$

其中, $D_{1/2}$ 和 D_0 分别是自旋为 1/2 和自旋为 0 部分子的 Drell 常数. 对于夸克, 期望的角分布当然具有 $(1 + \cos^2\theta)$ 的形式.

① 译者注: 下标 t 表示 “尾部”, 原文没有说明.

第 11 章

非弹性散射作为算符的性质

第 36 讲

非弹性 e-p 散射的算符性质

现在我们回到在本讲座第 1 讲中特别阐述的一种观点: 对流算符 $J_\mu(1)$ 性质的测量可以得到强子的电动力学性质. 例如, 在那里我们预期: 如果 1, 2 在彼此的光锥之外, 那么对易子 $[J_\nu(2), J_\mu(1)]$ 将是零. 二阶相互作用由二阶算符 $V_{\nu\mu}(2,1)$ 的矩阵元来描述, 这个二阶算符可以表达为一阶算符 J_μ 的编时乘积 (记作 $\{J_\nu(2)J_\mu(1)\}_T$).

我们已经看到, e-p 散射可以测量下面的函数

$$K_{\nu\mu}(q)=\sum_{x}\langle p|J_{\nu}(-q)|x\rangle\langle x|J_{\mu}(q)|p\rangle\ 2\pi\delta\left(M_x^2-(p+q)^2\right)$$

我们现在以更抽象的方式来考虑这个问题. 首先, 我们注意到, 如果假设态 p 和态 x 包含它们的质心动量因子, 那么就不需要 $2\pi\delta(M_x^2-(p+q)^2)$ 了, 因为现在以 x' 表示以动量 p 运动的质量为 M_x 的态. 于是得到

$$K_{\nu\mu}(q)=\sum_{所有x'}\langle p|J_{\nu}(-q)|x'\rangle\langle x'|J_{\mu}(q)|p\rangle$$

利用完备性关系, 上式变成①

$$K_{\nu\mu}(q)=\langle p|J_{\nu}(-q)J_{\mu}(q)|p\rangle$$

因此 $K_{\nu\mu}$ 是质子态中两个算符乘积的期望值.

我们仅在 $q^2<0$ 时对函数 $K_{\nu\mu}$ 进行了测量, 但是对于 $q^2>0$, 函数 $K_{\nu\mu}$ 也是存在的 (从理论上说, 无论对于正的 q^2 还是负的 q^2, 函数 $K_{\nu\mu}$ 都是一个整体). 然而, 对于正的 q^2, 还有一个小的技术要点. 我们希望改变 $K_{\nu\mu}$ 的定义, 因为我们不希望如图 11.1 的图出现 (这种图完全不影响质子).

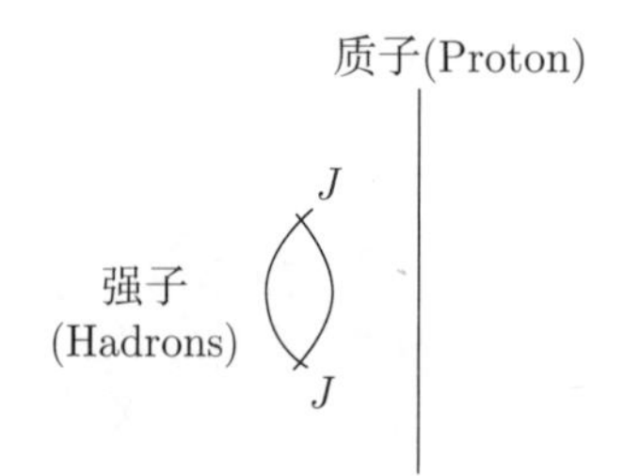

图11.1

因为算符乘积的非对角矩阵元 $\langle p'|J_{\nu}(-q')J_{\mu}(q)|p\rangle$ 不存在与上图相关的项, 所以, 为了得到算符乘积矩阵元的一个合理且实用的定义, 我们应该将 $K_{\nu\mu}$ 定义为 $\langle p'|J_{\nu}(-q')J_{\mu}(q)|p\rangle$ 在 $p'\to p$ 时的极限. 如果明确地扣除上述类型的非连通图的贡献, 我们也可以得到相同的结果. 于是我们可以得到②

$$K_{\nu\mu}(q)=\langle p|J_{\nu}(-q)J_{\mu}(q)|p\rangle-\langle 0|J_{\nu}(-q)J_{\mu}(q)|0\rangle\langle p|p\rangle \tag{11.36.1}$$

如果将末态的 p 改变一个小量成为 p', 那么由式 (11.36.1) 定义的表达式是连续的.

① 译者注: 在等号的左边, 原文误为 $K_{\mu\nu}(q)$.

② 译者注: 在等号的左边, 原文误为 $K_{\mu\nu}(q)$.

出于理论上的目的, 除了电磁流以外, 我们还希望考虑其他各种流, 比如可以推广到八重态 (或九重态) 中各种 SU_3 流 (即具有不同荷的流) 和轴矢流. 在一般讨论中, 为了书写方便, 我们将这些指标 ("SU_3" 和 "轴") 与空间指标 μ、ν 都包含在单个字母 A 中 (比如记 $J_\mu(1)=A(1)$, 等等), 而在最后我们总可以把这些指标补回来. 于是, 如果 A 是我们允许的集合中的任意一个算子 (比如, SU_3 八重态或者可能的单态中的矢量或者轴矢量定域流), 那么我们可以写出 (很明显, 可以立即对对角的质子态作推广. 我们把这个推广留给学生完成.)

$$K_{BA}(q)=\langle p|B(-q)A(q)|p\rangle-\langle 0|B(-q)A(q)|0\rangle\langle p|p\rangle \tag{11.36.2}$$

最后, 为了简单起见, 我们将省略上式中的最后一项, 但是必须记住, 这一项对于对角的矩阵元来说总是存在的.

K_{BA} 是两个算符乘积的对角矩阵元. 显然, 我们可以在空间中定义一个相应的量:

$$K_{BA}(2,1)=\langle p|B(2)A(1)|p\rangle$$

由于对角元 K 只依赖于差值 $x_{2\mu}-x_{1\mu}$ 或 $2-1$, 因此它的 Fourier 变换是 $K_{BA}(q)$. 在质子静止系中 (其他参考系可以通过相对论变换得到), 我们将 q 的分量明确记为 $q=(\nu,\boldsymbol{Q})$. 于是有 ($|p\rangle$ 是静止态)

$$\begin{aligned}K_{BA}(\nu,\boldsymbol{Q})&=\langle p|B(-\nu,-\boldsymbol{Q})A(\nu,\boldsymbol{Q})|p\rangle\\&=\sum_{\text{所有}x}\langle p|B(-\boldsymbol{Q})|x\rangle\frac{1}{2E_x}\langle x|A(\boldsymbol{Q})|p\rangle\delta(E_x-E_p-\nu)\end{aligned} \tag{11.36.3}$$

因为 K 是乘积算符, 我们可以由此得出对易子以及编时算符, 它们在散射中都是非常有用的.

需要指出的是, 在我们所讨论的情形中 (在质子静止系中), 质子是所有重子数为 1 的态中质量最小的 (A 不改变重子数), 所以 $E_x>E_p$ 适用于所有的态 x. 因此, 如果 $\nu<0$, 那么式 (11.36.3) 中的 δ 函数为零 (如果 $\nu<0$, 那么 $A(\nu,\boldsymbol{Q})|p\rangle$ 不会产生任何态), 于是得到 ($|p\rangle$ 是静止态)

$$K_{BA}(\nu,\boldsymbol{Q})=0\quad \text{如果 } \nu<0 \tag{11.36.4}$$

现在, 对易子的矩阵元可以定义为

$$C_{BA}(2,1)=\langle p|\,[B(2),A(1)]\,|p\rangle=K_{BA}(2,1)-K_{AB}(1,2)$$

所以它的 Fourier 变换满足

$$C_{BA}(\nu,\boldsymbol{Q})=K_{BA}(\nu,\boldsymbol{Q})-K_{AB}(-\nu,-\boldsymbol{Q}) \tag{11.36.5}$$

我们注意到，通过式 (11.36.4)，可以从 C 得到 K，反之亦然. 于是有

$$K_{BA}(\nu,\boldsymbol{Q}) = C_{BA}(\nu,\boldsymbol{Q}) \quad 当\ \nu > 0 \tag{11.36.6}$$

以及 $C_{BA}(-\nu,-\boldsymbol{Q}) = -C_{AB}(\nu,\boldsymbol{Q})$.

因此，测量 $K_{BA}(\nu,\boldsymbol{Q})$ 就是在测量两个流的对易子的 Fourier 变换.

我们将立即讨论这个有趣结论的后果，但在此之前，我们希望通过这些方程导出散射振幅的一些公式，这在稍后的讲座中将会用到. 正如我们已经讨论过的，与 $J(1)$ 或说 $A(1)$ 耦合的入射光子 (虚的或实的) 到与 B 耦合的出射光子的散射振幅由下面的算符决定，

$$V_{BA}(2,1) = \{B(2)A(1)\}_T + \text{“海鸥”项} \tag{11.36.7}$$

我们稍后再讨论“海鸥”项的影响 (如果有“海鸥”项的话，应该是 $\delta(2-1)$ 类型的项)，而目前我们先忽略它们.

$$\{B(2)A(1)\}_T = \theta(t_2-t_1)B(2)A(1) + \theta(t_1-t_2)A(1)B(2)$$

如果我们对动量为 q 的光子在质子上的向前散射振幅 $T_{BA}(q)$ 特别感兴趣，那么我们需要如下的 Fourier 变换

$$-\mathrm{i}T^F_{BA}(\nu,\boldsymbol{Q}) = \mathrm{F.T.}\,[\theta(t_2-t_1)B(2)A(1) + \theta(t_1-t_2)A(1)B(2)] \tag{11.36.8}$$

(上标 F 表示：负频率虚部的符号选择沿用 Feynman 在他的 QED 论文中的约定. 还有另一种经常用到的选择，称为因果振幅，记为 T^C_{BA}.)

我们将 $\theta(t_2-t_1)$ 的 Fourier 变换 $\mathrm{i}/(\nu+\mathrm{i}\varepsilon)$ 与 $B(2)A(1)$ 的 Fourier 变换 $K_{BA}(\nu,\boldsymbol{Q})$ 进行卷积，就得到了式 (11.36.8) 里第一项的 Fourier 变换. 同样，式 (11.36.8) 里第二项的 Fourier 变换是 $-\mathrm{i}/(\nu-\mathrm{i}\varepsilon)$($\theta(t_1-t_2)$ 的 Fourier 变换) 和 $K_{AB}(-\nu,-\boldsymbol{Q})$ 的卷积. 于是得到

$$T^F_{BA}(\nu,\boldsymbol{Q}) = \int \left[\frac{1}{\nu'-\nu-\mathrm{i}\varepsilon}K_{BA}(\nu',\boldsymbol{Q}) - \frac{1}{\nu'-\nu+\mathrm{i}\varepsilon}K_{AB}(-\nu',-\boldsymbol{Q})\right]\frac{\mathrm{d}\nu'}{2\pi} \tag{11.36.9}$$

利用公式 $\dfrac{1}{\nu'-\nu\mp\mathrm{i}\varepsilon} = \mathrm{P}\dfrac{1}{\nu'-\nu} \pm \mathrm{i}\pi\delta(\nu'-\nu)$ 可以得到

$$T^F_{BA}(\nu,\boldsymbol{Q}) = \int \left(\mathrm{P}\frac{1}{\nu'-\nu}\right) C_{BA}(\nu',\boldsymbol{Q})\frac{\mathrm{d}\nu'}{2\pi} + \frac{\mathrm{i}}{2}\mathrm{sgn}(\nu)C_{BA}(\nu,\boldsymbol{Q}) + \sigma_{BA} \tag{11.36.10}$$

$$\mathrm{sgn}(\nu) = \begin{cases} +1, & \nu > 0 \\ -1, & \nu < 0 \end{cases}$$

在上式中, 我们已经明确加上了可能存在的“海鸥”项 σ_{BA}, 它只是一个关于 ν 和 $\boldsymbol{Q}$ 的未知的 (有限阶) 多项式. 因此, 除了这个多项式以外, 散射振幅可以通过对易子得到.

对于负 ν, 当然, 实验上没有定义. 但是, 它可以通过测量与反粒子 (对于 A, 使用 $\overline{A}$ 来表示) 的反应来得到, 这需要利用式 (11.36.10) 和对易子如下关系式 (原因在于: $\overline{A}$ 是 A 的伴随算符) 之间的联系.

$$(C_{BA}(\nu,\boldsymbol{Q}))^* = C_{\overline{AB}}(\nu,\boldsymbol{Q}) = -C_{\overline{BA}}(-\nu,-\boldsymbol{Q})$$

所以, 从式 (11.36.10) 可得

$$T^F_{BA}(\nu,\boldsymbol{Q}) = T^F_{AB}(-\nu,-\boldsymbol{Q})$$

第 37 讲

算符性质 (续)

定义负频率延拓的另一个更常见的惯例 (因果振幅) 会改变负频率虚部的符号

$$T^C_{BA}(\nu,\boldsymbol{Q}) = T^F_{BA}(\nu,\boldsymbol{Q}) + \mathrm{i}\theta(-\nu)C_{BA}(\nu,\boldsymbol{Q}) \tag{11.37.1}$$

于是得到

$$\left(T^C_{BA}(\nu,\boldsymbol{Q})\right)^* = T^C_{\overline{BA}}(-\nu,-\boldsymbol{Q})$$

现在式 (11.37.1) 变成

$$T^C_{BA}(\nu,\boldsymbol{Q}) = \int C_{BA}(\nu',\boldsymbol{Q})\frac{\mathrm{d}\nu'/2\pi}{\nu'-\nu-\mathrm{i}\varepsilon} + \sigma_{BA} \tag{11.37.2}$$

现在就可以看到坐标空间中 T^C_{BA} (与 T^F 一样, T^C 也是描述散射的一种很好的方法) 的重要性了. (把式 (11.36.9) 中最后一项里的 $+\mathrm{i}\varepsilon$ 的符号改变后, 就得到了 T^C.) 在式 (11.37.1) 中, 我们是用对易子表达物理量的, 但是最后一项可以更简单地用乘积算符

来表达 (从式 (11.36.5) 和式 (11.36.6) 可以得到 $\theta(-\nu)C_{BA}(\nu,\boldsymbol{Q})=-K_{AB}(-\nu,-\boldsymbol{Q})$, 它是 $A(1)B(2)$ 的 Fourier 变换). 于是从式 (11.37.1) 可以得到

$$-\mathrm{i}T^C=\mathrm{F.T.}\{B(2)A(1)\}_T-\mathrm{F.T.}A(1)B(2)$$

当 $t_2>t_1$ 时, $B(2)A(1)-A(1)B(2)=[B(2),A(1)]$; 当 $t_2<t_1$ 时, $A(1)B(2)-A(1)B(2)=0$.

因此, 散射振幅 (因果振幅) 是推迟对易子的 Fourier 变换 + "海鸥" 项. 推迟对易子是指定义在 $t_2<t_1$ 条件下的对易子:

$$-\mathrm{i}T^C_{BA}(q)=\mathrm{F.T.}(\langle p|[B(2),A(1)]|p\rangle\theta(t_2-t_1))+\text{“海鸥”项} \tag{11.37.3}$$

由此式可以看出, 式 (11.37.2) 是显然的.

(注解. 从表面上看, 式 (11.37.3) 中的 $\theta(t_2-t_1)$ 使得结论并不是相对论不变的. 但实际情况是, 对易子在类空区域里为零, 因此平面 $t_2=t_1$ 可以作任意倾斜, 正如 Lorentz 变换所要求的那样. 这至少对在等时条件下对易子的奇异性不是很大时 (通常都是这样的) 是正确的. 除非将相应的不具有相对论不变的项 (称为 Schwinger 项) 加到式 (11.37.3) 的 "海鸥" 项中, 否则有时会遇到一些使得 T^C_{BA} 的定义不是相对论不变的困难.)

即使没有对角元或最低能态 (此时对于 $\nu<0$, 乘积算符为 0), 式 (11.37.3) 也可以作为 Chew 振幅的一般定义, 即它是时空中的推迟对易子. Feynman 振幅的一般定义是式 (11.36.8) 里的编时算符. 这两个振幅之间相差了一个乘积算符.

各种关系式的附注

实条件

$$K_{BA}(2,1)=K_{\overline{AB}}(1,2)$$
$$C_{BA}(2,1)^\dagger=C_{\overline{AB}}(1,2) \tag{11.37.4}$$
$$\{K_{BA}(\nu,\boldsymbol{Q})\}^*=K_{\overline{AB}}(\nu,\boldsymbol{Q})$$
$$\{C_{BA}(\nu,\boldsymbol{Q})\}^*=C_{\overline{AB}}(\nu,\boldsymbol{Q})=-C_{\overline{BA}}(-\nu,-\boldsymbol{Q}) \tag{11.37.5}$$

交叉关系

$$\{T^C_{BA}(\nu,\boldsymbol{Q})\}^*=T^C_{\overline{BA}}(-\nu,-\boldsymbol{Q})$$
$$T^F_{BA}(\nu,\boldsymbol{Q})=T^F_{AB}(-\nu,-\boldsymbol{Q}) \tag{11.37.6}$$

虚部

$$\{T^C_{\overline{BA}}(\nu,\boldsymbol{Q})\}^*-T^C_{AB}(\nu,\boldsymbol{Q})=-\mathrm{i}C_{AB}(\nu,\boldsymbol{Q}) \tag{11.37.7}$$

为了让这些关系式对 T 是成立的, σ_{BA} 需要满足实条件和交叉关系, 即

$$\sigma^*_{BA}(\nu,\boldsymbol{Q}) = \sigma_{\overline{BA}}(-\nu,-\boldsymbol{Q}) = \sigma_{\overline{AB}}(\nu,\boldsymbol{Q})$$

利用 $\int e^{i\nu(t_2-t_1)}d\nu/2\pi = \delta(t_2-t_1)$, 通过对 $C_{BA}(\nu,\boldsymbol{Q})$ 的变量 ν 进行积分可以得到等时 $(t_2=t_1)$ 条件下的对易子. 于是 Gell-Mann 的等时对易关系

$$\left[J_0^a(t_1,\boldsymbol{x}_2), J_\mu^b(t_1,\boldsymbol{x}_1)\right] = \delta^3(\boldsymbol{x}_2-\boldsymbol{x}_1)J_\mu^{\mathrm{axb}}(t_1,\boldsymbol{x}_1) \tag{11.37.8}$$

变成 (对质子态对角元进行 Fourier 变换)

$$\int_{-\infty}^{\infty} C_{J_0^a J_\mu^b}(\nu,\boldsymbol{Q})d\nu/2\pi = \langle p|J_\mu^{\mathrm{axb}}(0,\boldsymbol{0})|p\rangle \tag{11.37.9}$$

它是一个不依赖于 $\boldsymbol{Q}$ 的常量. 这个公式被称为求和规则.

现在回到我们的研究. 我们的研究表明: 测量 $K_{BA}(\nu,\boldsymbol{Q})$ 其实就是在测量两个流的对易子的 Fourier 变换. 作为例子, 我们要问的两个问题是: (1) 对易子在光锥外为零, 这会对 Fourier 变换的结果产生什么限制? (2) 从关于 K 的行为 (比如 Bjorken 标度律) 的实验事实中, 我们能对对易子的特征有什么了解?

对对易子的一般性质进行研究是值得我们做的工作. 我们首先研究无相互作用系统中的两个质量为 m 的标量场的对易子:

$$C_m(2-1) = [\phi(2),\phi(1)] \tag{11.37.10}$$

$\phi(1)$ 可以用产生和湮灭算符展开为通常的形式[①]

$$\phi(t,\boldsymbol{x}) = V^{-1/2}\sum_{\boldsymbol{k}}(2\omega_k)^{-1/2}\left(a_{\boldsymbol{k}}e^{i\boldsymbol{k}\cdot\boldsymbol{x}-i\omega_k t} + a^*_{\boldsymbol{k}}e^{-i\boldsymbol{k}\cdot\boldsymbol{x}+i\omega_k t}\right) \tag{11.37.11}$$

这里 $\omega_k = \sqrt{k^2+m^2}$ 是描述算符随时间演化的频率 (因为没有相互作用, 所以 ω_k 是自由粒子的能量). $a_{\boldsymbol{k}}$ 之间互相对易, $a^*_{\boldsymbol{k}}$ 之间也互相对易, 只有 a 和 a^* 之间不对易 (如果它们具有相同的模式 $\boldsymbol{k}$):

$$[a_{\boldsymbol{k}}, a^*_{\boldsymbol{k}'}] = \delta_{\boldsymbol{k}\boldsymbol{k}'} \tag{11.37.12}$$

通过式 (11.37.11) 的表达式构造对易子并利用式 (11.37.12), 我们可以立即计算式 (11.37.10). 把互相对易的项丢掉后, 我们得到:[②]

$$C(2-1) = C(t,\boldsymbol{x}) = \frac{1}{V}\sum_{\boldsymbol{k}}\frac{1}{2\omega_k}\left(e^{-i\omega_k t}e^{i\boldsymbol{k}\cdot\boldsymbol{x}} - e^{i\omega_k t}e^{-i\boldsymbol{k}\cdot\boldsymbol{x}}\right)$$

① 译者注: 原文少了一个体积因子 $V^{-1/2}$.

② 译者注: 原文少了一个体积因子 V^{-1}.

$$= \int \frac{\mathrm{d}^3 k}{(2\pi)^3 2\omega_k}\left(\mathrm{e}^{-\mathrm{i}\omega_k t}\mathrm{e}^{\mathrm{i}\boldsymbol{k}\cdot\boldsymbol{x}} - \mathrm{e}^{\mathrm{i}\omega_k t}\mathrm{e}^{-\mathrm{i}\boldsymbol{k}\cdot\boldsymbol{x}}\right) \tag{11.37.13}$$

这个积分可以被积出来, 积分结果与 Bessel 函数有关.

在这里我们只对 $m=0$ 的特殊情形作出详细的计算. 对于 $m\neq 0$ 时的情形, 我们只给出一些结论, 具体计算细节留给学生去完成.

在 $m=0$ 时, 将 $\boldsymbol{k}\cdot\boldsymbol{x}=kR\cos\theta$ 和 $\omega_k=k$ 代入式 (11.37.13), 可以得到

$$\begin{aligned}C(t,\boldsymbol{x}) &= \int \frac{2\pi k^2 \mathrm{d}k\mathrm{d}\cos\theta}{(2\pi)^3 2k}\mathrm{e}^{-\mathrm{i}kt}\mathrm{e}^{\mathrm{i}kR\cos\theta}+\mathrm{C.C.}\\ &= \frac{-\mathrm{i}}{2\pi}\frac{1}{2R}\left(\delta(t-R)-\delta(t+R)\right)=\frac{-\mathrm{i}}{2\pi}\delta(t^2-R^2)\mathrm{sgn}(t)\end{aligned}$$

可以看到, 光锥上有奇异的 δ 函数.

对于有限质量的情形, 我们在光锥上得到了相同的奇异性, 在光锥外显然得到零, 在光锥内得到了 Bessel 函数:[①]

$$C_m(t,\boldsymbol{x}) = \mathrm{i}\,\mathrm{sgn}(t)\left[-\frac{\delta(s^2)}{4\pi}+\frac{1}{8\pi s}J_1(ms)\theta(s^2)\right]$$

于是我们看到, 自由粒子的对易子在光锥外为零, 在光锥上是奇异的 (类似于 δ 函数).

我们已经讨论了两个场的奇异性. 讨论两个流的奇异性也很有启发性. 这样的流可能来自于自由场理论 $J_\mu(1)=\phi(1)\left(\overleftarrow{\partial}_\mu+\overrightarrow{\partial}_\mu\right)\phi(1)$ 或者 $\overline{\psi}(1)\gamma_\mu\psi(1)$ (旋量场情形). 作为一个例子, 我们将不考虑场的梯度等, 只考虑作为标量场平方形式的"流"的对易子

$$\begin{aligned}K &= [J(2),J(1)] = [\phi(2)\phi(2),\phi(1)\phi(1)]\\ &= 2\phi(2)\left[\phi(2),\phi(1)\right]\phi(1)+2\phi(1)\left[\phi(2),\phi(1)\right]\phi(2)\\ &= 2\phi(2)C_m(2,1)\phi(1)+2\phi(1)C_m(2,1)\phi(2)\end{aligned}$$

其中, $C_m(2,1)$ 是我们之前讨论的自由场对易子. 显然, K 具有与 C 相同的奇异性 $\mathrm{sgn}(t_2-t_1)\delta(s_{12}^2)$, 但是这里乘上了一个两点算符函数 $F(2,1)$ (通常称为双定域算符). 当然, 我们只是在光锥上需要这个算符. 它的矩阵元为 $x_{2\mu}-x_{1\mu}$ 的函数 (例如, 粒子静止系中的对角元是 t_2-t_1 的函数). 因此在一般情况下, 以到光锥原点的距离为变量的函数可以调节沿着光锥的奇异性.

对于相互作用的强子, 流的对易子在光锥外也应该为零, 并且仅在光锥内部为非零. 一个有趣的问题是, 穿过光锥时的跃变是怎样发生的. 当穿过光锥时, 可能会出现某种跳跃. 这是数值上的跳跃还是只是梯度上的跳跃? 或者这种跳跃可能跟自由粒子情形一样也具有 δ 函数的形式. 这是一个基本问题, 只能通过实验来回答.

① 译者注: $s^2=t^2-R^2$, 在光锥外、光锥上、光锥内分别有 $s^2<0$、$s^2=0$、$s^2>0$.

在实验上, 我们得到了 Fourier 变换 $K_{\mu\nu}(\nu,\boldsymbol{Q})$. 它在 ν 和 Q 都很大的极限下具有奇异性; 因此, 正是 $K_{\mu\nu}(\nu,\boldsymbol{Q})$ 在大的 ν 和 Q 下的行为能够为我们提供问题的答案. 但是在该区域, 实验表明 $K_{\mu\nu}(\nu,\boldsymbol{Q})$ 满足 Bjorken 标度律, 也就是说, 它仅是 $\xi=-q^2/2M\nu$ 的函数.

分析此问题最直接的方法是对 K 进行逆变换, 使用 Bjorken 极限, 查看其给出什么奇异点, 然后得出奇异点的特征, 因为这些奇异点仅取决于 ν 和 Q 都很大的极限, 完整函数 K 的这种极限与 Bjorken 极限的结果是相同的. 因为在实验上我们并不知道 K 在 $q^2>0$ 时的形式, 所以在这里我们不追求严格性. 尽管如此, 我们依然可以做一些考察.

取 $\boldsymbol{Q}$ 沿着 z 轴. 那么有 $-q^2=Q_z^2-\nu^2=(Q_z+\nu)(Q_z-\nu)=2M\nu\xi$, 因此对于大的 ν, Q_z 与 ν 很接近 (事实上有 $Q_z=\nu+M\xi$). 变量仅为 ξ 的函数的 Fourier 逆变换具有如下的形式

$$\frac{1}{(2\pi)^2}\int \mathrm{e}^{\mathrm{i}(\nu t-Q_z z)}f(\xi)\mathrm{d}\nu\mathrm{d}Q_z=\frac{1}{(2\pi)^2}\int \mathrm{e}^{\mathrm{i}Q_z(t-z)}\mathrm{e}^{-\mathrm{i}M\xi t}f(\xi)\mathrm{d}\xi\mathrm{d}Q_z=s(t)\delta(t-z)$$

其中 $s(t)$ 是结构函数 $f(\xi)$ 的 Fourier 变换.

为了通过另一种较严格的方法来研究这个问题, 我们注意到

$$f(-q^2/2M\nu)=2M\nu\int\delta(q^2+2M\nu\beta)f(\beta)\mathrm{d}\beta$$

现在暂时忽略 $2M\nu$ (假设我们对 W_2 做变换). 我们注意到, 对于大的 ν 和 q^2, $\delta(q^2+2M\nu\beta)$ 可以用 $\delta(q^2+2M\nu\beta+M^2\beta^2)$ 作为一个很好的近似. 因此, 对于足够大的 ν, 我们得到, $(q^2+2M\nu\beta+M^2\beta^2=(q+\beta P)^2)$

$$W_2=\int\delta\left((q+\beta P)^2\right)f(\beta)\mathrm{d}\beta$$

现在, 如果需要的话, 我们可以在其中插入 $\mathrm{sgn}(\nu)$ 来保持对易子的 Fourier 变换所要求的不对称性. 对于大的 ν, 这就是 $\mathrm{sgn}(\nu+\beta M)$(如果质子是静止的). 于是渐近地有

$$W_2=\int\mathrm{sgn}(\nu+\beta P)\delta\left((q+\beta P)^2\right)f(\beta)\mathrm{d}\beta$$

W_2 的 Fourier 变换也很容易计算. 我们知道

$$\mathrm{F.T.}\mathrm{sgn}(t)\delta(s^2)=\mathrm{sgn}(\nu)\delta(q^2),\quad s^2=t^2-R^2$$

所以对一个四矢量 a 来说,

$$\mathrm{F.T.}\mathrm{e}^{-\mathrm{i}a\cdot x}\mathrm{sgn}(t)\delta(s^2)=\mathrm{sgn}(\nu+a)\delta\left((q+a)^2\right)$$

因此

$$\text{F.T.}W_2 = \int f(\beta)\mathrm{d}\beta \mathrm{e}^{-\mathrm{i}\beta P\cdot x}\mathrm{sgn}(t)\delta(t^2 - R^2)$$

注意到 $P \cdot x = Mt$, 于是我们得到了先前的结果: Bjorken 标度律的意义在于, 流算符的奇异性在光锥上具有一个类似于 δ 函数形式的奇异性. 为了更加准确, 我们需要把所有的 $P_\mu P_\nu$ 因子等都包含进来, 并精确定义所有的量, 那么此时将会出现 δ 函数的导数. 笼统地说, Bjorken 标度律表明: 流对易子在光锥上的奇异程度跟自由粒子场所体现的奇异程度是相同的.

当然, 这是我们从部分子图像的描述中所期望的结果, 因为在末态 x 中 (它变成了对易子的中间态) 我们假定部分子可被视为是自由的. 所以结论并不令人惊讶, 我们只是希望用一种抽象和普遍的方式 (作为流对易子的奇异性) 去陈述所讨论的内容 (Bjorken 标度律), 而这种方式只对模型作了最小的参考. 尽管这种陈述似乎依然用到了自由粒子场, 但这只是为了更简洁地在光锥上得到 δ 和 δ' 函数.

我们所假定的部分子的每个一般的特点都为奇异性的特征提供了更明确的信息. 例如, 如果我们说带荷部分子的自旋是 1/2, 那么其实就是在说奇异性很像自由 Dirac 场对易子所特有的 δ 或 δ' 函数. 此外, 矢量和轴矢量的结果是相关的. 举例来说, 如果进一步认为部分子是夸克, 那么正如我们所看到的那样, 在各种流对易子的奇异部分之间会存在一定的数值关系. (例如, f^{ep}、 $f^{\mathrm{\nu p}}$、 $f^{\mathrm{\mu p}}$ 等函数之间存在的关系式都可以通过这个事实得到说明: 所有的量都可以用 u、 $\overline{u}$、 d、 $\overline{d}$、 s、 $\overline{s}$ 这六个函数来表示.)

自由的夸克还没有被发现. 关于部分子模型的具体图像是否适用于夸克, 还存在很多问题. 特别是这样的问题: 单个夸克部分子在反冲出去的过程中是否会携带它的非整数的量子数.

此外, 当我们从一个模型中得到一些结论时, 作这样的考察一般是有用的: 这些结论在多大程度上依赖于模型; 如果不依赖于一个特定的模型, 这些结论是否真的不能被表述为一般的数学原理. 那样的话, 如果后来证明这个模型的很多细节是错误的, 我们仍然可以重新开始研究强子的一些一般性质, 而不必致力于其他所有性质.

因此很有意思的是, 我们注意到部分子模型等价于这样的一般性表述 (与直接的实验结果很接近): 对易子具有类似于 δ 函数的光锥奇异性.

第 12 章

光锥代数

第 38 讲

光锥代数

在 1971 年的 Coral Gables 会议上, Fritzsch 和 Gell-Mann 回答了一个有趣的问题: 不使用波函数或算符语言, 如何从标度无关性实验数据解读出“部分子即夸克”的理论结果?

我们希望说明, 光锥奇点类似于自由夸克 (自旋 1/2、 SU_3 三重态) 对易子的奇点. 我们讨论最奇异的 δ' 或 δ 函数型奇点, 即 “领头” 奇点 (常用的名称). 首先, 奇点的特征暗示它来自于夸克场 $\psi(x)$ 构成的流算符. 此处夸克场 $\psi(x)$ 是 Dirac 旋量, 带 SU_3 色指标, 可以被色空间的 3×3 矩阵 λ 作用.

两个质量为 m 的旋量场的对易子很容易计算出来 (正如前文玻色场一样), 其结果为

$$[\psi(2),\overline{\psi}(1)]=(\mathrm{i}\not\nabla_2+m)C_m(2,1)$$

因旋量场传播子是 $\dfrac{\not p+m}{p^2-m^2}$, 而非 $\dfrac{1}{p^2-m^2}$, 故对易子中也会出现 $\not p+m$ 项 (对应于传播子实部). 考察光锥附近的领头奇点, 因 $C_m=\delta(s^2)$ 且质量项远远小于梯度项, 故

$$[\psi(2),\overline{\psi}(1)]\doteq\frac{\mathrm{i}}{4\pi}\not\nabla_2\mathrm{sgn}(t_2-t_1)\delta(s_{21}^2) \tag{12.38.1}$$

其中, s_{21}^2 是 1 和 2 间隔的平方, $\doteq$ 表示两边 “在光锥附近的领头奇点相等” .

不难验证, 由 $\overline{\psi}$ 和 ψ 构成的两个双线性流的对易子, 在以下两种情况下精确相等: a) 场算符满足普通的等时反对易关系, $\psi(\boldsymbol{x}_2)\overline{\psi}(\boldsymbol{x}_1)+\overline{\psi}(\boldsymbol{x}_1)\psi(\boldsymbol{x}_2)=\delta^3(\boldsymbol{x}_1-\boldsymbol{x}_2)$, 且 $\psi(\boldsymbol{x}_1)$ 和 $\psi(\boldsymbol{x}_2)$ 反对易, 正如费米子一样; b) 自旋 1/2 的场满足对易关系, $\psi(\boldsymbol{x}_2)\overline{\psi}(\boldsymbol{x}_1)-\overline{\psi}(\boldsymbol{x}_1)\psi(\boldsymbol{x}_2)=\delta^3(\boldsymbol{x}_1-\boldsymbol{x}_2)$, 且 $\psi(\boldsymbol{x}_1)$与$\psi(\boldsymbol{x}_2)$ 对易, 正如玻色子一样.

这一点非常有趣, 它表明低能下 “玻色型夸克” 模型和高能下 “部分子即夸克” 模型之间没有根本性矛盾, 我们将其称为 “部分子即玻色型夸克” 模型.

其次, 带色指标 a (来自 λ^a) 的 SU_3 流为

$$J_\mu^a(1)=\overline{\psi}(1)\lambda^a\gamma_\mu\psi(1) \tag{12.38.2}$$

如果是电磁流, 则 λ^a 是对角的, 即 $\lambda^\gamma=\mathrm{diag.}(\frac{2}{3},-\frac{1}{3},-\frac{1}{3})$; 如果是轴矢流, 则将 γ_μ 变为 $\gamma_\mu\gamma_5$.

计算两个夸克流的对易子, 我们得到一个简单但冗长复杂的结果 (细节参见文献). 为了说明这一点 (这是本节的目标), 我们计算了两个电磁流的对易子, 去掉了自旋平均下相互抵消的项, 得到

$$[J_\mu^\gamma(2),J_\nu^\gamma(1)]\doteq\frac{1}{4\pi}\partial_\rho\left(\varepsilon(t_2-t_1)\delta(s_{12}^2)\right)\frac{1}{4}\mathrm{Tr}(\gamma_\mu\gamma_\rho\gamma_\nu\gamma_\sigma)[\mathscr{F}_\sigma^\delta(2,1)-\mathscr{F}_\sigma^\delta(1,2)]$$

$$\text{(加上去掉的项)} \tag{12.38.3}$$

其中

$$\mathscr{F}_\sigma^\delta(2,1)=\overline{\psi}(2)\gamma_\sigma\lambda^\delta\psi(1) \tag{12.38.4}$$

(2 和 1 在彼此的时空光锥上), 其中 λ^δ 是对角矩阵 diag. $\left(\frac{4}{9},\frac{1}{9},\frac{1}{9}\right)=\lambda^\gamma\lambda^\gamma$.

现在, 我们仍然考察式 (12.38.4) 中的夸克场, 但不要求 $\mathscr{F}_\sigma^\delta$ 一定是式 (12.38.4) 的形式, 而是要求式 (12.38.3) 普遍成立 (对任意流均成立, 加上去掉的项也成立). 它包含了光锥奇点, 在光锥上至少定义了一组新算符 $\mathscr{F}_\sigma(2-1)$, 而这些新算符的矩阵元将给出结构函数的表达式.

没有理由认为这些算符一定是式 (12.38.4) 的形式, 该式的地位与式 (12.38.1) 和式 (12.38.2) 一样, 后续内容不涉及这三式, 只是为了导出式 (12.38.3) 而做的准备. 式 (12.38.3) 定义了一些新的双局域算符 (依赖于两个时空点的算符), 没有直接出现夸克算符. 由式 (12.38.3), 这些新算符仅在光锥上有定义.

如果 $\mathscr{F}$ 的性质可以被独立地定义, 它们就可以构成一个真正的算符“代数”. 举例来说, 假如 $\mathscr{F}$ 的对易子可以用 J 和 $\mathscr{F}$ 表示 (对应于完备的强子理论, 是一种理想情况), $\mathscr{F}$ 就可以构成算符代数. 这种理想情况出现的机会渺茫, 不过它启发我们向前一小步. 利用式 (12.38.4) 中 $\mathscr{F}$ 的形式, 两个 $\mathscr{F}$ 均位于同一光射线上 (如 $[\mathscr{F}(3,4),\mathscr{F}(1,2)]$ 中 3、 4、 1 和 2 全都落在光锥的一个生成元上), 则两个 $\mathscr{F}$ 的对易子同样可以用 $\mathscr{F}$ 来表示. 这是一个假设, 所幸理论中此类假设并不多. 对于由两个流描述的特定的单举反应如 $\mathrm{e}+\mathrm{p}\to\mathrm{e}+\mu^++\mu^-+$任意强子, 算符代数给出了理论预言. 这些预言也是相同条件下部分子模型的结果, 我们稍后将讨论这一点.

要想应用式 (12.38.3), 我们必须对其做 Fourier 变换. 已知 $q=(\nu,0,0,\nu+M\xi)$, 我们在ν很大的情形下应用 Fourier 变换 (与前文推导过程类似, 请读者自行处理细节)

$$\begin{aligned}&\int \mathrm{d}^4x\mathrm{e}^{\mathrm{i}q\cdot x}\delta'(x^2)F(x_0,x_1,x_2,x_3)\\ \sim&\pi\int\frac{\mathrm{d}t}{|t|}\mathrm{e}^{-\mathrm{i}M\xi t}F(t,0,0,t)\end{aligned}$$

易见变换结果仅是沿 $t=z$ 的某条射线的积分, 即沿平面 $t=z$ (来自 $\mathrm{e}^{\mathrm{i}\nu(t-z)}$) 和光锥面的交线的积分.

很自然地, 这个理论的任一结果也是“部分子即夸克”理论的结果, 只因后者是基于前者建立的一个模型; 反之则不然, 并非每个部分子模型的结果都可以从式 (12.38.3) 中导出. 因此, 前边算符代数的很多公式可能是错误的, 只有式 (12.38.3) (而非完整的场论模型) 是可靠的, 经得住检验. 有鉴于此, 比较场论模型和“部分子即夸克”模型的各种理论预言, 就成为很有意义的工作. 这些预言大体可以分为以下三类:

A. 标度无关性, 标度函数之间的关系, 求和规则.

B. 通过对强子碰撞等过程的讨论, 导出结构函数满足的一些性质, 如 $\dfrac{\mathrm{d}x}{x}$ 作用之后

(导数) 结构函数的行为, 形状因子的 $\frac{1}{Q^{\gamma}}$ 依赖与 x 接近 1 区域的结构函数 $(1-x)^{\gamma}$ 形式之间的关系等.

C. 在 Drell 型实验中的应用, 如 $\mathrm{e}^{+}+\mathrm{e}^{-}\to$强子 过程, 或 $\mathrm{p}+\mathrm{p}\to\mu^{+}\mu^{-}+$任意强子过程等.

A 类预言可以利用光锥代数中精确地推导出来. B 类预言不能从光锥代数中精确推导出来, 它们仅仅基于 $\mathscr{F}(2,1)$ 的矩阵元应该具有何种性质的讨论. B 类预言并非模型的特殊假设, 而是尝试对模型进一步改进而得到的结果. 对光锥代数矩阵元的任何严肃的改进, 导致的都是 B 类预言.

C 类预言尤其有趣. 即便很多结论从部分子模型的角度来是显然的, 但我们一定要超越式 (12.38.3) 的形式, 对其进行拓展, 才能够导出 C 类预言. 因此, 只有利用实验检验 C 类预言, 去伪存真, 才能够确定超越式 (12.38.3) 的拓展正确与否.

对形如 $\mathrm{p}+\mathrm{p}\to\mu^{+}+\mu^{-}+\mathrm{X}$ 的反应, 光锥上的流对易子不足以完备地描述系统, 我们还需要如下形式的矩阵元

$$\langle\mathrm{pp}|JJ|\mathrm{pp}\rangle$$

但是, 当我们让流算符动量向极限值方向增大时, pp 的状态也在改变, 两质子的相对动量也一定增加, 我们就进入一个极限运动学区域, 这里算符理论很难处理.

上述问题本身很有趣. 是否存在不引入夸克场 (部分子) 的普适的抽象理论, 能够描述所有的 C 类预言? 或者说, 这些预言基于错误的、不可靠的扩展, 本来就不对?

进一步讲, 在末态强子不体现夸克量子数的情形下, 部分子是如何从质子中分离出来的? 流代数是否有助于回答这个问题呢? 也许上述问题可以重新表述为: 式 (12.38.3) 是否存在某种表示, 该表示在局域态中不体现夸克量子数? 也许数学公式比物理讨论更加适合于驾驭此类问题.

第 13 章

动量空间中对易子的特性

第 39 讲

动量空间中对易子的特性

现在我们讨论动量空间中的对易子, 他们应该具有哪些一般性质 (如位形空间中对易子的 Fourier 变换在光锥外部为 0).

这是一个有潜力的研究方法, 它可以增强我们对 $W_{\mu\nu}$ 性质的物理直觉认识. 迄今为止, 本书并未对这种方法讨论很多, 但你们将来的研究工作将会从这种方法中受益良多.

首先, 我们做一些直截了当的说明. 将四维时空中的对易子乘以某函数 G, 该函数在光锥内取值为 1, 在光锥外取值为 0, 则原始对易子保持不变 (除非对易子在光锥上有奇点, 光锥上的函数 G 没有良好定义). 由于 G 的 Fourier 变换 (F.T.) 是 $16\pi \text{P.V.}(\frac{1}{q^2})^2$ (P.V. 代表主值), 我们有以下的卷积定理

$$C(q)=\int C(u)\text{P.V.}\frac{16\pi}{(q^2-u^2)^2}\frac{\mathrm{d}^4u}{(2\pi)^4} \tag{13.39.1}$$

(加上来自光锥的部分). ($C(q)$ 是对易子的 Fourier 变换.)

沿类似的思路进行讨论, 因 0 ╳ 0 (上方 +1, 下方 −1) 的 Fourier 变换是 $16\pi\mathrm{i}\,\mathrm{sgn}(q_0)\delta'(q^2)$, 故 C 必然有如下形式

$$C(q)=\int X(u)\mathrm{sgn}(q_0-u_0)\delta'\left((q-u)^2\right)\frac{\mathrm{d}^4u}{(2\pi)^4}(16\pi\mathrm{i}) \tag{13.39.2}$$

(加上光锥部分). 当然我们也可以认为, 式 (13.39.1) 中的被积函数可以是任意函数 $F(u)$, 而且左方的 C 是光锥外取值为 0 的函数的 Fourier 变换. 我尚未从这个结论推出多少实际用处.

从以上简单视角分析问题时, 我们必须特别小心. 乘在 $C(x,t)$ 上的函数 $G(x,t)$, 按照定义它在光锥内取值为 1、在光锥外取值为 0, 但 G 在光锥上取何值? 函数值在光锥上没有定义, 但这部分区域比较小, 通常认为它对 $C(x,t)G(x,t)$ 的时空积分没有影响; 但是, $C(x,t)$ 在光锥上有 δ 函数形式的奇点, 使得积分结果存在很大的不确定性. 我们采用如下方式澄清这类疑问: 将 $C(q)$ 中仅贡献 δ 函数奇点的渐近形式定义为 $C_a(q)$, 则 $C(q)-C_a(q)$ 中不包含光锥奇点, 故将式 (13.39.1) 等公式两边的 C 都替换为 $C-C_a$, 公式仍成立. 利用这种方式处理与光锥奇点相关的额外项, 我们就可以简化或重组此类公式, 如式 (13.39.1).

Dyson 做了更加精巧和有效的考察. 他注意到, 在很多问题中 $C(q)=0$ 式在 q 空间的多个特定区域中均成立 (不同区域之间相互分离, 不存在中间区域). 例如, 对于 $q_0=\nu>0$ 而言, 末态 X 的最低能态就是质子本身, 它以动量 Q (q_μ 的空间部分) 运动, 故能量为 $\sqrt{M^2+Q^2}$ 且

$$\nu>-M+\sqrt{M^2+Q^2}$$

类似地, 有

$$\nu<+M-\sqrt{M^2+Q^2} \tag{13.39.3}$$

Dyson 证明, $C(q)$ 在 $S=S_1(q)<q_0<S_2(q)$ 的区域中取值为 0、在光锥外的

Fourier 变换也为 0 的充要条件, 是 $C(q)$ 可以写成如下形式:

$$C(q)=\int \mathrm{d}^4u\int_0^{\infty}\mathrm{d}s^2\mathrm{sgn}(q_0-u_0)\delta\left((q-u)^2-s^2\right)\phi(u,s^2) \tag{13.39.4}$$

(Dyson 表示)

其中, ϕ 在区域 R 外取值为 0, 但在其他区域可取任意值. 区域 R 的确定原则是使双曲面 $(q-u)^2-s^2$ 与区域 S 没有交集.

不难证明这是一个充分条件 (最大困难来自于证明它是必要条件). 我们注意到, 自由粒子对易子 $C_m(x,t)$ 在光锥外取值为 0, 故 $(q^2-m^2)\mathrm{sgn}(q_0)$ 的 Fourier 变换在光锥外取值也为 0. $C_m(x,t)$ 乘上任何量, 如 $\mathrm{e}^{\mathrm{i}u\cdot x}$(或任何 u 的叠加), 在光锥外它的取值仍为 0, 因此 $\mathrm{e}^{\mathrm{i}u\cdot x}C_m(x,t)$ 的 Fourier 变换为 $\mathrm{sgn}(q_0-u_0)\delta((q-u)^2-m^2)$. 将其乘上权重函数 $\phi(u,s^2)$, 对各种不同 u 和 $m^2=s^2$ 值的情况作叠加, 我们就可以得到式 (13.39.4).

绘制双曲线, 易得 $\phi(u,s^2)$ 不为 0 的积分区域 R, 如图 13.1 所示

对于$s^2>M^2$, 在两个光锥内 $|u_0|<|\boldsymbol{u}|$

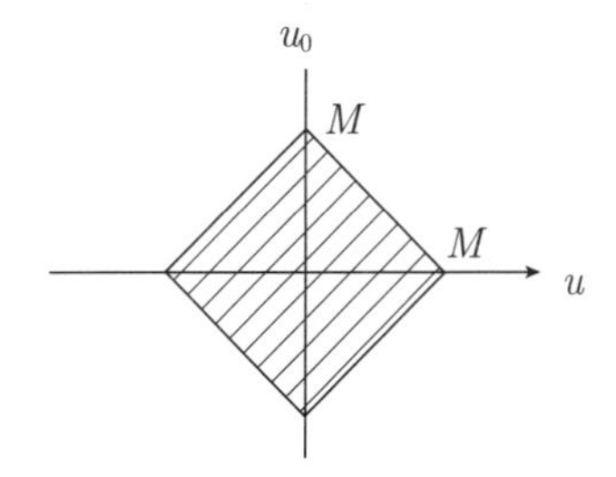

图13.1

对于$s^2<M^2$, 在被$M-|u_0|=\sqrt{\boldsymbol{u}^2+(M-s)^2}$限制的区域

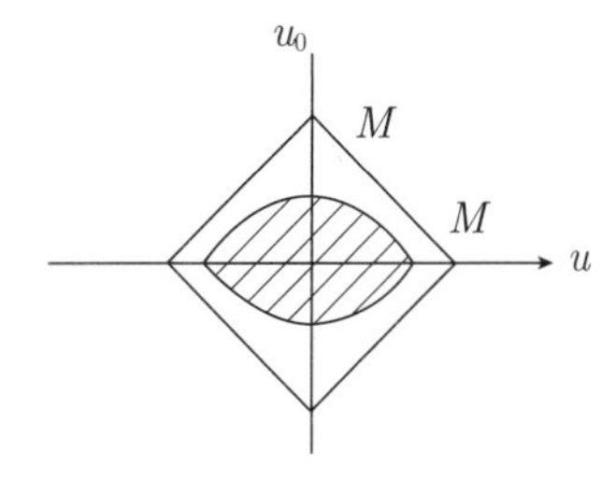

图13.2

顺便说一句, 这个对易子对应的散射振幅即式 (11.37.2) 变为

$$T^C(q)=\frac{1}{2\pi}\int_{\mathrm{R}}\mathrm{d}^4u\int\mathrm{d}s^2\frac{\phi(u,s^2)}{(q-u)^2-s^2+\mathrm{i}\varepsilon(q_0-u_0)}+\sigma(q) \tag{13.39.5}$$

其中 σ(来自海鸥图) 是一个 q_μ 的多项式 (对于振幅 T^F, 将 $\mathrm{i}\varepsilon(q_0-u_0)$ 替换为 $\mathrm{i}\varepsilon$).

应用 Dyson 表示的困难之一是函数 ϕ 不唯一, 许多不同的 ϕ 均可给出相同的 $C(q)$. 与之类似的另一个表示, 由 Deser、Gilbert 和 Sudarshan 等人导出 (我怀疑他们的推导过程不如 Dyson 那样严格), 这种新表示尤其适用于我们这里的 C 函数, 即仅有两个自变量 q^2 和 ν 的函数, 具体表达式为

$$C(q^2,\nu)=2M\nu\int_0^\infty d\sigma\int_{-1}^{+1}\mathrm{d}\beta H(\sigma,\beta)\mathrm{sgn}(q_0+\beta M)\delta\left((q+\beta p)^2-\sigma\right) \tag{13.39.6}$$

上式显然是四维矢量 ν^μ 仅有时间分量时的 Dyson 表示, 即动量 p_μ 也只有一个分量时的情形.

如果 $\sigma<M^2$, $H(\sigma,\beta)$ 同样在一个更小的区域外取值为 0. 实际上, 如果 $\sigma<M^2$, β 只会在 $-\dfrac{\sqrt{\sigma}}{M}$ 到 $+\dfrac{\sqrt{\sigma}}{M}$ 之间取值. 我们选择不修改表达式, 而是要求在 $|\beta|>\dfrac{\sqrt{\sigma}}{M}$ 区域内 $H(\sigma,\beta)=0$.

显然, 如果 C 在光锥上取值为 0, 则它的梯度也为 0, H 函数存在 ν 的不同幂次函数 (从 0 到任何有限值); 但是, 我们已经选取了适用于 $2MW_1$ 的幂次. 等价而言, 可以将我们的形式用一个 σ 的新定义写出

$$2MW_1(q^2,\nu)=2\pi\nu\int_0^\infty\mathrm{d}\sigma\int_{-1}^{+1}\mathrm{d}\beta h(\sigma,\beta)\mathrm{sgn}(\nu+M\beta)\delta(q^2+2\beta M\nu-\sigma) \tag{13.39.7}$$

此外, 在我们的情形中, 对易子的时间不对称性转化为如下性质

$$h(\sigma,-\beta)=-h(\sigma,\beta) \tag{13.39.8}$$

这是一个漂亮的表示, h 或许能被 W_1 唯一地确定下来. 然而, 它也有缺点, 没有物理量能用 $h(\sigma,\beta)$ 的矩阵元来描述. 因此, 我们无法用任何物理上的直观思维来猜测 h 应该有怎样的行为 (与 W 不同, 我们可以用已有信息理解 W 的行为, 从而反推出 W). 这就意味着, 我们在任何情况下也不能断言 $h(\sigma,\beta)$ 函数在物理上太“极端”, 或者它应该在这个区域内呈现这样或那样的特征, 等等. 正如我们将要看到的, 这是一个严重缺陷.

下面, 我们将要研究 $h(\sigma,\beta)$ 如何变化才能导致函数 $2MW_1$ 的在大 ν 区域 (我们总取 $v>0$) 的预期行为 (参见第 31 讲).

区域 I

首先考虑标度极限, 即 $\nu\to\infty$, $-q^2\to\infty$ 且 $-\dfrac{q^2}{2M\nu}=x$ (有限). 这种情况下 $2MW_1=f(x)$, 只是 x 的函数. 式 (13.39.7) 给出 (由于 $\nu>M$, 在 ν 较大时有 $\mathrm{sgn}(\nu+\beta M)=1$):

$$2MW_1=2M\nu\int_0^\infty\int_{-1}^{+1}\mathrm{d}\beta h(\sigma,\beta)\delta(-2M\nu x+2M\nu\beta-\sigma)\mathrm{d}\sigma$$

假定 $h(\sigma,\beta)$ 随 σ 的增大而迅速衰减, 则 $v\to\infty$ 时 δ 函数中的 σ 可以忽略, $h(\sigma,x)$ 对 $\mathrm{d}\sigma$ 的积分成为依赖于 x 的函数:

$$f(x)=\int_0^\infty h(\sigma,x)\mathrm{d}\sigma \tag{13.39.9}$$

我相信以上讨论和 Dyson 表示都非常重要, 它们要么启发 Bjorken 提出了他的标度无关性假说, 要么帮助他消除了对标度无关性的怀疑.

$q^2>0$ 标度无关性

以上讨论导致了意外之喜: 我们可以确定函数 $2MW_1(q^2,\nu)$ 在正 q^2 标度区域是如何演化的. 取 $\nu\to\infty$、 $q^2\to\infty$, 而 $+\dfrac{q^2}{2M\nu}=x'$ 有限, 我们得到同样的标度函数 $2MW_1=\int_0^\infty h(\sigma,-x')\mathrm{d}\sigma$; 更令人惊奇的是, 根据 h 的对称性, 它可以表示为相同的标度函数 $f^{\mathrm{ep}}(x')$:

$$2MW_1=-f^{\mathrm{ep}}(x')\quad q^2>0$$

从部分子模型中, 怎样才能得到这个令人惊讶的结果? 我们能否单纯从物理讨论出发, 在 $q^2>0$ 区域导出相同的函数? 下面我们将定性地讨论这个问题.

对于 q^2 区域, 我们必须考察式 (11.36.1) 中对易子中减除掉的真空部分. 真空可以产生粒子对, 在 q^2 很大时可以产生一对部分子

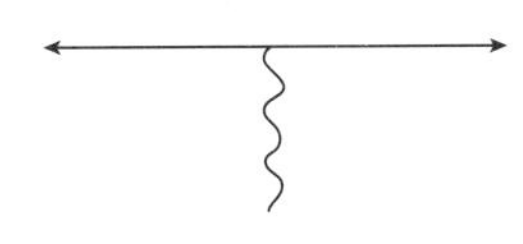

图13.3

我们关注的是质子的存在对真空中部分子对产生概率的影响.

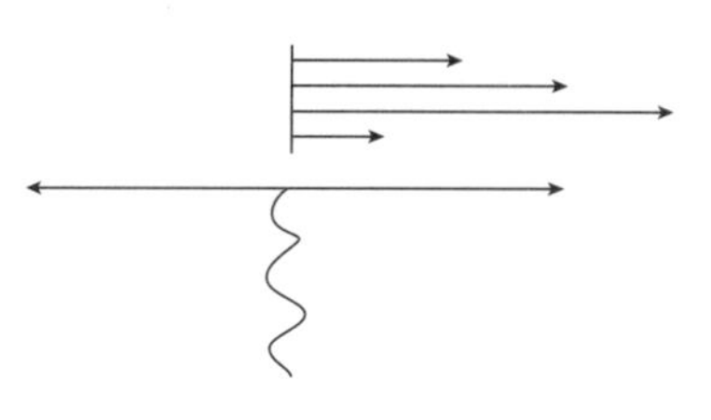

图13.4

乍看起来, 要想考虑修正就必须研究新产生部分子与质子中部分子的相互作用, 而这种相互作用我们知之甚少, 仅知道它的强度为有限大小, 在负 q^2 时对 $f(x)$ 推导中并未涉及. 然而, 高能时更加重要的一个效应是 Pauli 不相容原理. 按照不相容原理, 如果质子中已有某种部分子, 那么这种部分子就不能再产生 (假定夸克服从费米统计). 在我们上方的图像中, 在 x' 处在左边产生一个 $\overline{\mathrm{u}}$ 夸克、右边产生一个 u 夸克的概率正比于 $\frac{4}{9}$(因为电荷数是 $\frac{2}{3}$). 但是, 产生概率会被 x 处存在的 u 部分子改变, 后者出现的概率正比于 $u(x)$. 因此我们有一个正比于 $\frac{4}{9}u(x')$ 的贡献; 如果是 $\overline{\mathrm{u}}$ 部分子在向前运动, 则产生概率正比于 $\frac{4}{9}\overline{\mathrm{u}}(x')$. (如果一对 d 部分子产生, 产生概率为 $\frac{1}{9}$; 考虑到质子中存在 d 部分子导致的修正, 产生概率修改为 $\frac{1}{9}d(x')$, 等等.) 因此, 总贡献为预期值 $\frac{4}{9}[u(x')+\overline{u}(x')]+\frac{1}{9}[d(x')+\overline{d}(x')]+\frac{1}{9}[s(x')+\overline{s}(x')]$ 或写为 $f^{\mathrm{ep}}(x')$.

玻色型或费米型夸克

对正 q^2 区域分析时, 我们假定夸克服从费米统计. 如果对完备态求和的式 (11.36.1) 中应用玻色统计, 上文结论发生改变. 首先, 费米统计中的不相容原理变成了玻色统计中倾向于辐射增加的效应 (因辐射量子已存在). 费米统计变为玻色统计导致的另一变化为闭圈图 $\langle 0|JJ|0\rangle$ 的贡献变号 [参见: R.P. Feynman, Phys. Rev. 76, 756 (1949)] .

另一方面, 如果应用玻色统计, $\langle 0|JJ|0\rangle$ 的虚部为负, 故而不能写为若干正概率之和 $\sum_x |\langle 0|J|x\rangle|^2$, 而是这个和式的负值. 这就是人们通常证明自旋和统计关系的出发点, 自旋为二分之一的粒子不可能被自洽地解释为玻色子. 玻色型夸克概念的直接应用, 导致 $\mathrm{e^+e^-}\rightarrow$ 任意强子 截面中的 "Drell 常数" 取 $-\frac{2}{3}$, 这是不可能的. 想当然地将夸克视作玻色子, 也会导致这样一个错误结论: 两个质子的总波函数满足交换对称. 如果夸克遵循准统计规律, 那么这些问题都将不复存在.

区域 II

我们继续讨论式 (13.39.7), 现在转到 $\nu\to\infty$ 而 $-q^2$ 有限的区域. 这里我们期望 $2MW_1$ 的形式为 ν 乘以一个依赖于 q^2 的函数, 即 $2MW_1=2M\nu\dfrac{g(-q^2)}{-q^2}$. 在这个区域内, 式 (13.39.7) 变为

$$2MW_1=2M\nu\int_0^{\infty}\mathrm{d}\sigma\int_{-1}^{+1}\mathrm{d}\beta h(\sigma,\beta)\delta(q^2+2M\nu\beta-\sigma)$$

乍看起来, 对 $\nu\to\infty$ 的情形, 我们可以忽略 δ 函数中的 $-q^2-\sigma$ 从而得到 $2MW_1=\int_0^{\infty}h(\sigma,0)\mathrm{d}\sigma$, 这是一个不依赖于 q^2 的常数. 显然这是错误的. 然而, 由式 (13.39.9) 可知这个"常数"等于 $f(0)$, 根据已有知识该常数为无穷大 (对于小 x, 有 $f(x)\approx\dfrac{a}{x}$). 这提示我们, $h(\sigma,\beta)$ 在小 β 极限下是奇异的

$$h(\sigma,\beta)=\frac{k(\sigma)}{\beta}\tag{13.39.10}$$

将上式代入积分内, 得

$$2MW_1=2M\nu\int_0^{\infty}\frac{k(\sigma)}{\sigma-q^2}\mathrm{d}\sigma$$

因此

$$\frac{g(-q^2)}{-q^2}=\int_0^{\infty}\frac{k(\sigma)}{\sigma-q^2}\mathrm{d}\sigma$$

上式给出了虚光子总截面对 $-q^2$ 的依赖关系. 当 $-q^2$ 取很大值时, $g(-q^2)$ 的极限趋近于 $\int_0^{\infty}k(\sigma)\mathrm{d}\sigma$.

第 40 讲

区域 III

最后我们来讨论区域 III: $\nu\to\infty$ 且 $-q^2$ 很大, 但同时 $M_x^2-M^2=2M\nu-(-q^2)$ 又保持有限值. 我们预期有 $2MW_1=(-q^2)^{-\gamma}h(M_x^2-M^2)2M\nu$, 这里 h 是只关于 $M_x^2-M^2$

的函数. $(-q^2)^{-\gamma}$ 取为弹性散射 ($M_x^2-M^2=0$) 中的典型形式, 其中 γ 可能为 4 或 5. 当 x 接近 1 时, 有 $f(x)\sim A(1-x)^{\gamma-1}$; 当 $M_x^2-M^2$ 取值很大时, $h(M_x^2-M^2)$ 趋近于 $A(M_x^2-M^2)^{\gamma-1}$.

在这个区域, 式 (13.39.7) 变为

$$2MW_1=2M\nu\int_0^{\infty}\mathrm{d}\sigma\int_{-1}^{+1}\mathrm{d}\beta\delta\left(M_x^2-M^2+2M\nu(\beta-1)-\sigma\right)h(\sigma,\beta) \tag{13.40.1}$$

如果做一个"自然"的猜测 (即 δ 函数中相比于 $2M\nu(\beta-1)$ 忽略掉 $M_x^2-M^2-\sigma$) 会再一次导致错误结论: $2MW_1=\int_0^{\infty}\mathrm{d}\sigma h(\sigma,1)$, 变成一个和 $M_x^2-M^2$ 无关的常数. 但是我们可以通过对 $\beta=1$ 附近 $h(\sigma,\beta)$ 的行为做更复杂的猜测来修正上述结果. 因为从式 (13.39.9) 可知, 当 $x\to 1$ 时, $\int_0^{\infty}\mathrm{d}\sigma h(\sigma,x)$ 取值为 0 (类似于$A(1-x)^{\gamma-1}$). 因此获取答案的途径之一是假定 $h(\sigma,\beta)$ 在 $\beta=1$ 附近趋于 0. 比如假定

$$h(\sigma,\beta)=D(\sigma)(1-\beta)^{\gamma-1}\quad(\text{当}\beta\to 1\text{时})$$

这里 $\int_0^{\infty}D(\sigma)\mathrm{d}\sigma=A$. (更一般地, 我们需要假定 γ 依赖于 σ, 这样做除了在此区域内出现一些对结果影响不大的对数依赖之外, 最终结果几乎相同. 不过这一点在实验上并没有了解清楚). 代入到式 (13.40.1) 中积分 (δ 函数会给出 $1-\beta=\dfrac{M_x^2-M^2-\sigma}{2M\nu}$), 我们得到

$$2MW_1=(2M\nu)^{-\gamma+1}\int_0^{M_x^2-M^2}(M_x^2-M^2-\sigma)^{\gamma-1}D(\sigma)\mathrm{d}\sigma \tag{13.40.2}$$

因此, 这是个正确的形式, 如果下式得到满足 (令 ${M_x}^2-M^2=\lambda$):

$$h(\lambda)=\int_0^{\lambda}(\lambda-\sigma)^{\gamma-1}D(\sigma)\mathrm{d}\sigma \tag{13.40.3}$$

这个结果初看起来是令人满意的; 如果 $D(\sigma)$ 随着 σ 变化衰减得足够快, 在 λ 很大时 h 会具有正确的渐近行为 $A\lambda^{\gamma-1}$, 并且 $\int_0^{\infty}D(\sigma)\mathrm{d}\sigma=A$. 然而, 如果假定 $D(\sigma)$ 是一个简单函数, 我们会再一次被从这个等式得到的关于 $h(\lambda)$ 的定性预期所蒙蔽. 式 (13.40.3) 中的积分操作有非常强的光滑效果; 对于不那么简单的 $D(\sigma)$, 会导致我们猜测我们已知的哪些是正确的——对于较小的 λ, $h(\lambda)$ 表现出一系列峰和谷, 即共振峰. 并不是说式 (13.40.3) 意味着共振峰不可能, 而是说式 (13.40.3) 里加上 $D(\sigma)$ 不太复杂 (比如, 它没有以一种迅速异常的方式变化) 这一猜测之后没法做到. 为了说明这一点, 考虑 $\gamma=4$ 的情况, 注意到求解式 (13.40.3) 可得如下结果:

$$D(\lambda)=\frac{1}{6}\frac{\mathrm{d}^4}{\mathrm{d}\lambda^4}h(\lambda) \tag{13.40.4}$$

这个共振的四阶导数以一种非常奇特的方式震荡 (处理共振区域有一种更加聪明的方式, 参见: Cornwall, Corrigan and Norton, Phys. Rev. D3, 536 (1971) 以及下一节的讨论).

总结一下这类研究, Deser, Gilbert, Sudarshan 表示对于得出色散关系是一个非常有用的形式工具. 它能够使用一些函数 $h(\sigma,\beta)$ 来表征我们已知的实验数据. 但是令人失望的是, 它的预言能力 (通过猜测 $h(\sigma,B)$ 的合理行为) 并不强大, 这是因为首先我们不清楚这个函数的物理图像, 其次这个函数表现得像实验数据本身一样复杂 (甚至更加复杂).

事实上, $h(\sigma,\beta)$ 似乎并不是一个具有丰富的直接物理意义的函数, 它单纯是一种借助与一定数学形式来满足光锥外对易子为零这一要求的手动输入.

尝试去寻找能满足上述要求的另外的数学形式, 使其中内核函数具有一定的直接物理意义, 或许是有益的.

Deser, Gilbert, Sudarshan 表示中的散射

给定任意形式的对易子, 使用式 (11.37.2) 色散关系, 我们都可以找到它对应的散射振幅 $T(q^2,\nu)$. 通过直接替换式 (13.39.7), 容易看出, 具有正确的对应于 $2MW_1$ (称之为 $2MT_1$) 的自旋依赖 (即 $\delta_{\mu\nu}q^2-q_\mu q_\nu$ 部分) 的散射振幅是

$$2MT_1=-2M\nu\int_0^\infty \mathrm{d}\sigma\int_{-1}^{+1}\mathrm{d}\beta h(\sigma,\beta)\left(q^2+2M\nu-\sigma+\mathrm{i}\varepsilon\mathrm{sgn}(\nu+M\beta)\right)^{-1}+\text{“海鸥”项} \tag{13.40.5}$$

$$2MW_1=2M\nu\int_0^\infty \mathrm{d}\sigma\int_{-1}^{+1}\mathrm{d}\beta h(\sigma,\beta)\mathrm{sgn}(\nu+M\beta)\delta(q^2+2M\nu-\sigma) \tag{13.40.6}$$

这里用的是因果振幅的约定, 在 Feynman 约定下, $\mathrm{i}\varepsilon\mathrm{sgn}(\nu+M\beta)$ 简单地被 $\mathrm{i}\varepsilon$ 替代. 这里的“海鸥”项是一个关于 q^2 和 ν 的多项式. 这可以被很容易的检验 (简单地注意到:

$$\begin{aligned}\mathrm{sgn}(\nu+M\beta)\delta(q^2+2M\nu\beta-\sigma) &= \mathrm{sgn}(\nu+M\beta)\delta\left((\nu+MB)^2-E^2\right)\\ &= \frac{\delta(\nu+M\beta-E)-\delta(\nu+M\beta+E)}{2E}\end{aligned}$$

式中我们使用了 $E=+(\sigma+M^2\beta^2+Q^2)^{\frac{1}{2}}$).

备注 1: 因为我们已经把 T_1 表示成了一个 ν 因子乘上一个积分的形式, 所以我们真正处理的是 $\dfrac{W}{\nu}$ 和 $\dfrac{T}{\nu}$; 但是在 ν 中有一个极点 ($\nu \to 0$ 时 $W_1 \to 0$, 但是 T_1 没有趋于 0). 为了避免这种情况, 可以在我们的色散关系式中使用 $\dfrac{W_1}{\nu}$ 来得到 $\dfrac{T_1(q^2,\nu)-T_1(q^2,0)}{\nu}$.

备注 2: 从式 (13.40.5) 和式 (13.40.6) 可以很明显地看到, 它们尽管是从固定 Q(q 的空间部分) 下的 ν 的色散关系中推导出的, 但是它们也满足一个固定 q^2 (对于 $q^2<0$) 的色散关系 (一次减除过的色散关系式):

$$T_1(q^2,\nu)-T_1(q^2,0)=\frac{\nu^2}{2\pi}\int_0^{\infty}\frac{\mathrm{d}(\nu')^2}{(\nu')^2\left(\nu'^2-(\nu+\mathrm{i}\varepsilon)^2\right)}W_1(q^2,\nu') \tag{13.40.6a}$$

(这里假定除了被吸收进入 $T_1(q^2,0)$ 的常数项之外, 不存在其他 "海鸥" 项. 这点可以通过直接把式 (13.40.6) 代入式 (13.40.6a) 看到, 记住 $W(q^2,-\nu')=-W(q^2,\nu')$ 也就是 $h(\sigma,\beta)=-h(\sigma,-\beta)$.)

我们来考虑

$$\int\frac{\mathrm{d}\nu'}{\nu'-(\nu+\mathrm{i}\varepsilon)}\delta(q^2+2M\beta\nu'-\sigma)\mathrm{sgn}(\nu'+M\beta)=\frac{-1}{q^2-\sigma+2M\beta\nu+\mathrm{i}\varepsilon\mathrm{sgn}\beta}$$

这里除了 $\mathrm{i}\varepsilon\mathrm{sgn}\beta$ 应该换成 $\mathrm{i}\varepsilon\mathrm{sgn}(\nu+M\beta)$ 之外, 每一处都很明确. 让我们选择 $\nu>0$ 的情形 (T 关于 ν 是对称的). 于是, 对于 $q^2<0$, 如果 β 是负的, 在 $(q^2+2M\beta\nu-\sigma+\mathrm{i}\varepsilon)^{-1}$ 中没有极点, 这里 $\mathrm{i}\varepsilon$ 的符号是任意的; 我们可以用 $\mathrm{sgn}(\nu+M\beta)$ 替代 $\mathrm{sgn}\beta$. 如果 $\beta>0$, $\mathrm{sgn}\beta=+=\mathrm{sgn}(\nu+M\beta)$, 所以上述替换仍然正确. (当 ν 为负时, 符号相反.) 所以我们有

$$\frac{T_1(q^2,\nu)-T_1(q^2,0)}{\nu}=-\int_{-\infty}^{\infty}\frac{\mathrm{d}\nu'}{\nu'-(\nu+\mathrm{i}\varepsilon)}\frac{W_1(q^2,\nu')}{\nu'}$$

由于 $\dfrac{W_1}{\nu'}$ 是对称的, 所以利用 $\dfrac{1}{\nu'-(\nu+\mathrm{i}\varepsilon)}+\dfrac{1}{-\nu'-(\nu+\mathrm{i}\varepsilon)}=\dfrac{-2\nu}{-\nu'^2+(\nu+\mathrm{i}\varepsilon)^2}$, 我们可以将积分范围改为 0 到 ∞. 这样即得到式 (13.40.6a).

对于收敛更快的 W_2, 我们预期有一个对应的非减除色散关系:

$$T_2(q^2,\nu)=\frac{1}{2\pi}\int_0^{\infty}\frac{\mathrm{d}(\nu')^2}{(\nu')^2-(\nu+\mathrm{i}\varepsilon)^2}W_2(q^2,\nu')\quad \text{对于}q^2<0$$

$q^2=0$ 时这正是 Kronig-Kramers 公式, 它将折射率 (向前光散射) 的实部和虚部联系在一起, 若信号是出现于进入一块散射材料之后, 折射率是必需的.

我们现在再次尝试着 (后面会看到并不成功) 去得出一些关于 $2MW_1$ 的预期的极限, 因为我们知道它是一个因果性 (即在光锥外的空间中为零) 对易子. 这次我们将使用不仅仅适用于大 ν 也适用于任何 ν 的行为. 比如我们知道对于弹性散射, 如果质子是个点电荷, 我们会得出: 对于 $\nu>0$, $2MW_1=2M\nu\delta\left((p+q)^2-M^2\right)=$

$2M\nu\delta(q^2+2M\nu)$. (为得到正确的关于正负 ν 值的对称性, 它可以被更准确地写为 $2MW_1 = 2M\nu[\mathrm{sgn}(\nu+\mathrm{M})\delta(q^2+2M\nu) - \mathrm{sgn}(\nu-M)\delta(q^2-2M\nu)]$.) 正如我们所见, 它显然是满足因果律的, 因为它是从微扰场论中得出的.

现在回到真实情况, 它还要乘上一个因子 (弹性形状因子的平方), 这个因子是 q^2 的函数, 比如记作 $f(q^2)$, 从 $q^2=0$ 开始向负的 q^2 逐渐衰减, 在大的 $-q^2$ 时表现为 $(-q^2)^{-\gamma}$. 可以预期对描述点粒子的函数做这种调整会模糊化点粒子特征并且可能意味着因果性的缺失——这种缺失必须要由来自于偏离弹性质壳项 (对应着其他共振等) 的正确贡献来弥补. 因此我们是否能够根据我们对 q^2 为负时 $f(q^2)$ 行为的了解不对其他区域的行为做要求, 尤其是非弹性区域? 不幸的是, (参见: Cornwall, Corrigan and Norton, Phys. Rev. D3, 537 (1971)) 不可能在 q^2 为负时保持在弹性质壳上而单独调整 q^2 为正时的行为从而仍然容许几乎任何的非常平滑衰减的 $f(q^2)$. 特别地, 如果在负 q^2 区域 $f(q^2)$ 可以写成如下形式:

$$f(q^2) = \int_0^\infty \frac{\rho(\mu)\mathrm{d}\mu}{q^2-\mu} \tag{13.40.7}$$

它就能够做到. 我们可以通过以下考虑来看出为何如此, 并对构建因果性函数有更好的物理感受. 最容易处理的是散射函数 T, 为了使它们满足因果律, 它们一定得是推迟对易子的 Fourier 变换, 从而在向前光锥外为零. 我们令 $a(x,t)$ 是这样一个函数, 而 $A(q)$ 是它的 Fourier 变换, 而令 $b(x,t)$ 是另一个这样的函数, $B(q)$ 是它的 Fourier 变换. $a(x,t)$ 和 $b(x,t)$ 的卷积从几何上来看显然是一个这样的函数 (满足在向前光锥外取值为零), 因此, 它的 Fourier 变换或者简单说 $A(q)B(q)$ 也是满足条件的 (一个因果性散射函数).

我们看到因果性散射函数通过相乘 (或相加) 进行组合之后还是因果性函数. 最简单的因果性散射函数是:

$$[q^2-m^2+\mathrm{i}\varepsilon\mathrm{sgn}q_4]^{-1} \tag{13.40.8}$$

我们可以将其推广 (在时空中乘以 $\mathrm{e}^{\mathrm{i}u\cdot x}$), 发现对于任意的四维矢量 u_μ:

$$[(q+u)^2-m^2+\mathrm{i}\varepsilon\mathrm{sgn}(q_4+u_4)]^{-1} \tag{13.40.9}$$

也是个因果函数. 于是点粒子的弹性散射函数

$$[(q+p)^2-M^2+\mathrm{i}\varepsilon\mathrm{sgn}(+M)]^{-1} \tag{13.40.10}$$

显然也是满足因果律的 (同样地可以把 q 换成 $-q$). 我们可以将它乘以一个类似式 (13.40.8) 的表达式, 我们看到

$$[q^2-m^2+\mathrm{i}\varepsilon\mathrm{sgn}\nu]^{-1}[(q+p)^2-M^2+\mathrm{i}\varepsilon\mathrm{sgn}(\nu+M)]^{-1}$$

也满足因果律. 对于任何 $m^2=\mu$ 这都是对的, 因此任何经权重因子 $\rho(\mu)\mathrm{d}\mu$ 叠加后的结果也必然满足因果律. 所以一个如下的散射振幅 (注意到 $(q+p)^2-M^2=q^2+2M\nu$):

$$\frac{T_1}{\nu}=\int\frac{\rho(\mu)\mathrm{d}\mu}{q^2-\mu+\mathrm{i}\varepsilon\mathrm{sgn}\nu}\frac{1}{q^2+2M\nu+\mathrm{i}\varepsilon\mathrm{sgn}(\nu+M)} \tag{13.40.11}$$

本身也是因果的. 为了得到正确的关于 ν 的对称性, 我们只需要加上相应的将 ν 换成 $-\nu$ 的表达式; 我们将假设后面总是这样做, 不显式写出.

(如果将前面的因子当成一个由虚粒子导致的形状因子, 就像每个顶点上的 ρ 函数, 你可能会发现这在物理上更加令人满意而且更容易解释. 它们在一个顶点上会贡献一个因子:

$$g(q^2)=\int_0^{\infty}\frac{w(\mu)\mathrm{d}\mu}{q^2-\mu+\mathrm{i}\varepsilon\mathrm{sgn}\nu} \tag{13.40.12}$$

这里 μ 是虚粒子的质量平方, w 代表着该虚粒子贡献的权重; g 是因果的. 我们预期在式 (13.40.10) 乘上 $(g(q^2))^2$, 一个在每处耦合都会出现的因子; 这个结果依然是因果的, 而且可能在物理上更易于理解.)

为了从式 (13.40.11) 得到对易子 $\dfrac{W_1}{\nu}$, 我们仅需要取它的虚部:

$$\begin{aligned}\frac{W_1}{\nu}=&\int_0^{\infty}\mathrm{PV}\frac{1}{q^2-\mu}\rho(\mu)\mathrm{d}\mu\ \pi\ \mathrm{sgn}(\nu+\mathrm{M})\delta(q^2-2M\nu)+\\&+\int_0^{\infty}\pi\ \mathrm{sgn}\ \nu\ \delta(q^2-\mu)\rho(\mu)\mathrm{d}\mu\mathrm{PV}\frac{1}{q^2+2M\nu}\end{aligned} \tag{13.40.13}$$

在 $q^2<0$ 区域, 最后一项会消失, 这样仅剩下点电荷的弹性散射乘上式 (13.40.7) 给出的因子 $f(q^2)$.

令人失望的是, 因果律的约束不会影响我们的实验可观测区域 ($q^2<0$). 此外, 实际上从以下积分 ($-q^2=Q^2$) 中反推出 $\rho(\mu)$ 十分困难:

$$f(Q^2)=\int_0^{\infty}\frac{\rho(\mu)}{(Q^2+\mu^2)}\mathrm{d}\mu \tag{13.40.14}$$

即使能做到相当精确. 除非有些物理论据 (比如 ρ 是主导的等) 是有效的, 否则从积分式中不容易精确反解出 $\rho(m)$. 于是我们又回到如何从物理角度理解这个过程; 那些数学性质并没有像我们所希望的那样对我们有很大帮助.

(我们知道, 如果 $f(Q^2)$ 衰减地比 $\dfrac{1}{Q^2}$ 还快, 比如说按 $\left(\dfrac{1}{Q^2}\right)^4$ 衰减, 那么我们可以从式 (13.40.14) 得出结论: $\int_0^1\rho(\mu)\mathrm{d}\mu=0$. 这个关系被称为超收敛关系—— $f(Q^2)$ 在大 Q^2 区要比它形式上展示的收敛得更快. 由于 f 按 $\left(\dfrac{1}{Q^2}\right)^4$ 形式衰减, 我们可以再次得出结论: $n=0,1,2$ 时, 矩 $\int_0^{\infty}\mu^n\rho(\mu)\mathrm{d}\mu$ 为零. 或者说, f 可以表达成 $(g(q^2))^2$, 其中 $g(q^2)=\int\gamma(\mu)(q^2-\mu)^{-1}\mathrm{d}\mu$ 且 $\int\gamma(\mu)\mathrm{d}\mu=0$.)

第 41 讲

上一讲结尾所讨论的想法可以立即推广到经由中间共振态的散射, 比如说质量为 M_x^2, 记 $M_x^2 - M^2 = \lambda$. 点粒子耦合会给出形如 $(q^2+2M\nu-\lambda+\mathrm{i}\varepsilon\mathrm{sgn}(\nu+M))^{-1}$ 的散射. 我们可以乘上任何形状因子, 比如 $\rho(\lambda,\mu)$. 因此我们可以用一系列 s 道的共振求和来将它表示出来, 这里每一个共振都有一个平方的形状因子:

$$f(\lambda,-q^2)=\int\frac{\rho(\lambda,\mu)}{-q^2+\mu}\mathrm{d}\mu \tag{13.41.1}$$

从所有这些 (s 道共振表示) 得到的总散射可以写成

$$\begin{aligned}\frac{T_1}{\nu}=&\int_0^\infty\int_0^\infty\frac{\rho(\lambda,\mu)}{q^2-\mu+\mathrm{i}\varepsilon\mathrm{sgn}\nu}\frac{\mathrm{d}\lambda\mathrm{d}\mu}{q^2+2M\nu-\lambda+\mathrm{i}\varepsilon\mathrm{sgn}(\nu+M)}+\\&+\text{相同项}(\nu\to-\nu)+\text{“海鸥”项}\end{aligned} \tag{13.41.2}$$

与之相关的 W_1 (即 $\dfrac{T_1}{\nu}$ 的虚部) 是

$$\begin{aligned}\frac{W_1}{\nu}=&\int_0^\infty\int_0^\infty\rho(\lambda,\mu)\mathrm{PV}\frac{\pi}{q^2-\mu^2}\Big[\mathrm{sgn}(\nu+M)\delta(q^2+2M\nu-\lambda)\\&-\mathrm{sgn}(\nu-M)\delta(q^2-2M\nu-\lambda)\Big]\mathrm{d}\lambda\mathrm{d}\mu+\\&+\pi\mathrm{sgn}\nu\int_0^\infty\int_0^\infty\rho(\lambda,\mu)\delta(q^2-\mu^2)\mathrm{PV}\left(\frac{1}{q^2+2M\nu-\lambda}-\frac{1}{q^2-2M\nu-\lambda}\right)\mathrm{d}\lambda\mathrm{d}\mu\end{aligned} \tag{13.41.3}$$

对于 $q^2<0$, 最后一项为零, 对于 $\nu>0$ 我们有简单公式

$$\frac{W_1}{\nu}=\pi\int_0^\infty f(\lambda,-q^2)\delta(q^2+2M\nu-\lambda)\mathrm{d}\lambda=f(q^2+2M\nu,-q^2) \tag{13.41.4}$$

它是每个有着式 (13.41.1) 所示形状因子 $f(\lambda,-q^2)$ 的有效质量贡献的叠加.

我们还没有走完一个完整的计算流程么? 我们最早给出的 W_1 表达式的形式为 (除去光子的极化因子):

$$\sum|\langle p|J(q)|x\rangle|^2\delta\left((q+p)^2-M_x^2\right)\quad(\text{对于 }q^2>0,\nu>0)$$

它看起来和式 (13.41.4) 很像. 这里 δ 函数正是 $\delta(q^2+2M\nu-\lambda)$, 所以我们把 $f(\lambda,-q^2)$ 理解为 $\sum|\langle p|J(Q)|x\rangle|^2$, 对所有给定质量平方 $=M^2+\lambda$ 的态求和. (初看起来这似乎是关于 Q^2 的函数, 即动量转移空间部分的平方, 而不是关于 $q^2=\nu^2-Q^2$ 的函数; 但由于 δ

函数将 ν 和 Q^2 联系在一起, 所以二者是一样的.) 我们看到 $f(\lambda,-q^2)$ 在 $-q^2>0$ 时必须是正的; 这是因为最小的弹性质量 $M_x=M(\lambda=0)$ 与 $M_x=M+m_\pi$ ($\lambda_{\rm th}=2m_\pi M+m_\pi^2$) 处的连续谱是分离开的. 函数 $f(\lambda,q^2)$ 和 $\rho(\lambda,\mu)$ 都会有一个 δ (λ) 的贡献, 随后式 (13.41.3) 中的积分就从非弹性阈值 $\lambda_{\rm th}$ 开始积到 ∞.

到这里我们可能还没有走完全程. 首先我们知道: ①权重因子 $f(\lambda,-q^2)$ 必然会表示成式 (13.41.1) 那种形式; ②实验中无法观测的 $q^2>0$ 区域的权重因子如何表示 (见式 (13.41.3)), 并且我们也知道与之相关的散射函数式 (13.41.2). 但我们了解它的形式吗?

前面我们只证明了式 (13.41.2) 的形式满足因果律, 并没有证明所有满足因果律的函数都可以写成式 (13.41.2) 的样子, 当下我们不认为能够做到这一点.

既然式 (13.41.2) 满足因果律, 它必然能表示成式 (13.39.6) 那种 DGS 形式. 一条途径 (由 Cornwall, Corrigan and Norton, Phys. Rev. D3, 536 (1971) 所建议) 是通过

$$\int_0^1 \frac{\mathrm{d}\beta}{[q^2+2M\nu\beta-\lambda\beta-\mu(1-\beta)]^2}=\frac{1}{q^2-\mu}\frac{1}{q^2+2M\nu-\lambda}$$

将分母项结合起来 (想要更简单的话, 可以使用 Feynman 振幅, 用 $\mathrm{i}\varepsilon$ 代替 $\mathrm{i}\varepsilon\mathrm{sgn}(\cdots)$), 以得到单个分母项. 然后我们令 $\sigma=\lambda\beta+\mu(1-\beta)$ 并对 σ 分部积分来证明

$$h(\sigma,\beta)=\int_0^\infty\int_0^\infty \rho(\lambda,\mu)\delta'(\lambda\beta+\mu(1-\beta)-\sigma)\mathrm{d}\lambda\mathrm{d}\mu \tag{13.41.5}$$

当然此式可以简化. 如果由 $h(\sigma,\beta)$ 出发我们总能找到一个 $\rho(\lambda,\mu)$ 来给出这个 h, 那我们便可以证明式 (13.41.2) 也同样是一个必然形式 (假定 DGS 表示已被证明). 我们怀疑这一点并不能做到, 尽管式 (13.41.2) 看起来非常物理, 它并不是一个完整表达式; 但或许可以通过添加其他形式的项 (其他类型的图, 或者 s 道之外的其他道) 来得到一个完整表达式. 这是一个好问题.

如何根据 $q^2<0$ 时的 W 得出所有 q 值时的 W?

要解决这个问题, 我们需要去看所知的 W 是否是满足因果性的函数, 它的值是不是只对于负的 q^2 成立, 以至于可以让我们找到所有的 q^2 和 ν. 对于有限的实验精度而言我们所知的 $f(\lambda,-q^2)$ 函数中的信息不允许我们了解到 $\rho(\lambda,\mu)$ 的全貌, 且数学上无法单独定义 $q^2>0$ 时的 $f(\lambda,-q^2)$, 我们目前并不关注这些实际情况. 相反地, 我们假设 $q^2<0$ 时的 W_1 函数完全已知, 我们要问的是 T 在何种程度上是处处明确的.

这非常有趣, 因为有些物理量诸如电磁自能, 或许可以利用 T 函数的积分来定义 (比如 $\int T(q^2)\mathrm{d}^4q/q^2$). 如果在实验允许的范围内 T 可以被 W 唯一确定, 我们或许可以根据 $q^2<0$ 时的 W 函数直接找到这些积分的表达式. (自能的 Cottingham 公式.)

在允许的范围 (类动量 q^2) 内给定 $W(q^2,\nu)$, 在类能量 q^2 区域里 $W(q^2,\nu)$ 能有多唯一呢? 令 $W_a(q^2,\nu)$ 和 $W_b(q^2,\nu)$ 是两个在 $q^2<0$ 时彼此一致的两个因果性函数, 我们来研究一下它们的差值 $W_d=W_a-W_b$ 都有哪些可能. 在 $q^2<0$ 时 $W_d(q^2,\nu)=0$, 因此 W 是满足因果律的. 什么样的形式是它必然会有的呢? 我们立即可以看出 W 并不一定为零, 因为 $\text{sgn}\nu\delta(q^2-m^2)$ 在 $q^2<0$ 时已经为零. 为了给出最一般的形式我们利用 Dyson 定理 (因为它也是因果性的) 可知 W_d 一定可以表示成如下形式

$$W_d=\int \mathrm{d}^4u\int_0^{\infty}\mathrm{d}s^2\text{sgn}(q_0-u_0)\delta\left((q-u)^2-s^2\right)\phi\left(u,s^2\right) \tag{13.41.6}$$

这里 ϕ 在双曲面 $(q-u)^2=s^2$ 未穿过动量 q 空间中 S 区域 (已知里面 W_d 为零) 的那些区域内是非零的. 因此 S 区域就是整个 $q^2<0$ 区域. 可以看出, 每个双曲面都和 S 区域相交, 除非 $u=0$. 于是 W_d 最一般的形式为

$$W_d=\int_0^{\infty}\text{sgn}\nu\delta\left(q^2-s^2\right)\phi\left(s^2\right)\mathrm{d}s^2=\text{sgn}\nu\phi\left(q^2\right) \tag{13.41.7}$$

由定义知当 $x<0$ 时 $\phi(x)=0$.

因此, 在实验所允许的 $q^2<0$ 范围内对 $W_1(q^2,\nu)$ 的完整了解允许 W_1 在整个空间范围得到定义 (可包含任意常数), 它在 q^2 为正时是 q^2 的函数 (不依赖于 ν). T 也能被确定, 如果忽略函数

$$\int\frac{\phi\left(s^2\right)\mathrm{d}s^2}{q^2-s^2+\mathrm{i}\varepsilon\text{sgn}\nu} \tag{13.41.8}$$

严格来说, 这样的论据并不合理, Dyson 定理中可能包含 δ 函数在时空中的梯度. 更准确地说, 对每个正 q^2 而言, 函数 W 是由 $W(q^2,\nu)$ 在 $q^2<0$ 区间内的行为决定的, 可能相差一个关于 ν 的未知多项式, 多项式的系数是 q^2 的任意函数. 物理上关于 ν 很大时渐近行为的论据可以用来限制这些多项式的次数. 在 $x<0$ 区域的标度无关的极限与 W 为奇函数的事实告诉我们式 (13.41.7) 必然具有 $\nu\phi(q^2)$ 形式 (当 $\nu>0$ 时), 并且在忽略式 (13.41.8) 给出的 q^2 函数的意义下 T_1 能够被确定. 注意这个函数在 $q^2<0$ 时不为零, 所以 $q^2<0$ 情况下 T_1 也能由 W 完全决定. 这与色散结果式 (13.40.6a) 一致, 那里必须做一次减除, 有一个任意函数 $(T_1(q^2,0))$ 无法确定.

第 14 章

电磁自能

第 42 讲

电磁自能

现在我们来讨论一下如何从已知 T 的信息来计算质子和中子电磁性质的可能性. 既然我们已经在 W 中测量了质子的电磁耦合, 我们希望用这一实验所得的信息去确定质子和中子的电磁能以及它们的质量差, 并与实验值比较. 这一希望初看起来可能性不大, 因为我们对 $q^2<0$ 时 W 的认知并不足够来确定全空间的电磁耦合 (T)——前面提到的任意函数 $\phi(s)$ 还未确定. 所以要解决质子-中子质量差的关键之处是我们是否可以找到一个理论上或者实验上唯一确定 T 的办法, 比如在 $q^2<0$ 的范围内确定色散关系 (13.40.6a) 中的 $T_1(q^2,0)$.

在我们从数学角度开始讨论它之前, 先来看看我们可以期待推导出什么吧. 我们知道一个自旋为 $\dfrac{1}{2}$ 的点粒子的质量值是呈对数发散的. 对于电子质量来说 $\Delta(m^2)=m^2\dfrac{3e^2}{2\pi}\ln\dfrac{\Lambda^2}{m^2}$, 其中的 Λ 是当我们将光子传播子替换成下式时电动力学中的截断上限.

$$\frac{1}{q^2}\to\frac{1}{q^2}\left(\frac{-\Lambda^2}{-\Lambda^2+q^2}\right)$$

这个 $\Delta(m^2)$ 在实验上是无法观测的. 质子的电磁能的计算也存在相似的发散, 它也无法直接观测, 但

$$\left(\Delta M^2\right)_{\text{质子}}-\left(\Delta M^2\right)_{\text{中子}}=-1.2934\,\mathrm{MeV}$$

却是可以观测的, 并且可以测到五位有效数字. 我们可以计算它吗? 或者我们可以进行数量级估计吗? 我们现有的理论是否说明它必定是无穷大?

如果我们对核子内部的电磁相互作用一无所知, 那么我们对核子的电磁能就没有任何预言力可言. 既然现在我们已经有了一些关于核子内部的电磁信息, 我们希望可以从中做出一些具体的理论预言.

我们知道电磁自能发散都是发生在高频段, 以前我们猜测强子在高频段应该是软的, 电磁自能是收敛的. 但是我们现在从非弹性散射实验知道, 至少它们看起来是由点粒子构造而成的. 点粒子的行为必然会带来能量的发散吗? 当然, 对于质子和中子而言它们的质量都会发散, 唯有它们之间的质量差需要收敛, 但是它们的点结构因子的差值 $W_{1\mathrm{p}}-W_{1\mathrm{n}}$ 也是有限值, 而且在标度无关的极限上是点状的. 光子传播子和电子传播子中 δ 函数的重合让电磁自能发散, 现在我们所看到的质子质量, 中子质量, 质子-中子质量差都在光锥上有奇异性的表现, 所以这第一眼看起来似乎发散是无法避免的.

让我们估计一下这个发散大概是多少. 因为此时我们讨论的是高能区的核子行为我们可以假设质子就是部分子的组合. 在高能标度极限下, 最主要的自能图贡献是来自光子被同一个部分子发射和吸收的过程, 所以, 如果我们只关心自能的发散部分 $(\ln\Lambda^2)$, 就好像每一个部分子都在质量上有了一个正比于 $\Delta m_i^2=m_i^2e_i^2\ln\Lambda^2/m_i^2$ 的平移, 在此 e_i 和 m_i 分别是部分子的电荷和质量. 这会多大程度改变质子质量? 我们并不确定. 我们可以通过对每一个部分子的改变 $\varepsilon-p=\dfrac{Q^2+m^2}{2Px}$ 求和来计算这个改变 $E-P_z=M^2/2P$ 的

具体值. 利用这一点, 我们可以得到

$$(\Delta M^2)_{核子}=\sum_{部分子}\frac{\Delta m^2}{x}=\int\frac{m^2}{x}f^{\mathrm{ep}}(x)\ln\Lambda^2\mathrm{d}x$$

这样做有很多缺点 (这甚至会更加发散, 因为 $f_{\mathrm{ep}}\sim 1/x$, 以及 x 的积分不能覆盖 0). 这里的能量并不止是部分子的动能之和, 也同样包括部分子之间相互作用的能量. 这反映在包含部分子质量平方项的危险表达公式里面, 到现在为止这个对于 $\pm\Delta$ 来说是毫无意义. 在一阶项, 部分子的分布函数变化了, 所以整个 m^2 并没有能正确地计算. (也许用旧的波函数在哈密顿量中计算 $\langle\psi|\Delta V|\psi\rangle$ 的微扰是正确的, 但是 $\Delta V=\Delta m^2a^*a$ 不是哈密顿量的变化而只是拉格朗日量的变化, 在哈密顿量里有很多相互作用项通过 $1/\sqrt{2\omega}$ 的因子来表现等等, 所以我们还没有正确地计算这个微扰效应.)

很可能在相互作用中 (或者出于某种原理规则) $m_i^2=0$ 或者它的有效值是 0 (这来自 Zachariasen 给我的提议), 这样依赖于 $\ln\Lambda^2$ 的对数发散的微扰 Δ_i 就不会出现. 我们现在并不能确定是否真正如此. 如果想要更深入地探讨这个问题, 我们需要一些更加详细的定量计算.

电磁质量的变化来自于发射和重新吸收一个虚光子.

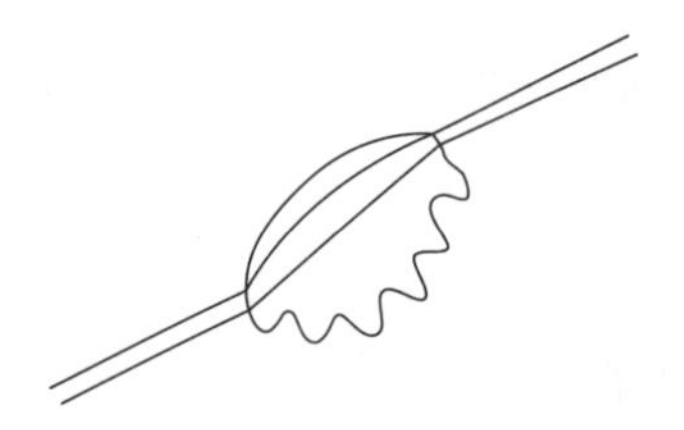

图14.1

QED 告诉我们这个图代表 $\int\langle\mathrm{p}|\{J_\mu(2)J_\mu(1)\}_T|\mathrm{p}\rangle\delta_+(s_{12}^2)\mathrm{d}\tau$, 此处 $\delta_+(s_{12}^2)$ 是光子传播子. 通过 Fourier 变换可得

$$\Delta M^2=4\pi e^2\int\frac{\mathrm{d}^4q}{(2\pi)^4}\frac{1}{q^2+\mathrm{i}\varepsilon}T^F_{\mu\mu}(q^2,\nu)\tag{14.42.1}$$

此前我们已经得到

$$T_{\mu\nu}=\left(P_\mu-\frac{P\cdot q}{q^2}q_\mu\right)\left(P_\nu-\frac{P\cdot q}{q^2}q_\nu\right)T_2-\left(\delta_{\mu\nu}-\frac{q_\mu q_\nu}{q^2}\right)M^2T_1$$

于是

$$T_{\mu\mu}=4M^2\left(T_1+\left[(1-\nu^2/q^2)T_2-T_1\right]/4\right)\tag{14.42.2}$$

方括号里的表达式有一个虚数项 $(1-\nu^2/q^2)W_2-W_1$, 它是来自于纵向光子的贡献. 如果部分子的自旋是 1/2, 这个函数相比于 T_1 随着 ν 值升高会下降地更快, 其中 T_1 在 Bjorken 极限下其虚部 W_1 会简化为 $f(x)$. 我们在这之后将 T 写成 $T_1+[(1-\nu^2/q^2)T_2-T_1]/4$, 以及假设在 Bjorken 极限下, 虚数部分 $W=W_1+[(1-\nu^2/q^2)W_2-W_1]/4$ 简化为 $f(x)$.

第 43 讲

Cottingham 公式

从上一讲我们知道电磁质量效应可以表达为

$$\frac{\Delta M^2}{4M^2 4\pi e^2}=I=\int\frac{\mathrm{d}^4q(2\pi)^4}{q^2}T^F(q^2,\nu) \tag{14.43.1}$$

此处 $4T=T_{\mu\mu}$. 从上式我们可以看出为了得到电磁质量必须对所有的 q^2 积分, 而 T 是由它在 $q^2<0$ 的范围内的行为决定的 (实验可以给出这一范围内的一些信息), 所以很可能公式 (14.43.1) 可以表示成 T 只在 $q^2<0$ 范围内的表达形式. 这个计算可以通过 Cottingham 提供的方法来实现. 他证明了在四维积分中, ν 的取值范围需要从实轴 $\nu=-\infty\to\infty$ 改变 (没有经过奇点) 到虚轴 $\nu=\mathrm{i}\omega$, $\omega=-\infty\to\infty$. (之后会证明这个). 这里先假设它是正确的. 于是我们就可以写出 $\mathrm{d}^4q=\mathrm{d}\omega 2\pi Q\mathrm{d}Q^2$, $q^2=\nu^2-Q^2=-\omega^2-Q^2$

$$I=\frac{1}{8\pi^3}\int\frac{Q\mathrm{d}\omega\mathrm{d}Q^2}{\omega^2+Q^2}T\left(-(\omega^2+Q^2),\mathrm{i}\omega\right)$$

我们现在将 $-(\omega^2+Q^2)$ 替换成 $(-q^2)$, $Q=\sqrt{(-q^2)-\omega^2}$, 得到

$$I=-\frac{1}{8\pi^3}\int_0^\infty\frac{\mathrm{d}(-q^2)}{(-q^2)}\int_{-\sqrt{-q^2}}^{+\sqrt{-q^2}}\sqrt{(-q^2)-\omega^2}T(q^2,\mathrm{i}\omega)\mathrm{d}\omega \tag{14.43.2}$$

这就是 Cottingham 公式. 现在所有和 $-q^2$ 有关的量都没问题, 但是由于 ν 是虚数, 这些结果都是非物理的. 我们可以通过色散关系 (13.40.6) 和解析延拓来定义它, 我们设定

$\nu = \mathrm{i}\omega$ 可得

$$T(q^2,\mathrm{i}\omega) = T(q^2,0) - \frac{\omega^2}{\pi}\int_0^\infty \frac{\mathrm{d}(\nu')^2}{\nu'^2(\nu'^2+\omega^2)} W(q^2,\nu') \tag{14.43.3}$$

因此

$$8\pi^3 I = \int_0^\infty \frac{\mathrm{d}(-q^2)}{-q^2}\int_{-\sqrt{-q^2}}^{+\sqrt{-q^2}} \mathrm{d}\omega\sqrt{-q^2-\omega^2}\left\{T(q^2,0) - \frac{\omega^2}{\pi}\int_0^\infty \frac{\mathrm{d}\nu'^2 W(q^2,\nu')}{\nu'^2(\nu'^2+\omega^2)}\right\} \tag{14.43.4}$$

我们可以对 ω 积分以得到

$$8\pi^3 I = \int_0^\infty \frac{\mathrm{d}(-q^2)}{-q^2}\left\{\frac{\pi}{4}(-q^2)T(-q^2,0) - \frac{1}{2}\int_0^\infty\left(\sqrt{\frac{-q^2}{\nu'^2}+1} - 1 - \frac{1}{2}\frac{-q^2}{\nu'^2}\right)W(q^2,\nu')\mathrm{d}\nu'^2\right\} \tag{14.43.5}$$

这样我们就把自能成功地表示成实验允许范围内的 $W(q^2,\nu)$ 的显含形式. 但我们仍然不知道 $T(q^2,0)$.

为了判断自能是否发散, 我们必须知道 $T(q^2,0)$ 的一些信息. 让我们先看一看式 (14.43.5) 中第二项的贡献, 这里可能会存在发散. 考虑到 $-q^2 = 2M\nu x$ 以及把 W 看作是 x 和 ν 的函数, $W(x,\nu)$ 在 ν 很大的时候收敛到 $f(x)$ 的极限. 这项就变成

$$\int_0^\infty \frac{\mathrm{d}x}{x}\nu\mathrm{d}\nu\left[\sqrt{\frac{2Mx}{\nu}+1} - 1 - \frac{1}{2}\left(\frac{2Mx}{\nu}\right)\right]W(x,\nu)$$

或者在 ν 很大时, 方括号项可以近似为 $-(2Mx/\nu)^2/4$, 这时我们可以得到

$$\int_0^\infty \frac{\mathrm{d}\nu}{\nu}M^2\int_0^1 xf(x)\mathrm{d}x$$

ν 的积分呈对数发散其前面的系数为 $\int_0^1 xf(x)\mathrm{d}x$, 带电部分子带来的每个动量分数都对电荷平方加权.

当然, 我们在式 (14.43.5) 中用了一个电磁截断, 把 $\mathrm{d}(-q^2)/(-q^2)$ 替换成了 $\dfrac{\mathrm{d}(-q^2)}{-q^2}\dfrac{\Lambda^2}{\Lambda^2-q^2}$. 这为我们的 ν 积分 (展开到 $\Lambda^2/2Mx$ 阶) 提供了一个截断, 所以 $\ln\Lambda^2$ 发散的部分有一个 $\int xf(x)\mathrm{d}x$ 的系数. 但是, 另外一项 $T(q^2,0)$ 中如果随着 $-q^2\to\infty$ 时按 $C/(-q^2)$ 下降也有可能产生 $\ln\Lambda^2$ 的项. (如果 $T(q^2,0) = \int\phi(s)\mathrm{d}s/(q^2-s^2)$ 那么 C 就为 $\int\phi(s)\mathrm{d}s$.) 所以说有可能这些由 T 和 W 产生的发散互相抵消, 最终导致自能 (至少质子和中子的质量差值) 是有限可计算的.

到现在我们可以持两个观点. 我们当然知道质子–中子质量差的值是收敛的, 所以至少我们可以讨论一下质子–中子质量差中的 T 和 W. 原则上 T 应该可以由实验来测定, 是可以在物理上很好的定义, 下面的各种可能性都存在.

(a) 和这个 T 有关的式 (14.43.5) 仍然会带来对数发散. 原因是由于我们的理论在高能区是不准确的, 这里的计算和 QED 电磁自能的计算都是错误的, 我们需要将来有待发现的高能区的相对论量子力学来修正.

(b) 这里的 T 对于积分是收敛的, 同时也和实验上的质量差符合.

(c) $T(q^2,0)$, $(q^2<0)$ 实际上并不能在实验上准确的被定义, 它在某种程度上是任意的, 因此我们并不能用理论来精确的计算这个质量差, 必须进行"重整化". 我相信在这种情况下, 如果部分子是夸克, 那么只有一个和 u 夸克、d 夸克的质量差相关的重整参数, 就足以让所有重子的自能差值同时收敛.

Zachariasen 曾经给我建议, 最好我们假设 (b) 是对的. 这种情形限制了可能的理论形式, 并且可以给出预言. 如果它导致悖论或者不自洽的话我们知道 (a) 是对的.Zachariasen 证明了只要 J 和 $\dot{J}$ 对易 $[J_\mu,\dot{J}_\mu]=0$, 所有的值都应该是收敛的. 在夸克模型中这对应着静止质量为零的夸克.

我相信这是一个值得研究的好问题. 可惜准备这些讲义时没有足够的时间为你们把它分析得更加基本和简明.

那么, 在理论上或实验上, 我们该如何得到 $T(q^2,0)$ 呢? 它是一个质量为 $-q^2$ 的虚光子与质子的向前散射振幅. 它可以包括在两电子向前散射 $\mathrm{e}+\mathrm{e}+\mathrm{p}\to\mathrm{e}+\mathrm{e}+\mathrm{p}$ 中:

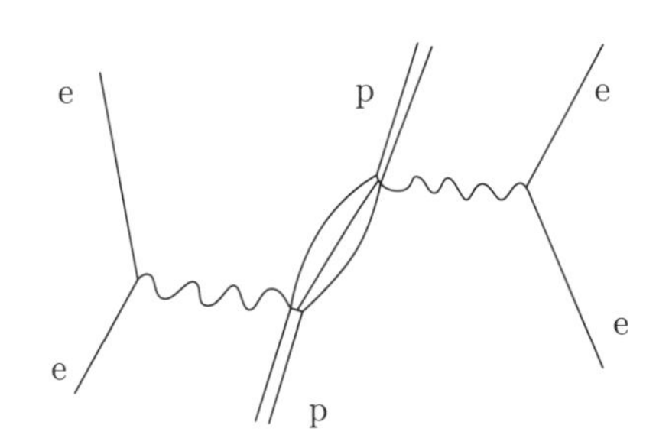

图14.2

但这应该是一个不可能完成的的实验. 但是如果我们知道 $T(q^2,\nu)$ 在其他区域的信息仍旧可能对我们有帮助, 因为可以通过色散关系把它转换成关于 $T(q^2,0)$ 的信息, 但这仍然无法被实验看到.

一件有趣的事情是我们可以通过理论计算得到 $T(0,0)$——向前 Compton 散射, 一个质子和一个实光子 (在壳) 的散射. 对于 $Q\to0$, $\nu\to0$ 的情况, 我们有非常长的波长来减弱质子场的强度, 使它看起来只是一个有质量 M 的点电荷. 它的散射过程可以从经典物理上的 (或者带着 $\dfrac{e^2}{2M}\boldsymbol{A}\cdot\boldsymbol{A}$ 项的非相对论 Schrodinger 方程) (Rayleigh 散射)

给出

$$T(0,0)=-\frac{e^2}{M}$$

备注: 如何转动积分路径得出 Cottingham 公式?

对 T^F 使用 DGS 表示

$$I=\frac{\mathrm{d}^4q}{\nu^2-Q^2+\mathrm{i}\varepsilon}\frac{H(\sigma,\beta)}{\nu^2-Q^2+2M\nu\beta-\sigma+\mathrm{i}\varepsilon}$$

其中, $E=\sqrt{\sigma+M^2\beta^2+Q^2}$, 注意奇点在 $\nu=Q-\mathrm{i}\varepsilon,-Q+\mathrm{i}\varepsilon$; 同时又有 $\nu+\beta M=E-\mathrm{i}\varepsilon,-E+\mathrm{i}\varepsilon$.

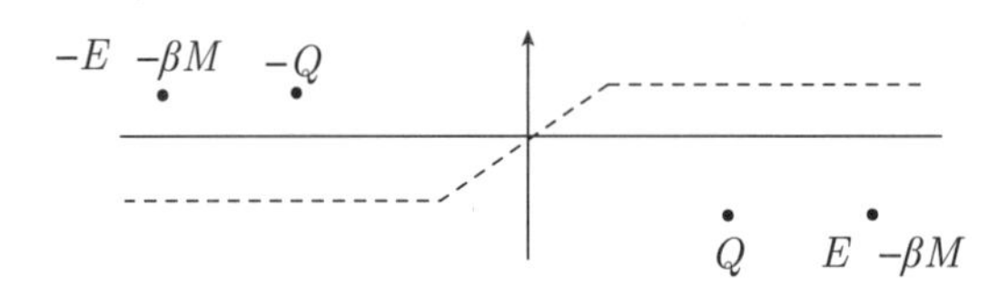

图14.3

因为 $E>\beta M$, 在坐标轴下方的极点都满足 $\nu>0$. 路径积分如果选取点线的话, 它显然可以被旋转到虚轴上.

第 44 讲

只依赖 W 的自能表达式

在上一讲, 我们本打算把 ΔM^2 完全用 q^2 为负情形下的 $W(q^2,0)$ 来表示, 最终发现这是不可能实现的, 除非同时引入另一个不知道的函数 $T(q^2,0)$, 这两个部分都是无穷大, 它们之间的差也是不知道的. 也许我们需要扔掉上述的想法, 再看一下 q^2 分别为正和负的情形下 $W(q^2,\nu)$ 表示的 ΔM^2. 它的形式是这样的:

$$\Delta M^2=\frac{e^2M}{\pi^2}\int_0^\infty\int_0^\infty\frac{Q}{(\nu+Q)}W(\nu,Q)\mathrm{d}Q\mathrm{d}\nu \tag{14.44.1}$$

(它可以通过把 T^F 表达成如下形式

$$T^F_{\mu\nu}=\int\left(\frac{K_{\mu\nu}(Q,\nu')}{\nu-\nu'+\mathrm{i}\varepsilon}-\frac{K_{\mu\nu}(Q,\nu')}{\nu+\nu'-\mathrm{i}\varepsilon}\right)\frac{\mathrm{d}\nu'}{2\pi}$$

然后放进式 (42.1) 中去. $W(\nu,\boldsymbol{Q})$ 只取决于 Q, 也就是 $\boldsymbol{Q}$ 的模值; 我们有 $\mathrm{d}^3Q=4\pi Q^2\mathrm{d}Q$.)

要想看这个积分的发散形式, 让我们来看 ν 很大的情况, 这事实上是标度 $-q^2/2M\nu=x$ 的范围, 因此 $Q=\nu+Mx$. 于是我们可以写下 (把 $2MW$ 考虑成一个 x 和 ν 的函数, $2MW(x,\nu)$)

$$\Delta M^2=\frac{e^2}{2\pi^2}\int_0^\infty\mathrm{d}\nu\int_{-\nu/M}^1\mathrm{d}x2MW(\nu,x)\frac{\nu+Mx}{2\nu+Mx}\tag{14.44.2}$$

对于 ν 很大时, x 的运动学上限是 1. $2MW$ 在标度极限下渐近于函数 $f(x)$ (x 为正数). 对于负数的 x (正的 q^2), 它渐近于 $-f(-x)$. 注意, $-x$ 在运动学极限不是 1.

动力学上 $-x$ 是可以受到约束的, 在 $x<-1$ 时 $W(x,\nu)$ 是存在的, 但是在大 ν 区域它会急速下降到领头阶贡献为零.

标度无关范围内的贡献给出 $\int_0^\infty\mathrm{d}\nu\int_{-1}^{+1}f(x)\mathrm{d}x=0$. 但这只说明一个比对数项更高阶的发散消失了, 这是我们可以预期的. 展开因子 $(\nu+Mx)/(2\nu+Mx)$ 似乎会产生一项 $Mx/2\nu$ 从而导致 $\int xf(x)(\mathrm{d}\nu/\nu)\mathrm{d}x$; 这还不是全部, 我们需要知道对于在 $1/\nu$ 阶, 在 q^2 为正和为负的时候, W 函数和它的 Bjorken 极限形式的区别之处.

这儿我们可以总结一下; 实验可以从原理上帮我们逼近 q^2 为负时的极限. 不过我们必须依靠理论去得出 $1/\nu$ 阶时 q^2 为正的贡献, 在这之后我们才能根据现在的理论确定 ΔM^2 是否发散.

其他电磁自能, 夸克模型

从基本理论层面得到电磁质量差的尝试宣告失败, 我们现在来换一种更加粗糙的图像以 SU_3 或 SU_6 多重态的不同形式讨论 ΔM^2 中各种可能的关系. 我们将用夸克模型的语言来处理它, 尽管很多结果来自于更弱的假设, 就像简单的 SU_3 模型, 等等.

比方说, 质子, 在夸克模型中是由三个夸克构成的: 两个 u 夸克和一个 d 夸克, 总自旋为 1/2. 它的波函数是

$$|\mathrm{p}\rangle=\frac{1}{\sqrt{6}}(2\,\mathrm{uud}-\mathrm{udu}-\mathrm{duu})\ (\uparrow\uparrow\downarrow)\ \text{对称化}\tag{14.44.3}$$

电磁自能可以看作由两部分组成:

(a) 单个夸克的自能. 我们假设这个和每个夸克的电荷平方成正比, 因此对于 u:d:s 夸克来说这个比值分别是 $4a{:}a{:}a$. 对于一个质子来说这贡献了 $\Delta M^2/2M_{\rm p}=9a$ (我们要把所有的质量平方变化归一化到质子的 $2M_{\rm p}$, 以作为测量值 a 的标度, 所以真正 M^2 中的变化就是 $2M_{\rm p}a$.)

(b) 夸克对之间的相互作用, 我们可以把它看成正比于电荷的乘积. 相互作用必须取决于夸克对的相互自旋关系. 如果两者的自旋是平行的, 我们有 $\beta(1+\gamma)$; 否则, 我们有 $\beta(1-\gamma)$; 这个结果来自于 $\beta(1+\gamma P)$, 其中 P 是自旋交换算符. 我们对 ud 或者 us 乘 -2, 对 uu 乘 4, 对 dd, ds, sd, ss 乘 1, 并将这些系数称为 x_{ij}.

于是电磁自能算符便可以写成:

$$\begin{aligned}\Delta M^2=2M_{\rm p}\big\{&4a(\text{u夸克数})+a(\text{d夸克数})+a(\text{s夸克数})+\\&+\textstyle\sum_{\text{对组合}}x_{ij}\beta(1+\gamma P)\big\}\end{aligned}\tag{14.44.4}$$

这样, 我们就很容易得到在每个态中这个算符的期望值. 对于质子来说 βx 算符并不能显示自旋的信息, 给出 $(2(4-2-2)\text{uud}-(4-2-2)\text{udu}-(4-2-2)\text{duu})\uparrow\uparrow\downarrow/\sqrt{6}$ 为 0. 对于中子而言, 一个 u 夸克变成了 d 夸克, 系数变成了 -3, 所以有一个 -3β 的贡献. 下面我们来研究 $\beta\gamma xP$

$$\begin{aligned}xP(\text{uud}\uparrow\uparrow\downarrow)&=(4\text{uud}-2\text{udu}-2\text{duu})\uparrow\uparrow\downarrow\\xP(\text{udu}\uparrow\uparrow\downarrow)&=(-2\text{duu}-2\text{uud}+4\text{udu})\uparrow\uparrow\downarrow\\xP(\text{duu}\uparrow\uparrow\downarrow)&=(-2\text{udu}+4\text{duu}-2\text{udu})\uparrow\uparrow\downarrow\end{aligned}$$

所以

$$\begin{aligned}&xP(2\text{uud}-\text{udu}-\text{duu})\uparrow\uparrow\downarrow/\sqrt{6}=\\&=((8+2)\text{uud}+(-4-4+2)\text{udu}+(-4+2-4)\text{duu})\uparrow\uparrow\downarrow/\sqrt{6}\end{aligned}$$

以及

$$\langle\text{p}|xP|\text{p}\rangle=(20+6+6)=6$$

把所有的贡献相加起来, 对于质子来说, 我们得到

$$\Delta M^2/2M_{\rm p}=9a+6\beta\gamma$$

第 45 讲

电磁自能和夸克模型 (续)

类似于上一讲中对质子的讨论, 我们可以计算出自旋 1/2 的八重态中每一个粒子的电磁自能, 结果如下:

$$\begin{aligned}
\mathrm{p} &= 9a+6\beta\gamma \\
\mathrm{n} &= 6a-3\beta+3\beta\gamma \\
\Sigma^+ &= 9a+6\beta\gamma \\
\Sigma^0 &= 6a-3\beta-3\beta\gamma \\
\Sigma^- &= 3a+3\beta \\
\Xi^- &= 3a+3\beta \\
\Xi^0 &= 6a-3\beta+3\beta\gamma \\
\Lambda^0 &= 6a-3\beta+\frac{3}{2}\beta\gamma
\end{aligned}$$

因此, 有

	ΔM_{exp}	$\Delta M^2/2M_{\mathrm{p}}$
$\mathrm{p}-\mathrm{n}=3a+3\beta+3\beta\gamma$	-1.29 MeV	-1.21 MeV
$\Xi^0-\Xi^-=3a-6\beta+3\beta\gamma$	-6.6 ± 0.7 MeV	-6.7 ± 0.9 MeV
$\Sigma^+-\Sigma^0=3a+3\beta+\frac{15}{2}\beta\gamma$	-3.06 MeV	-3.64 MeV
$\Sigma^0-\Sigma^-=3a-6\beta-\frac{3}{2}\beta\gamma$	-4.86 ± 0.07 MeV	-5.78 MeV
$(\Sigma^+-\Sigma^-)-(\mathrm{p}-\mathrm{n})-(\Xi^0-\Xi)=0$	0 ± 0.7 MeV	$+0.5\pm0.9$ MeV

我们有三个常数对应四个质量差关系, 所以我们有以下关系 (SU_3 关系)

$$\left(\Sigma^+-\Sigma^-\right)-(\mathrm{p}-\mathrm{n})-\left(\Xi^0-\Xi^-\right)=0$$

这与数据符合得很好. (我们选择 ΔM^2 并没有什么特别的理由, 用 ΔM 表示的关系与数据符合得更好, 只是这里没有太多选择, 用 ΔM^2 表示的关系也在实验误差范围内.)

我们可以得到这些常数的值

$$3a = -2.0\,\text{MeV}$$
$$\beta(1+\gamma) = 0.24\,\text{MeV} \qquad \text{自旋平行}$$
$$\beta(1-\gamma) = 1.32\,\text{MeV} \qquad \text{自旋反平行}$$
$$\beta = 0.78\,\text{MeV} \qquad \gamma = -0.69\,\text{MeV}$$

a 的符号与之前的预期正好相反, 因为原来预期得到正无穷大, 需要被重整化, 重整化的结果是一个负值也是可能的. 结果表明一般含 u 夸克较少的粒子更重一些, 也就是说带正电荷更多的重子更轻. 对于 β 项, 因为其来源于静电排斥, 其符号为正与预期符合. 我们发现在一个 s 态中磁极平行互相吸引, 反平行 (磁极相互颠倒) 则互相排斥; 因此在平行的情况下净斥力更少.

我们继续讨论 SU_6 多重态中的十重态, 假设常数是一样的, 我们能给出如下预言:

	$\Delta M^2/2M_{\text{p}}$(预测)
$\Delta^{++} = 12a + 12\beta(1-\gamma)$	$-5.12\,\text{MeV}$
$\Delta^{+} = \Sigma^{+} = 9a$	$-6.00\,\text{MeV}$
$\Delta^{0} = \Sigma^{0} = \Xi^{0} = 6a - 3\beta(1+\gamma)$	$-4.72\,\text{MeV}$
$\Delta^{-} = \Sigma^{-} = \Xi^{-} = \Omega^{-} = 3a + 3\beta(1+\gamma)$	$-1.28\,\text{MeV}$

	$\Delta M^2/2M_{\text{p}}$(预测)	ΔM(预测)	ΔM(实验)
$\Delta^0 - \Delta^{++}$	$+0.4\,\text{MeV}$	$+0.3\,\text{MeV}$	$2.9 \pm 0.9\,\text{MeV}$
$\Delta^- - \Delta^{++}$	$+3.8\,\text{MeV}$	$+2.9\,\text{MeV}$	$7.9 \pm 6.8\,\text{MeV}$
$\Delta^+ - \Delta^{++}$	$-0.9\,\text{MeV}$	$-0.7\,\text{MeV}$	
$\Sigma^- - \Sigma^+$	$+4.7\,\text{MeV}$	$+3.2\,\text{MeV}$	$3.3 \pm 1.5\,\text{MeV}$
$\Xi^- - \Xi^0$	$+3.4\,\text{MeV}$	$+2.2\,\text{MeV}$	$4.9 \pm 2.0\,\text{MeV}$

实验数据并不好, 但是可以看到 $\Delta^0 - \Delta^{++}$ 的预测与近期的实验结果有很大差异, 除了这一点外, 别的预测在符号和数值上符合地还好.

对于赝标量介子, 注意反粒子的电荷是相反的, 同时考虑到只有反对称的自旋有贡献, 我们可以得到 (定义 $\beta' = \beta(1-\gamma)$)

		$\Delta M^2/2M_{\text{p}}$(实验)
$\pi^+ = 5a + 2\beta'$		
$\pi^0 = 5a - \dfrac{5}{2}\beta'$	$\pi^+ - \pi^0 = \dfrac{9}{2}\beta'$	$0.64\,\text{MeV}$
$\text{K}^+ = 5a + 2\beta'$	$\text{K}^+ - \text{K}^0 = 3a + 3\beta'$	$-1.95\,\text{MeV}$
$\text{K}^0 = 2a - \beta'$		

我们需要引入两个常数来描述两个质量差, 所以没有预言性. 我们得到了 $\beta' =$

0.14 MeV, $3a=-2.38$ MeV, 再次确认了 a 是负值. 事实上, 对于重子来说, a 的值已经很接近 FKR 相对论夸克模型的预测了. 此外, $\beta'=\beta(1-\gamma)$ 也几乎处于同一量级.

最后我们来看矢量介子. 这里对于平行自旋我们引入 $\beta(1-\gamma)=b$

$$\begin{aligned}
\rho^+ &= 5a+2b \\
\rho^0 &= 5a-\frac{5}{2}b \\
\omega^0 &= 5a-\frac{5}{2}b \\
K^{*+} &= 5a+2b \\
K^{*0} &= 2a-b
\end{aligned}$$

对于质量差 ΔM 唯一的数据来自于 $K^{*+}-K^{*0}$, 数值为 -5.7 ± 1.7 MeV 或者说 $\Delta m^2/2M_\mathrm{p}=-5.1\pm1.5$ MeV $=3a+3b$. 如果 $3a=-2.38$ MeV 这将给出 $\beta=-0.9\pm 5$ MeV, 这个值非常不理想, 因为它的符号是错误的. 如果利用重子八重态的数值来预测的话, 它应该是 $\Delta m^2/2M_p=\pm1.9$ MeV!

在这个系统中, 我们还有另外两种效应 (在第 15 讲中讨论过) (a) ρ^0 和 ω^0 之间的电磁混合矩阵, 它的非对角项是 $3a-3b/2$. (b) 我们发现 ρ^0 和 ω^0 之间的湮灭项是

$$\Delta m = \begin{matrix} & \rho^0 & \omega^0 \\ \rho^0 & 1.53 & 0.51 \\ \omega^0 & 0.51 & 0.17 \end{matrix} \ \mathrm{MeV}$$

在质量矩阵

$$\Delta m=\begin{pmatrix} m_\rho-\mathrm{i}\Gamma_\rho/2 & \delta \\ \delta & m_\omega-\mathrm{i}\Gamma_\omega/2 \end{pmatrix}$$

中的非对角元 δ 由 ρ 和 ω 的相干决定, 为 -3.7 ± 0.9 MeV. 减去湮灭项 $+0.51$ MeV 可以给出 -4.2 ± 0.9 MeV, 这是自能的贡献. 因此, $\Delta m^2/2M_\mathrm{p}$ 就对应于 $3a-3b/2=3.7\pm0.7$ MeV. 这说明了如果 $3a=-2$ MeV, 那么 b 事实上应该是正的, 并且接近 $+1.1\pm0.4$ MeV, 这与自旋平行的重子的数值结果 0.24 MeV 并不太自洽.

总结: 这总体上是不成功的. 对于重子来说 SU_3 是有效的但是 SU_6 却不行, 因为预测了 $\Delta^0-\Delta^{++}=+0.3$ MeV 而实验上测量值是 2.9 ± 0.9 MeV. 对于介子来说情况非常糟糕. 对于赝标量介子我们得出了 $3a=-2.4$ MeV, $\beta'=0.14$ MeV (与重子的 1.3 MeV 相比). 对于矢量介子情况也令人费解.

如果我们使用质量差而不是 $\Delta m^2/2M_\mathrm{p}$ 来描述规则, 对于重子会有 $3a=-1.9$ MeV, $\beta(1+\gamma)=0.20$ MeV, $\beta(1-\gamma)=0.98$ MeV. 预测的 $\Delta^0-\Delta^{++}$ 的值是 0.8 MeV, 所以只有

很小的改善. 但是到了介子情况就变了 (因为 π 介子的质量非常小). 对于赝标介子, 常数是 $3a = 7.0\,\mathrm{MeV}$, $\beta' = 1.0\,\mathrm{MeV}$. 对于矢量介子我们有 $3a = -4.8\,\mathrm{MeV}$, $b = -0.3\,\mathrm{MeV}$.

重子的 $\beta(1+\gamma)$ 可能和矢量介子的 b 不一样, 重子的 $\beta(1-\gamma)$ 可能也和赝标量介子的 β' 不一样, 因为波函数的尺寸是如此不同导致了 $1/r$ 的平均值不同. 电磁相互作用在同样的比值下不需要改变, 所以可能 b 对于介子来说是负数, 对于重子来说是正数, 但是很难明白为什么 Δm^2 给出的 β' 如此不同.

为什么 $3a$ 的值在不同的情况下都不一样, 这还并不清楚. 如果没有实验的结果, 我可以说从 $\Delta m^2/2M_{\mathrm{p}}$ 计算的 $3a$ 的值对于赝标量介子和赝矢量介子是一样的, 而对于重子而言是 0.6 MeV. 这是因为我们猜测质量平方的改变来自于奇异数的改变, 也就是是 s 夸克的质量不同导致的结果. 对于重子中 m^2 的差值大概是 0.4 MeV, 对于介子而言是 0.24 MeV 或者 0.6 MeV. 因此自能修正作用, 如果它只和 u 夸克的质量变化相关, 它的值就为 0.6, 这在介子和重子中的有效性是一样的.

显然这个简单的理论不太凑效, 我们并没有很好的理解. 我们需要一个更加细致的动力学理论. 但无论如何, $\Delta^0 - \Delta^{++}$ 的值都是最令人忧虑的.

$\Delta I = 2$ 的质量差

有些事实预示着在一些组合中动力学计算是可行的. 注意到 a 在这里是自能项, 或许包括了高频的行为, 但是 $\beta(1\pm\gamma)$ 来自相互作用, 应该没有任何发散. 特定组合的质量平方差并不包括 a. 它们是

$$
\begin{aligned}
&(\pi^+ - \pi^0)\\
&\frac{1}{2}(\Delta^{++} + \Delta^- - \Delta^0 - \Delta^+) = (\Delta^+ + \Delta^- - 2\Delta^0)\\
&\Sigma^+ + \Sigma^- - 2\Sigma^\circ
\end{aligned}
$$

所有的这些都包括了电磁自能的 $\Delta I = 2$ 同位旋部分. 这个能量和两个流算符乘积 JJ 有关, 其中每一个包含 $\Delta I = 0$ 或者 $\Delta I = 1$, 这就可以组合成 $\Delta I = 0,1,2$. 根据 I_z 来说, I_z 和 $I_z^2 - \dfrac{1}{3}I(I+1)$ 分别都是常数. 这个常数 $(\Delta I = 0)$ 的部分在强相互作用中没有被实验观测到, $\Delta I = 1$ 或 I_z 的部分则是通过差异与 I_z 成正比的, 比如 $\Sigma^+ - \Sigma^-$ 或者 $\mathrm{p} - \mathrm{n}$ 来测量的. 但是 $\Delta I = 2$ 的项的效应是和 I_z^2 成正比的, 就像上面介绍的一样, 是通过差值 (比如 $\Sigma^+ - \Sigma^- - 2\Sigma^0$) 测量的.

我们要计算 $\Delta I=2$ 效应中的 $\Delta I_z=0$ 的部分, 但是为了把它孤立出来, 考察计算 $\Delta I_z=+2$ 的情况, 这个情况可以在电磁流 J 是 $\Delta I_z=+1$ (而不是 $\Delta I_z=0$), $\Delta I=1$ 的时候出现. 我们需要再去思考如何计算一个类似于 J^+J^+ 的双流效应.

现在我们明白为什么 a 没有上升, 以及为何只要假设部分子是夸克, 积分在 ν 很高时可以快速收敛. 因为如果每个带着基本算符 (部分子) 的流都有 1/2 的同位旋的话, 这两个 J^+ 不可能连续作用在同一个高能部分子上. 因此像图 14.4A 那样的虚光子交换只贡献 $\Delta I=1$ 而不可能贡献 $\Delta I=2$, 只有图 14.4B 才允许 $\Delta I=2$ 的情况

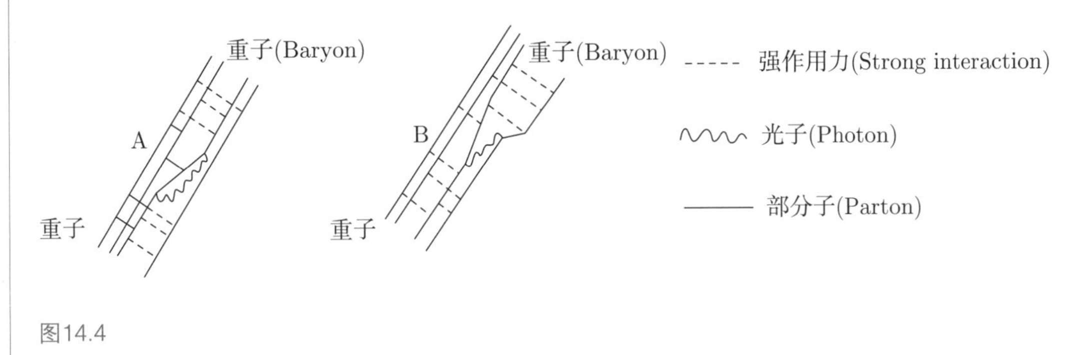

图14.4

在图 14.4A 中, 光子带有大的虚动量是可能的, 不管强相互作用有多软, 只要部分子初始动量分布中只包含慢的成分, 末态中也可以保持一致. 但是在图 14.4B 中, 如果虚光子的动量很大的话, 软的强相互作用不太可能把部分子拉回再组合成原来的重子, 同时对对角的振幅有一个大的贡献.

第 46 讲

关于电磁质量差的进一步评述

正如我们在上一讲看到的, $\Delta I=2$ 时质量差的动力学计算是可行的, 只要对为数不太多的量子态求和, 并且用上所有我们从理论和实验上掌握的相关矩阵元的预期行为. 其中我们最感兴趣的莫过于计算 $\pi^+-\pi^0$ 的质量差.

下面我们展示一个简单的计算过程, 其中弹性项贡献了几乎所有 $\pi^+ - \pi^0$ 质量差. 它的图如图 14.5 所示

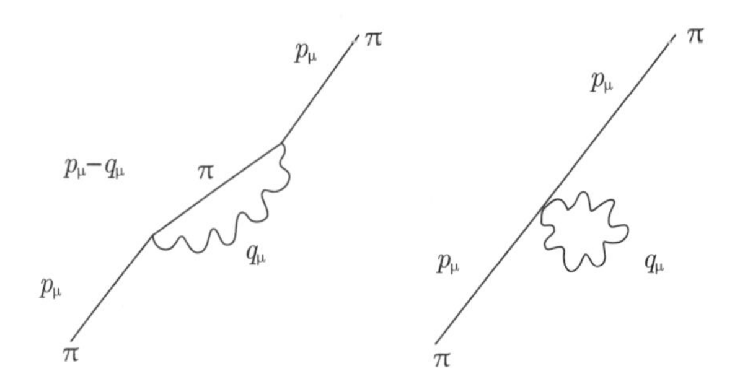

图14.5

π 介子的形状因子是由 ρ 的共振态主导的, 于是我们在每一个光子耦合项上加入了一个因子 $m_\rho^2/\left(q^2 - m_\rho^2\right)$, 所以质量差就是

$$\Delta m^2 = 4\pi e^2 \int \left[\frac{(2p_\mu - q_\mu)(2p_\mu - q_\mu)}{(p-q)^2 - m_\pi^2} - \delta_{\mu\mu}\right] \frac{\mathrm{d}^4 q/(2\pi)^4}{q^2} \frac{m_\rho^4}{\left(q^2 - m_\rho^2\right)^2} \tag{14.46.1}$$

在 m_π^2/m_ρ^2 的第零阶, 方括号内第一项的值是 1, 这给出了

$$\left(\Delta m^2\right)_0 = -4\pi e^2 \int 3 \frac{\mathrm{d}^4 q}{(2\pi)^4} \frac{1}{q^2} \frac{m_\rho^4}{\left(q^2 - m_\rho^2\right)^2}$$

这个积分是很容易计算的, 只需记得在四维空间积完所有角度后有 $\mathrm{d}^4 q = \pi^2 q^2 \mathrm{d}q^2$. 零阶计算的结果是 $(\Delta m^2)_0 = 3e^2 m_\rho^2/4\pi$, 下一阶可以给出

$$\begin{aligned}\Delta m^2 &= \frac{3e^2 m_\rho^2}{4\pi}\left[1 + \frac{m_\pi^2}{m_\rho^2} \ln \frac{m_\rho^2}{m_\pi^2} + O\left(\frac{m_\pi^2}{m_\rho^2}\right)^2\right] \\ &\approx 1.16 \times 10^{-3} (\mathrm{GeV})^2\end{aligned} \tag{14.46.2}$$

根据 $\Delta m = \Delta m^2/2m$, 我们得出 $\pi^+ - \pi^0 = 4.1$ MeV, 对比实验的观测值是 4.6 MeV. 我们估计更高阶的中间态的贡献 (这应该用 FKR 模型来算) 应该是很小的.

对于 $\Sigma^+ + \Sigma^- - 2\Sigma^0$ 可以得到相似的结果. 这看起来好像是弹性项已经给出了几乎全部的结果. 估计更高阶的共振态给出的贡献小于 20%, 这个结果和实验数据符合得很好.

弹性项对重子自能差的贡献是由 Gross 和 Pagels 计算得出的 (参见: Phys. Rev. 172, 1381 (1968)), 他们用到了磁矩的 SU_3 对称性, 以及 G_{E} 和 G_{M} 的变化形式为 $(1+q^2/0.71)^{-2}$. 结果如下:

	ΔM (弹性项)	ΔM (实验)
$\mathrm{p}-\mathrm{n}$	$+0.79\,\mathrm{MeV}$	$-1.29\,\mathrm{MeV}$
$\Sigma^+-\Sigma^0$	$+0.16\,\mathrm{MeV}$	$-3.06\,\mathrm{MeV}$
$\Sigma^0-\Sigma^-$	$-0.88\,\mathrm{MeV}$	$-4.86\,\mathrm{MeV}$
$\Xi^0-\Xi^-$	$-1.10\,\mathrm{MeV}$	$-6.5\pm0.7\,\mathrm{MeV}$

(这大部分是由于电荷引起的, 因为在磁性部分有来自 $\gamma_\mu \not{q}-\not{q}\gamma_\mu$ 的 q 因子.) 注意到, $\Sigma^++\Sigma^--2\Sigma^0=+1.54\,\mathrm{MeV}$(弹性项), 与实验值 $+1.8\,\mathrm{MeV}$ 相比, 正如我们所预期的那样, 质量差是由弹性项主导的. (以十重态为中间态给出的贡献小于 0.1 MeV, 推测更高阶贡献更小.)

注意其他组合 (除了 $\Delta I=2$) 不涉及 "a" (见第 44 讲和第 45 讲, "a" 是夸克的电磁自能), 例如 $(\mathrm{p}-\mathrm{n})-(\Xi^0-\Xi^-)$. 对于这种情况, 无法证明这些差值也涉及流算符的乘积 (从而每个流算符并非作用于相同夸克). 但不涉及 "a" 这一事实表明, 我们也可以通过估算 (例如使用夸克模型) 到各种已知态的矩阵元来得到这些差值. 然而此时, 弹性项主导的结论完全失效了, ΔM(弹性项) $=+1.9\,\mathrm{MeV}$, ΔM(实验) $=4.2\pm0.7\,\mathrm{MeV}$. 为什么呢? 为了解释这一点, 我们来看看标度律区间的贡献. 设 $u(x),\overline{u}(x),d(x),\overline{d}(x),s(x),\overline{s}(x)$ 如第 31 讲所描述的, 则对于 $\mathrm{p},\mathrm{n},\Xi^0$ 和 Ξ^-, $\nu W_2/x=f(x)$ 为

$$\begin{aligned}
f^{\mathrm{ep}} &= \frac{4}{9}(u+\overline{u})+\frac{1}{9}(d+\overline{d})+\frac{1}{9}(s+\overline{s}) \\
f^{\mathrm{en}} &= \frac{1}{9}(u+\overline{u})+\frac{4}{9}(d+\overline{d})+\frac{1}{9}(s+\overline{s}) \\
f^{\mathrm{e}\Xi^0} &= \frac{1}{9}(u+\overline{u})+\frac{4}{9}(d+\overline{d})+\frac{1}{9}(s+\overline{s}) \\
f^{\mathrm{e}\Xi^-} &= \frac{1}{9}(u+\overline{u})+\frac{1}{9}(d+\overline{d})+\frac{4}{9}(s+\overline{s})
\end{aligned} \tag{14.46.3}$$

(中子可通过在质子中互换 d 和 u 来得到. Ξ^0 类似中子, 不过互换 s 和 u. Ξ^- 类似 Ξ^0, 但是互换 u 和 d.) 所以 $(\mathrm{p}-\mathrm{n})-(\Xi^0-\Xi^-)$ 的标度函数为 $\frac{1}{3}(u+\overline{u}+s+\overline{s}-2d-2\overline{d})$, 它未必为零, 因而可以有高频的贡献. 在价夸克和海夸克的模型中它为零, 但我们觉得这种可能性不大.

关于所有这些电磁自能的进一步的细节, 请参阅 W.N. Cottingham 在 Hadronic Interactions of Electrons and Protons, Cummings and Osborn Ed. Academic Press, N.Y. 1971. 中的一篇文章.

第 47 讲

Compton 效应 $\gamma p \to \gamma p$ 或 $\gamma n \to \gamma n$

现在我们继续讨论包含双光子耦合的其他效应, 其中 Compton 效应与我们所做的最为密切相关. 若散射恰好在前向, 则散射振幅由 $T_{\mu\nu}(q^2,\nu)$ 给出, 其中 $q^2=0$. 我们在前面讨论对质子自旋求平均, 因此 T 是平均自旋的向前散射, 我们也可以沿质子的特定自旋方向进行测量. 我们之前已经讨论过, 向前散射的虚部是总截面 $\sigma_{\gamma p}$ 或 $\sigma_{\gamma n}$. 例如, 在小的 ν 处, $\sigma_{\gamma p}$ 表现出共振, $\sigma_{\gamma p}$ 的下降行为类似 $(97+67/\sqrt{\nu})\,\mu b$, 而对于中子, 则类似 $(97+43/\sqrt{\nu})\,\mu b$.

微分截面可用下面的公式拟合:

$$\frac{d\sigma}{dt}=\left(\frac{d\sigma}{dt}\right)_0 e^{At}$$

对于 $2\sim 7$ GeV 的能量, 我们得到结果约为 6 GeV^{-2}. 对于 $8\sim 16$ GeV 的能量, 更接近 $A=8\ \mathrm{GeV}^{-2}$; 有迹象显示, 还存在二次项 $At+Bt^2$, 其中 $A=7.4\ \mathrm{GeV}^{-2}$, $B=2.0\ \mathrm{GeV}^{-4}$. (这很像强子衍射散射, 例如, πp 在 9 GeV 时, 有 $A=9\ \mathrm{GeV}^{-2}$, $B=2.5\ \mathrm{GeV}^{-4}$.) 因此, 光子衍射除了其截面非常小之外, 它看起来非常像强子衍射.

我们现在更详细地讨论包含自旋效应的向前散射. 向前振幅可以写为

$$f(\nu)=f_1(\nu)\boldsymbol{e}_f\cdot\boldsymbol{e}_i+\mathrm{i}f_2(\nu)\boldsymbol{\sigma}\cdot(\boldsymbol{e}_f\times\boldsymbol{e}_i) \tag{14.47.1}$$

它是作用在实验室系中质子自旋态之间的自旋矩阵. 各种测量量以 f_1 和 f_2 的形式表示如下:

总截面是 (自旋) 散射矩阵对角元的虚部

$$\mathrm{Im}f(\nu)=\frac{\nu}{4\pi}\sigma_{\gamma N}^{\mathrm{tot}} \tag{14.47.2}$$

这是已知的. 非极化向前散射的微分截面为

$$\left(\frac{d\sigma}{dt}\right)_0=\frac{\pi}{\nu^2}\left(|f_1|^2+|f_2|^2\right)=\frac{1}{16\pi}\sigma_{\mathrm{tot}}^2+\frac{\pi}{\nu^2}|\mathrm{Re}f_1|^2+\frac{\pi}{\nu^2}|f_2|^2 \tag{14.47.3}$$

f_1 的实部可以通过色散关系从其虚部得到, (式 (13.40.6) 中令 $q^2=0$) 此处我们使用了 $f_1(0)=-e^2/M$.

$$\mathrm{Re}f_1(\nu)=-\frac{e^2}{M}+\frac{\nu^2}{2\pi^2}\int\frac{\sigma^{\mathrm{tot}}(\nu')\nu'd\nu'}{\nu'^2(\nu'^2-\nu^2)} \tag{14.47.4}$$

这是经过检验的 (参见 Damashek and Gilman, Phys. Rev. D1, 1319 (1970) 或者 Buschhorn et al. Phys. Lett. 33B, 241 (1970)), 将 (14.47.3) 前两项的和与实验值 $(\mathrm{d}\sigma/\mathrm{d}t)_0$ 进行比较, 可以得到最后一项的大小. 在 ν 从 $2.5\sim17$ GeV 之间, 它们在误差范围内是吻合的, 所以在整个范围内 $\pi|f_2|^2/\nu^2$ 的贡献小于 10%. (式 (14.47.3) 中第一项大约在 5 GeV 以上贡献最大. 第二项在 2 GeV 处占 15%, 并在 ν 更高时开始下降).

我们也知道, 对于小 ν, 当 $\nu\to0$ 时, $f_2(\nu)=-\dfrac{e^2}{2M}\mu_A^2\nu$, 其中, μ_A 是核磁子中核子磁矩的反常部分.

在有限角度下, 不对称参数已被测量

$$\Sigma=\frac{\sigma_\perp-\sigma_\parallel}{\sigma_\perp+\sigma_\parallel} \tag{14.47.5}$$

其中 $\sigma_\perp$ 和 $\sigma_\parallel$ 分别是固定 t 时刻入射光子极化方向垂直或平行于碰撞平面时的微分截面. 当然, $t=0$ 时, Σ 必为零; 但在实验误差范围内 (对于 $-t<0.2\ \mathrm{GeV}^2$, 误差为 $\pm10\%$, 直到 $-t=0.6\ \mathrm{GeV}^2$, 误差为 $\pm20\%$) 直到 $t=-0.6\ \mathrm{GeV}^2$ 时, 它的值为零. (从 $t=0.1\ \mathrm{GeV}^2$ 到 $0.7\ \mathrm{GeV}^2$, Σ 的平均值是 0.02 ± 0.06 .)

我们已经讨论了与 (VDM)ρp 截面有关的 γp 的 $\mathrm{d}\sigma/\mathrm{d}t$ 的大小 (见第 20 讲), 它比 VDM 的期望值大两倍. 对应的 ρ 不对称性也很小, 两者相比不会带来问题. 这并不意外, s 道螺旋度守恒也将得到同样的结果. 问题是: 当入射光朝 z 方向且具有 x 方向极化时, 会有更多的光子以小角度 $\theta\approx Q(\text{横向})/\nu$ 在 x 方向或在 y 方向散射吗? 从衍射的观点来看, 由入射波产生的流必须足以产生合适的向前散射波并与入射波发生干涉, 从而导致由总截面所表示的入射波的强度损失. 这些流显然局限于质子的空间区域, 因此它们会在其他方向产生散射波, 它和强子碰撞中一样, 是通常的质子衍射关系 e^{At}. 但这些流至少在前向必须完全沿着 x 方向极化, 它们是沿 x 方向的流. 在其他方向上的小角范围内, 除了对 x 方向上有投影 $\cos\theta_{\mathrm{lab.}}\approx1-\theta_{\mathrm{lab.}}^2$外, x 和 y 方向偏转的强度是相同的, 因此 $\Sigma\approx(1-\cos\theta_{\mathrm{lab.}})/(1+\cos\theta_{\mathrm{lab.}})\approx\theta_{\mathrm{lab.}}^2/2\approx-t/2\nu^2\approx+0.03$, 其中已代入 $-t=0.6\ \mathrm{GeV}^2, \nu\approx3.5$ GeV. 所以, 我们期望 Σ 的值很小甚至足够接近零, 使其在误差范围内与实验一致.

总结一下, 在 2 GeV 以上, Compton 散射作为 t 的函数, 除了从已知的总光子吸收截面相匹配的衍射外, 并没有什么令人惊奇的东西.

在低于 2 GeV 时, 即在共振区, 目前没有数据. 但是, 考虑到一系列的 s 道共振 (其中许多矩阵元是在对同一能量区的 $\gamma\mathrm{p}\to\pi\mathrm{p}$ 研究中已经获得的, 未知的可以从夸克模型中推测出来), 应该可以得出一个相当好的关于角分布和能量改变的理论. 还有一个可计算的中性介子交换项

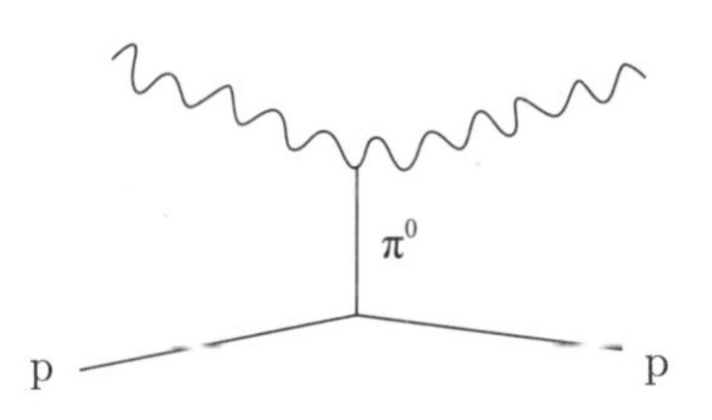

图14.6

两个光子与一个中性 π 介子的耦合可以由 $\pi^0 \to 2\gamma$ 衰变得到. 所有这些计算都可以通过拟合对比计算出的散射虚部与精确测量的总截面 $\sigma_{\gamma\mathrm{N}}^{\mathrm{tot}}$ 来检验和控制, 总截面 $\sigma_{\gamma\mathrm{N}}^{\mathrm{tot}}$ 显示了该能量区域中预期的共振凸起.

Q,ν 很小时的 Compton 效应

在 Q, ν 很小时的散射就像无线电波的散射, 或者 (若 $q^2 \neq 0$) 取决于粒子对几乎恒定的电场和磁场的反应. 当然, 这是由两个实验常数给出的, (在这样的场中通过测量获得) 电荷和磁矩 (仅限于自旋 1/2 的情况). 因此, 我们期望在足够小的 Q, ν 时, Compton 效应完全由这些常数给出. 粒子的行为应该与点粒子完全相同. 我们可以半经典地、或用非相对论近似过渡到包含自旋的 Schrodinger 方程 (Pauli 方程)、或再次把它当成图中一个没有内部激发态的纯粒子, 来计算这种效应. 此项称为 Born 项. 因此, 我们把 $T_{\mu\nu}$ (不对质子自旋方向求平均) 写成 Born 项与其他图的和.

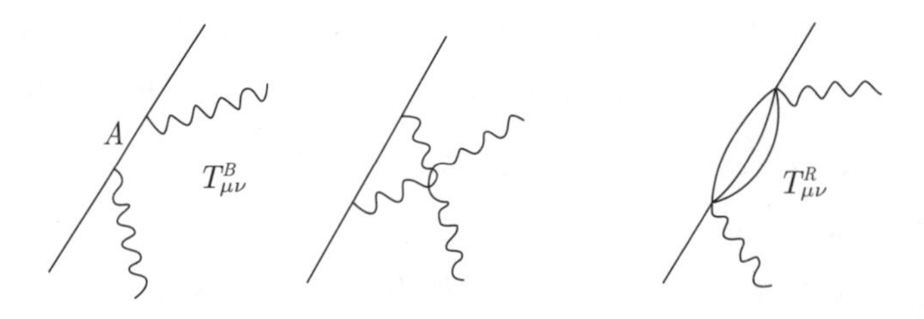

图14.7

$$T_{\mu\nu} = T_{\mu\nu}^B + T_{\mu\nu}^R \tag{14.47.6}$$

在 ν 较小时 T^B 是主导项的原因是由于 T^B 中有一个由中间态 A 带来的能量分母, 其大小为 $(M_\mathrm{p} + \nu - E_A)$, 所以如果 A 也是质子, E_A 就是 M_p (当 $Q \to 0$), 则我们有一

个主导因子 $1/\nu$, 它不会出现在剩下的 T^R 项中.

正如你所期望的, 电荷密度的矩阵元 $J_t=\rho$ 在 $Q=0$ 时是总电荷, 并且是对角的, 因此, 如果 x 不是质子态, 则 $\langle x|\rho(Q)|\mathrm{p}\rangle$ 具有 Q^2 量级. 为了证明 J_μ 的其他分量的非对角矩阵元也趋于零, 我们来看 $q_\mu\langle x|J_\mu|\mathrm{p}\rangle=0$ (电荷守恒); 所以 $\nu\langle x|\rho|\mathrm{p}\rangle=\boldsymbol{Q}\cdot\langle x|\boldsymbol{J}(0)|\mathrm{p}\rangle$, 因而, 如果 ν, Q 同时趋于零, 那么 $\boldsymbol{J}$ 矩阵元趋于零. 下面给出了一个更严格 (但更难解释) 的论证.

现在我们来计算当 $\nu,Q\to 0$ 时, T^B 的极限. 如果 μ_A 是核磁子中的反常矩, 则光子的耦合是 $\gamma_\mu+\dfrac{\mu_A}{2M}(\gamma_\mu\not{q}-\not{q}\gamma_\mu)$, 所以

$$\begin{aligned}T^B_{\mu\nu}=&\left(\gamma_\mu+\frac{\mu_A}{2M}(\gamma_\mu\not{q}-\not{q}\gamma_\mu)\right)\frac{\not{p}+\not{q}+M}{2p\cdot q+q^2}\left(\gamma_\nu+\frac{\mu_A}{2M}(\gamma_\nu\not{q}-\not{q}\gamma_\nu)\right.\\&\left.+\gamma_\nu+\frac{\mu_A}{2M}(\gamma_\nu\not{q}-\not{q}\gamma_\nu)\right)\frac{\not{p}-\not{q}+M}{-2p\cdot q+q^2}\left(\gamma_\mu+\frac{\mu_A}{2M}(\gamma_\mu\not{q}-\not{q}\gamma_\mu)\right)\end{aligned}\tag{14.47.7}$$

对于小 q 和 $q^2=0$ 这很容易算出

$$-\frac{e^2}{M}(\boldsymbol{e}_f\cdot\boldsymbol{e}_i)-\mathrm{i}\frac{e^2}{2M^2}\mu_A\nu(\boldsymbol{\sigma}\cdot\boldsymbol{e}_i\times\boldsymbol{e}_f)$$

因为 T^R 的贡献从 ν^2 开始, 所以当 $\nu\to 0$ 时我们有

$$\begin{aligned}f_1(0)&=-e^2/M\\f_2(\nu)/\nu=f_2'(0)&=-e^2\mu_A^2/2M^2\end{aligned}\tag{14.47.8}$$

为了更正式地说明 T^R 有多小 (至少对于 f_1 项), 注意到总的 $T_{\mu\nu}$ 和 T^B 分别满足规范条件 $q_\mu T_{\mu\nu}=0$, 因此必有 $q_\mu T^R_{\mu\nu}=0$. 现在我们可以把 $T^R_{\mu\nu}$ (至少对于对称自旋平均情况) 写成幂级数 $T_{\mu\nu}=ap_\mu p_\nu+b(p_\mu q_\nu+p_\nu q_\mu)+c\delta_{\mu\nu}+\mathcal{O}\left(q_\mu^2\right)$. 在 a, b, c 中不能有像 $1/p\cdot q$ 这样的极点 (不像 $T^{\text{total}}_{\mu\nu}$ 有来自 T^B 的极点). 现在 $q_\mu T^R_{\mu\nu}=0$ 要求

$$(p\cdot q)p_\mu a+(p\cdot q)q_\mu b+q^2p_\mu b+q_\mu c+\mathcal{O}\left(q^3\right)=0$$

我们不能用 $a=-bq^2/p\cdot q$ 来解它, 因为不允许出现 $1/p\cdot q$. 显然 $c=-p\cdot qb$, $b=-p\cdot qa/q^2$ 以及 $a=\alpha q^2$ 是唯一的可能, 因此 $a\sim\alpha q^2$、 $b\sim-\alpha(p\cdot q)$、 $c\sim\alpha(p\cdot q)^2$, 和一个从 q 的第二阶开始的项. 非对称、不对自旋求和的 $T^R_{\mu\nu}$ 也可以表示为同样的阶次, 因此在 ν 的零阶和 1 阶 $T^{\text{Compton}}_{\mu\nu}=T^B_{\mu\nu}$. (完整的论述参见: Low, Phys. Rev. 96, 1428 (1954) 和 Ge11-Mann, Phys. Rev. 96, 1433 (1954).)

方程为 (包含一阶相对论修正)

$$H\psi=\left[\frac{1}{2M}(\boldsymbol{p}-e\boldsymbol{A})\cdot(\boldsymbol{p}-e\boldsymbol{A})-\frac{1}{8M^3}(\boldsymbol{p}\cdot\boldsymbol{p})^2-\frac{e}{2M}(1+\mu_A)\boldsymbol{\sigma}\cdot\boldsymbol{B}+\right.$$
$$\left.+\frac{e^2}{8M^2}(1+2\mu_A)\left(\nabla\cdot\boldsymbol{E}+2\boldsymbol{\sigma}\cdot(\boldsymbol{p}-e\boldsymbol{A})\times\boldsymbol{E}\right)\right]\psi=E\psi, \tag{14.47.9}$$

入射振幅 $\boldsymbol{A}=\boldsymbol{e}_i$, $\boldsymbol{E}=\mathrm{i}\nu\boldsymbol{e}_i$ 和 $\boldsymbol{B}=\mathrm{i}\boldsymbol{k}\times\boldsymbol{e}_i$. 在实验室系中, $\boldsymbol{p}$ 是零, 因此主导项来自 $\boldsymbol{A}\cdot\boldsymbol{A}$, 并且 $-(e^2/2M)\boldsymbol{e}_i\cdot\boldsymbol{e}_f$ 贡献到 f_1. 接下来我们有作用到二阶的项 $\boldsymbol{\sigma}\cdot\boldsymbol{B}$, 还有两个能量分母分别为 $-\nu$ 和 $+\nu$ 的的图.

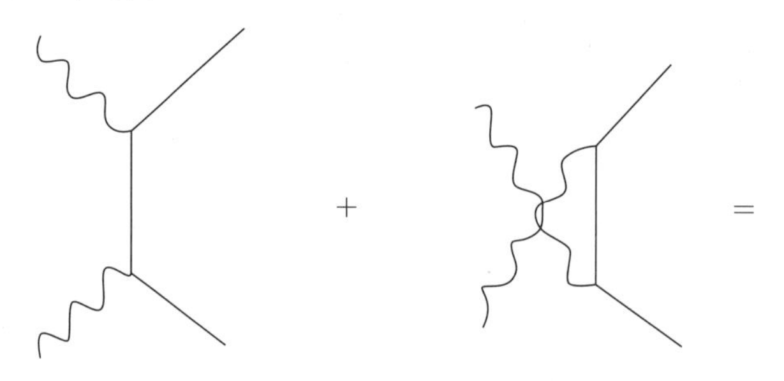

$$\left[\frac{(\boldsymbol{\sigma}\cdot\boldsymbol{k}\times\boldsymbol{e}_f)(\boldsymbol{\sigma}\cdot\boldsymbol{k}\times\boldsymbol{e}_i)}{-\nu}+\frac{(\boldsymbol{\sigma}\cdot\boldsymbol{k}\times\boldsymbol{e}_i)(\boldsymbol{\sigma}\cdot\boldsymbol{k}\times\boldsymbol{e}_f)}{\nu}\right]\left(\frac{e}{2M}\right)^2(1+\mu_A)^2$$

这是 $-\dfrac{1}{\nu}\mathrm{i}\sigma\cdot((\boldsymbol{k}\times\boldsymbol{e}_f)\times(\boldsymbol{k}\times\boldsymbol{e}_i))=-\mathrm{i}\sigma\cdot(\boldsymbol{e}_i\times\boldsymbol{e}_f)\nu$, 所以我们得到 $-\mathrm{i}\,\dfrac{e^2}{2M^2}(1+\mu_A)^2\nu\boldsymbol{\sigma}\cdot(\boldsymbol{e}_i\times\boldsymbol{e}_f)$ 贡献到 f_2.

最终 (14.47.9) 中最后一项包含 $\boldsymbol{\sigma}\cdot\boldsymbol{A}\times\boldsymbol{E}$ 给出

$$\frac{e^2}{4M^2}(1+2\mu_A)\left[\boldsymbol{\sigma}\cdot(\boldsymbol{e}_i\times\mathrm{i}\nu\boldsymbol{e}_f)+\boldsymbol{\sigma}\cdot(\boldsymbol{e}_f\times(-\mathrm{i}\nu\boldsymbol{e}_i))\right]$$

将它与前面的项结合可以使得 $(1+\mu_A)^2$ 变为 μ_A^2, 因此我们有

$$\mathrm{Amp.}=-\frac{e^2}{2M}\boldsymbol{e}_i\cdot\boldsymbol{e}_f-\mathrm{i}\frac{e^2}{2M^2}\mu_A^2\nu\boldsymbol{\sigma}\cdot(\boldsymbol{e}_f\times\boldsymbol{e}_i)$$

第 15 章

其他的双流效应

第 48 讲

涉及 $T_{\mu\nu}$ 的其他量

另一个涉及 $T_{\mu\nu} = \langle \mathrm{p}|\{J_\mu J_\nu\}_T|\mathrm{p}\rangle$ (此处并未对质子自旋求平均, 它包含 $T_{\mu\nu}$ 的反对称部分) 的实验观测量是氢原子中对应于 1420 兆赫兹的超精细分裂能. 这是氢原子基态 (s 态) 中能量的差别, 取决于电子和质子的自旋是平行的还是反平行的. 在非相对论近似中, 它取决于基态波函数中电子位于质子之上的几率 $|\psi(0)|^2$. 在考虑相对论效应时,

我们可以写出 (R_∞ =Rydberg 常数, μ_p 和 μ_e 分别是 p 和 e 的磁矩, μ_0 =Bohr 磁子)

$$\delta E=\frac{32\pi\alpha^2}{3}R_\infty\frac{\mu_p\mu_e}{\mu_0^2}\left(1+\frac{m}{M}\right)^{-3}\left(1+\frac{3}{2}\alpha^2\right)\mathscr{E}\mathscr{R}\mathscr{P} \tag{15.48.1}$$

其中, 因子 $(1+m/M)^{-3}$ 来自求 $|\psi(0)|^2$ 时对 Schrodinger 方程的约化质量修正; $1+3\alpha^2/2$ 是 Dirac 方程的修正. 其他因子 $\mathscr{E},\mathscr{R},\mathscr{P}$ 是来自量子电动力学的高阶修正, 都接近于 1. 为了便于讨论这里把它们分成三个因子. $\mathscr{E}$ 来自对电子运动的 QED 修正, 如图 15.1(a) 所示.

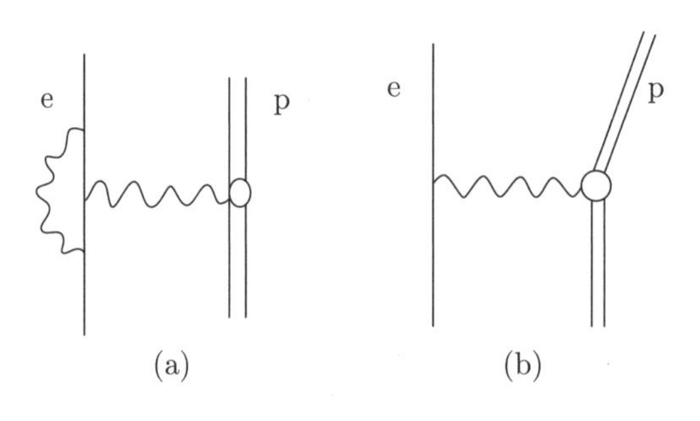

图15.1

$\mathscr{R}$ 来自图 15.1(b) 型的质子反冲图, 其中考虑到质子不是点电荷, 所以计入了测量形状因子. $\mathscr{P}$ 来自图 15.2(a) 和 15.2(b) 所示类型的双光子交换项.

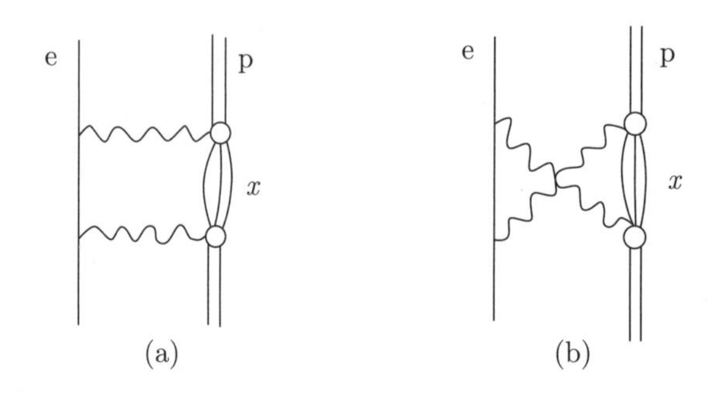

图15.2

除了依赖于质子未知性质的 $\mathscr{P}$ 之外, 所有其他因子都被非常精确地计算出来了, δE 的测量更是达到了出奇高的精度. 通过对 α、μ_p 等常数的足够了解, $\mathscr{P}$ 的精度目前可达到约百万分之四. 理论上, 由 $\mathscr{P}$ 引起的偏差大约是这个数量级. 只要 $\mathscr{P}$ 仍然不能确定, 我们就不能使用这些精确的测量和计算来提高我们对这些常数的认识——换句话说, 如果其他常数可以获得更精确的值, 我们就能得到 $\mathscr{P}$, 即质子的电磁属性的信息——我们面临的挑战是计算它, 或记作 $\mathscr{P}=1+\Delta$. 让我们来看看这里面涉及到什么.

显然, 质子耦合是对两个流的耦合. 我们将光子能量和动量较低与较高的情况分开来考虑. 当能量和动量较低时, 必须考虑电子在初态和中间态等的结合, 但正如我们所看到的那样, 对于较小的 ν、Q, 质子的行为像一个带有电荷和磁矩的粒子, 因此我们可以进行这一部分的计算. 为了明确起见, 对于每个光子我们逐次计入实验形状因子进行计算, 然后对所有动量进行积分, 记作 Δ_1. 接下来我们可以定义 $\Delta=\Delta_1+\Delta_2$. 现在对于高的虚动量电子的结合, 甚至可以忽略电子的质量. 我们可以想象电子和质子在散射前后是自由且静止的, 因此对于以相同动量 (静止) 入射和出射的质子, 我们的双流算符 $\langle \mathrm{p}|J_\mu J_\nu|\mathrm{p}\rangle$ 是所涉及的全部. 自然地, 除了纯质子 Born 态, 原始的 x 态都被考虑进来了. 当然, 我们已经计及了 Δ_1 中的一些高动量贡献, 必须将它们减除. 因此我们要的不是 $T_{\mu\nu}$, 而是 $T_{\mu\nu}-T_{\mu\nu}^{\text{elastic}}$, 其中 $T_{\mu\nu}^{\text{elastic}}$ 是单独从 Born 项和形状因子计算出来的. 下面我们记 $T'_{\mu\nu}=T_{\mu\nu}-T_{\mu\nu}^{\text{elastic}}$. 接下来我们可以给出, Δ_2 与图 15.2(a)、图 15.2(b) 成正比, 这里电子在初态和末态都处于静止状态. 如果 $T'_{\mu\nu}$ 是质子自旋的 γ 矩阵, 那么它将取决于质子的自旋翻转振幅——因此它取决于 $T'_{\mu\nu}$(静止质子) 的反对称部分.

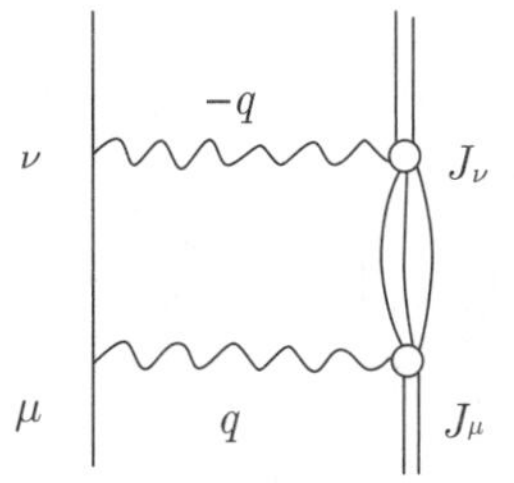

图15.3

$$\Delta_2 \sim \int \frac{\mathrm{d}^4 q}{(q^2)^2}\operatorname{Tr}\left(C_{\mu\nu}\frac{1}{2}(1+\gamma_t)\gamma_z\gamma_5\right)\operatorname{Tr}\left(T'_{\mu\nu}\frac{1}{2}(1+\gamma_t)\gamma_z\gamma_5\right) \tag{15.48.2}$$

其中, 因子 $1/(q^2)^2$ 对应于双光子传播子. 上式的第一个迹因子是电子的 Compton 散射

$$C_{\mu\nu}=\gamma_\nu\frac{1}{\not p+\not q-m}\gamma_\mu+\gamma_\mu\frac{1}{\not p-\not q-m}\gamma_\nu\approx(\gamma_\nu\not q\gamma_\mu-\gamma_\mu\not q\gamma_\nu)/q^2$$ ①

其中, 忽略了动量 p 和电子的质量. 第二个因子是两个光子与质子的耦合, 这个我们暂时并不十分清楚, 但我们将讨论它的反对称部分, 因为这是我们所需要的. 在第 33 讲中

① 译者注: 原文公式有误, 已改正.

我们把它的虚部 $W_{\mu\nu}$ 写成如下的形式

$$W_{\mu\nu}=4P_\mu P_\nu W_2-4M^2\delta_{\mu\nu}W_1+4M\mathrm{i}\varepsilon_{\mu\nu\lambda\sigma}q^\lambda\left[M^2s^\sigma G_1+(P\cdot qs^\sigma-s\cdot qP^\sigma)G_2\right]$$

其中, G_1 和 G_2 是 q^2 和 ν 的函数, 它们定义了虚部. 分别以 G_1 和 G_2 为虚部的完全散射函数, 记为 S_1 和 S_2. 也就是说, 我们把 $T_{\mu\nu}$ 的形式写成就像上面的 $W_{\mu\nu}$ 一样, 除了使用 S_1 和 S_2 代替 G_1 和 G_2; 而 G_1 和 G_2 分别是 $\mathrm{Im}S_1$ 和 $\mathrm{Im}S_2$. 接下来通过替换, 我们可以直接用 S_1、 S_2 表示 Δ_2. 我们得到 (参见: Drell and Sullivan, Phys. Rev. 154, 1477 (1967), C. N. Iddings, Phys. Rev. 138B, 446 (1965)).

$$\Delta_2\propto\int\frac{\mathrm{d}^4q}{(q^2)^3}\left[(2q^2-\nu^2)s_1(q^2,\nu)+\frac{3q^2\nu^2}{M^2}s_2(q^2,\nu)\right]$$

现在我们可以做很多事情, 比如采用完全类似于对电磁自能的讨论方式来估计 Δ_2, 或将其与原则上可观测的量进行比较. 例如, 我们可以采用 Cottingham 的思想, 将 $\mathrm{d}q_0$ 的积分围道从实轴旋转到虚轴, 因此积分只依赖于负 q^2 区域中的 S_1 和 S_2. 最后我们可以用色散关系将这些完整的 S_1、 S_2 用 G_1、 G_2 (S_1、 S_2 的虚部) 表示出来, 从而可以用 G_1、 G_2 表示出 Δ_2.

这里有两个问题需要考虑:

首先, 像 $T_1(0,q^2)$ 这样的未知函数在色散关系中是必须的吗? 或者它们像不带常数的 T_2 一样? (这个问题的答案几乎是众所周知的.) 我们可以猜测出来答案, 因为 G_1 和 G_2 的渐近标度行为我们是知道的. 因此如果它们被减除, 这种方法就会失效.

其次, 假设色散关系中不存在待定函数, 且在实验观测区域中 Δ_2 可以用 G_1 和 G_2 完全表示; 那么在 G_1、 G_2 被直接测量之前我们还能做什么? 比如尽可能完全地去估测 Δ_2 最敏感的 $-q^2,\nu$ 范围, 以及此时使用何种模型或思想最可靠, 就是一个值得研究的问题. 我们可以尝试整合所有已知的低能量时的定理和积分 (如 $\int g_2\mathrm{d}x=0$) 来限制各种可能性. 在最坏的情况下, 我们可以对不确定性建立某些限制. 这里用 $2g$ 的例子来说明, 它是自旋向上和自旋向下部分子之差 $h_+(x)-h_-(x)$ (参见第 33 讲), 可以知道它不能超过 $h_+(x)+h_-(x)$, 其中 $h_+(x)+h_-(x)$ 为已被测量的 $f(x)$. 一般来说, $\mathrm{Im}T_{\mu\nu}$ 在任何对角态上的迹都是正的, 这限制了作为 W_1 和 W_2 某种组合的 G_1 和 G_2 的大小. 这个问题值得我们继续研究.

如果第一个问题的答案是肯定的, 并且在固定的 q^2 色散关系中引入了未知函数, 情况会变得如何? 这时 Cottingham 的方案就行不通了, 我们必须使用其他的分析方法, 比如采用固定 Q 的色散关系来获得表达式. 在这里我们可以利用对光子强子相互作用的部分物理理解, 如部分子, 标度律, 夸克模型等, 结合我们所知道的尽可能多的求和规

则 (甚至可能还有 n − p 质量差的数值) 等, 来指导我们尽可能准确地计算 Δ_2, 并真实地估计不确定性的可能的理论极限.

第 49 讲

其他的双流效应

我想就涉及两个流的双重作用的情况, 即在赝标介子的衰变中, 加上一些其他方面的评述. 它们都展示出了值得研究的有趣问题, 在这里仅仅是做一个简单介绍. 当然, 像 $\omega \to \pi\gamma$ 这样的单光子衰变过程中仅包含单个 J_μ 的矩阵元, 这些我们已经讨论过.

显然, 包含双光子的衰变过程中会涉及到两个 J 的效应, 比如 $\pi^0 \to 2\gamma$ 或 $\eta^0 \to 2\gamma$. 对其中任何一个进行详细的计算都将是非常有趣的 (其中, 假设的有效性得到了相当多证据的支持, 不止于仅有结果与实验相符这一事实). SU_3 会告诉我们什么信息呢? 使用夸克模型给出的 $\pi^0 = \frac{1}{\sqrt{2}}(\mathrm{u\bar{u}} - \mathrm{d\bar{d}})$ 和 $\eta^0 = \frac{1}{\sqrt{6}}(\mathrm{u\bar{u}} + \mathrm{d\bar{d}} - 2\mathrm{s\bar{s}})$, 我们可以得到 π^0 和 η^0 的振幅比 $\mathrm{amp}\ \pi^0/\mathrm{amp}\ \eta^0 = \frac{1}{\sqrt{2}}(\frac{4}{9} - \frac{1}{9})/\frac{1}{\sqrt{6}}(\frac{4}{9} + \frac{1}{9} - 2\frac{1}{9}) = \sqrt{3}$. 这就是说, π 的振幅是 η 的 $\sqrt{3}$ 倍, 从而对应的是 3 倍高于 η 的比率. 实验上测得的宽度为 $\Gamma(\pi^0 \to 2\gamma) = 7.2 \pm 1.0\ \mathrm{eV}$, 而 $\eta \to 2\gamma$ 过程对应的部分宽度为 $\Gamma(\eta \to 2\gamma) = 1.0\ \mathrm{KeV} \pm 0.3\ \mathrm{KeV}$. 这样得到的比率会是 1/140 而不是 3!

当然, 上述结果如此糟糕的原因是 π 和 η 有非常大的质量差 $(m_\pi^2/m_\eta^2 = 1/15)$, 我们必须对此多加小心. 这就是 SU_3 不确定的地方, 而且没有已知的通用方法来解决这一困难. 首先考虑相空间: 一个质量为 m 的静止粒子衰变成两个动量为 Q 的粒子的一般公式是

$$\Gamma = \frac{Q}{8\pi m^2}|M|^2$$

其中, M 为相对论矩阵元. 在我们考虑的情形 (2γ) 中 $Q = m/2$, 因此相空间给出的结果 (即假设 M 由 SU_3 给出) 不适用于 η, 而其中的差异 m_η/m_π 则是使情况更加糟糕 (即 $M_\pi^2/M_\eta^2 = 1/540$ 而不是 3/1) 的另一个因素.

更为明智的方法是，我们应该把 M 写成最简单的相对论形式. 对于一个赝标介子，它衰变成极化为 e_1、 e_2，动量为 k_1、 k_2 的两个 γ 光子的最简单的相对论矩阵元形式是 $M = a\epsilon_{\mu\nu\sigma\rho}e_{1\mu}e_{2\nu}k_{1\sigma}k_{2\rho}$.

现在我们猜测 a 是由 SU_3 决定的. 这意味着 M 与 Q^2 或 m^2 正相关，所以 $\mathrm{Rate}_\pi/\mathrm{Rate}_\eta = \dfrac{m_\pi^3}{m_\eta^2}$, $a_\pi^2/a_\eta^2 = \dfrac{1}{140}$. 至少，沿着正确的方向前进，我们给出 $a_\pi^2/a_\eta^2 = 0.4$ 而不是 3.0.

这样给出的结果勉强合理，但是有两个问题: (a) 剩下的差异是什么? (b) 为什么应该是 a 由 SU_3 给出，而不是 a/m 或 a/m^2? 显然，我们进行了太多和实验的比较，而思考地太少. 我们能从其他我们知道的事情中推断出如何比较 π 比率和 η 比率，或如何完全地计算或估计它们吗?

关于粒子衰变机制，自从 Gell-Mann, Sharp 和 Wagner (参见 Phys. Rev. Letters 8, 261 (1962)) 提出以来，即被认为是由经过一个中间的 ρ 或 ω 介子相互作用的图所支配的，如图 15.4 所示.

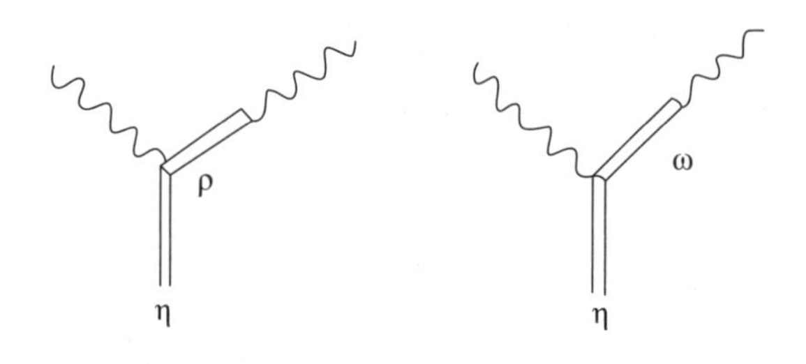

图15.4

这样，它就可以与 $\eta\rho\gamma$ 耦合常数产生联系，或通过 SU_3 与一般的赝标矢量光子耦合常数产生联系; 例如，它可由 $\omega \to \pi\gamma$ 的比率所直接决定.

衰变过程 $\eta \to \pi\pi\gamma$ 按相同的方式可以理解为

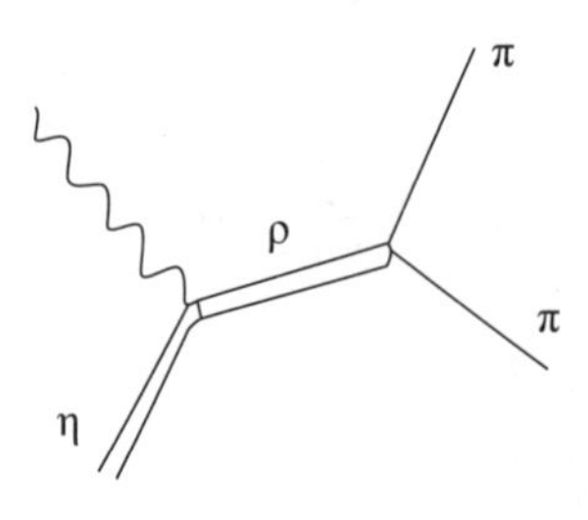

图15.5

我们可以将 $\eta \to \gamma\gamma$ 与已知的 $\rho\pi\pi$ 耦合进行比较, 从而能对比率 $\Gamma(\eta \to \pi\pi\gamma)/\Gamma(\eta \to \gamma\gamma)$ 进行比较好的预言. Gell-Mann 等人得到的值为 0.25, 而实验值是 0.12 (参见: Gormley, Phys. Rev. 2D, 501 (1970)). (关于耦合常数对称性规则如何依赖于态质量, 两种选择会对应两种计算, 参见: Brown, Muncek and Singler, Phys. Rev. Letters 21, 707 (1968), Chan, Clavelli and Torgerson, Phys. Rev. 185, 1754 (1969). 后一篇文章的选择拟合结果很好.) 这是一个有趣的现象, 因为最初看来分子为 α 阶, 分母为 α^2 阶, 所以结果的量级应该是 137. 但是这里有许多数值常数的累积掩盖了这个因子, 使得这个比率小了近 1000 倍. 对于这种情况, $\eta \to \pi\pi\gamma$ 矩阵元中有一个类似于 $1/(m_\rho^2 - m_{\pi\pi}^2)$ 的因子, 其中 $m_{\pi\pi}^2$ 是两个 π 介子的四矢量和的不变质量的平方 $(p_+ + p_-)^2$. 这就使得谱发生了移动, 即从最简单的形式向更大 $m_{\pi\pi}^2$ 处具有更大概率的方向偏移. 实验的结果 (Gormley) 是如此精确, 甚至可以定量地观察到这种效果, 因此在这种情况下, 该机制是无需置疑的. 因此, 很可能在 2γ 衰变中也没有什么更深层次的奥秘.

但是 $\eta \to 3\pi$ 的情况确实带来了一定挑战. 由于 π 的 G 宇称是 $-$, η 的 G 宇称是 $+$, 所以这种衰变根本是不被允许的. 考虑 $\eta \to \pi^0\pi^+\pi^-$ 过程, 电荷共轭 (我们认为这个比率的衰变是满足的) (η 和 π^0 电荷共轭为 $+$, 因为它们可以衰变成 2γ) 要求 π^+, π^- 必须是对称的, 它们必须处于 $I=0$ 或 2 的态. 加上第三个介子的 $I=1$, 总的来说就只有 $I=1,1,2,3$ 这几种可能性, 不存在 $I=0$. 因此, 除非违反同位旋守恒, 否则不会发生衰变. 当然, 电动力学违反了同位旋守恒, 所以涉及一个电动力学的虚效应 (矩阵元中的 α 阶), 比率是 α^2 阶. 因此 $\eta \to 2\gamma$ 可以与之竞争, 而不是完全被 $\eta \to 3\pi$ 是强相互作用时的可能情况所淹没. η 衰变的数据是

	分支比
$\eta \to \pi^+\pi^-\pi^0$	$23.1\% \pm 1.1\%$
$\to 3\pi^0$	$30.3\% \pm 1.1\%$
$\to \pi^+\pi^-\gamma$	$4.7\% \pm 0.2\%$
$\to \gamma\gamma$	$38.6\% \pm 1\%$
$\to \pi^0\gamma\gamma$	$3.3\% \pm 1\%$

$$\Gamma^{\text{total}}(\eta) = 2.70 \pm 0.67\ \text{KeV}$$

I 的变化可以是 $\Delta I = 0,1,2$, 但只有 $\Delta I = 1$ 的部分破坏了 G 宇称. 因此, 三个 π 介子的末态必须是 $I=1$. 由此我们可以得到对 $\Gamma(\eta \to 3\pi^0)/\Gamma(\eta \to \pi^+\pi^-\pi^0)$ 比值的估计. 结合同位旋为 1 的三个态, 我们可以得到总同位旋 I:

对称　3,1

混合对称　2,2,1,1

反对称　0

我们假设 3π 处于它们的最低空间波 s 波中, 并且是对称的. 由于它们是玻色子, 我们将得到同位旋 I 为 3 或 1; 而电磁场只允许 I 为 1 (但通过适当地使用空间态, 可以引入混合对称的 $I=1$ 态). 对于这个态, $\Gamma(\eta\to 3\pi^0)/\Gamma(\eta\to\pi^+\pi^-\pi^0)=3/2$. 如果存在某种混合对称的 (动量相关) 空间态, 则可以允许其他 $I=1$ 的态降低这个 3/2 的比例; 由于它具有更高的角动量, 所以它可能会更小. 这个比值可能相当接近 3/2, 而实验值给出的结果为 1.3 .

我们该如何计算 $\eta\to 3\pi$ 的比率? 中间态光子在哪里起作用? 我们能猜出哪些中间态最有可能是重要的吗? 对这个比率的定量估计是任何关于虚自能光子作用效果的讨论都必须提及的问题.

第16章

部分子模型中的假设

第50讲

部分子模型中的假设

我们现在要讨论的是, 在深度非弹散射 $e+p \to e+X$ 中, 产物 X 是什么样子的. 对于能量较低和 q^2 较小的虚光子, 确实有一些对确定的末态 X 的测量 (见 Berkelman, Cornell conference, 1971). 其中大部分可以从我们的光子 ($q^2=0$) 反应理论的直接推广中理解. 我们已经讨论了在虚 π 介子交换中 π 介子的产生, 从而得到关于 π 介子形状因子的信息. 此外, 已从虚光子研究了 ρ 介子的产生, 这不足为奇, VDM 给出了一个合理的解释, 我们在第 16 到 21 讲讨论过这个理论, 现在我们只需要把方程中 k_{out}^2 换成 q^2 就可以得到与 $q^2=0$ 有关的因子 $m_\rho^2/(m_\rho^2-q^2)$ (q^2 是负的).

对于纵向极化光子 ($q^2\neq 0$ 时有可能存在) 是如何与纵向极化的 ρ 介子进行耦合的, 我们也必须给出假设, 即假定这些振幅与一个因子 $(q^2/m_\rho^2)\dfrac{m_\rho^2}{m_\rho^2-q^2}$ 有关, 其中 q^2/m_ρ^2 是一个人为给定的因子, 这是因为规范不变性要求 J 的纵向部分随 $q^2\to 0$ 而消失. 这对于不太大的 q^2 可能是有效的, 但是如果 q^2 变得非常大, 关于少量的 $\rho\to\rho^*$ 产生的推测可能失效.

在 q^2 很大的情况下会发生什么, 以及它如何与 q^2 很小时相联系, 也是目前的一个关注重点, 这些问题都发生在 ν 非常大的时候. 为此, 我们必须建立一个指导性的理论, 借此机会我想回顾一下与部分子模型相关的一些假设. 我会首先列出所有可能的假设, 今天不需要确定哪些是对的, 哪些是错的, 只是对它们的结果做出推论, 让以后的实验来进行甄别 (例如, 带电荷的部分子是夸克吗?). 因此, 在我们所列假设中, 很有可能出现互相不自洽的假设. 这些假设有时是来自于一些理论的猜测和已知的实验事实的混合, 要注意, 当某个假设能很好地解释一部分实验事实时, 并不一定代表它确实获得了实验的验证, 因为这个假设很可能是从这些实验事实中反推出来的. 最后, 你将会发现, 有时, 我们能够不费吹灰之力地从一个假设导出另一个假设, 这说明它们显然不是独立的. 总而言之, 这并不是一个数学上完备的公理体系, 恰恰相反的是, 这将是一个漫长的充斥着物理“直觉”的讨论.

关于这方面的讨论, 请参阅 J. Bjorken 在 1971 年 Cornell 会议上的论文.

通用框架

我们假设, 和场论一样, 一个态的波函数可以由找到不同数量的场量子数或不同动量的部分子的几率振幅给出. 我们会特别关注那些在 z 方向具有极大动量 P ($P\to\infty$) 的单个粒子 (有时是发生碰撞的两个粒子) 的波函数. 波函数在 Fock 空间中描述, 给出了一个态的振幅

$$
\begin{aligned}
\psi \;=\; & \psi_0 \\
& \psi_1(p_1) \\
& \psi_2(p_1,p_2) \\
& \vdots
\end{aligned}
$$

其中, ψ_0 是找不到任何部分子的振幅 (通常为零); $\psi_1(p_1)$ 是存在一个动量为 p_1 的部分子 (我们省略了部分子类型的指标) 的振幅; ψ_2 是存在两个动量分别为 p_1,p_2 的部分子的振幅, 以此类推. 这可以写成其他形式. 例如, 让 $|\mathrm{VAC}\rangle$ 表示真空态, a_p^* 表示动量为 p 的部分子的产生算符. 因此我们可将波函数写成 $|\psi\rangle = F^*|\mathrm{VAC}\rangle$, 其中,

$$F^* = \psi_0 \cdot 1 + \sum_{p_1} \psi_1(p_1) a_{p_1}^* + \frac{1}{2} \sum_{p_1 p_2} a_{p_1}^* a_{p_2}^* \psi_2(p_1,p_2) + \cdots$$

是产生算符的函数.

接着我们可以做出如下假设:

A1. 找到大 $P_\perp$ 的部分子的几率振幅随 P 增加迅速下降, 因此当 $P\to\infty$ 时, 我们可以首先近似地认为所有 $P_\perp$ 仍保持有限.

A2. 纵向动量的量级为 P (即 $P_\mathrm{L} = xP$) 的"波函数", 仅取决于 x.

为了明确它的定义, 我们有必要多做一些解释. 不难发现, 当 $P\to\infty$ 时, 小的 x 会对 ψ 产生更大的贡献. 我们可以借用密度矩阵来更精确地阐述这一点. 设 $\psi_n(p_1,p_2\cdots p_n)$ 是找到动量为 p_1 到 p_n 的 n 个部分子的几率振幅. 那么, 定义 k 处的密度为

$$\sum_n \int |\psi_n(p_1,p_2,\cdots p_n)|^2 \sum_i \delta(k-p_i) \prod_i \mathrm{d}^3 p_i = \rho(k)$$

我们作出如下的假设, $\rho(k)$ 只取决于 $k_\perp$ 和 $x = k_\mathrm{L}/P$, 其中, 当 $P\to\infty$ 时, 我们保持 x 是有限的, 这个假设可以给出各种推广. 例如, 当 x 为有限时, 单粒子密度矩阵 (如 $\sum_n \int \psi_n^*(p_1,p_2,..k..p_n)\psi_n(p_1,p_2,..k'..p_n)\mathrm{d}p_1\cdots\mathrm{d}p_n = \rho(k,k')$) 只依赖于 $k_\perp, k'_\perp, k_\perp/P, k'_\mathrm{L}/P$ 等. 同理, 两个粒子的密度 ($\sum_{i,j}\delta(p_i-k_1)\delta(p_j-k_2)$ 的期望) 有同样的表现, 以此类推. 这几乎是说 (但并不完全如此) 波函数在 $p_{\perp i}$, $x_i = p_{\mathrm{L}i}/P$ 给定后, 有确定的 $P\to\infty$ 的极限. 波函数是所有动量的函数, 当然也包括一些我们称为软的有限动量. 考虑到这一点的话, 就会发现标度律有时是不适用的, 例如, 平均的粒子产生数是随 P 增加的, 因此任何固定 n 的波函数 ψ_n 会随 P 的增加而下降 (可以近似为 P 的幂次), 于是, 标度律被破坏了. 不过我们仍然可以定义所谓的"相对波函数", 例如, 在 $x,p_\perp$ 有限的情况下, 只有一个粒子 (或有限个粒子) 被移动的比率是符合标度律的, 即仅仅取决于 $x,p_\perp$.

A3. 当 $P\to\infty$ 时, 在波函数中找到有限纵向动量的粒子的振幅仍然是有限的. 也就是说, 密度矩阵, 比如找到有限纵向动量 p_L (如 $p_\mathrm{L} < 4$ GeV) 的密度, 在 $P\to\infty$ 时有确定的极限, 且软部分子数目的期望值是有限的.

第 51 讲

部分子模型中的假设 (续)

A4. 为了使 A3 和 A2 之间有连续性, 当 $P \to \infty$ 时, 给定类型的小 x 部分子的平均数量为 $\mathrm{d}x/x$, 而软部分子数为 $\mathrm{d}p_z/p_z$. 具有负 p_z 的粒子数目会迅速减少. 因此, 尽管在有限负的 p_z 区域内存在一些粒子, 但是对于 $p_z = xP$, 在有限负的 x 区域内不存在部分子.

(作为一个简单例子, 考虑软区域中的波函数形如 $\exp(\sum C_k a_k^*)|0\rangle$, 其中 a_k^* 是纵向动量为 k 的粒子的产生算符, $C_k = \alpha/(\omega - k)\omega^{3/2}$, $\omega = \sqrt{k^2+1}$, $\alpha =$ 常数.)

A5. 当 $P \to \infty$ 时, 软部分子的行为几乎与快速运动 (有限 x) 的部分子的分布无关. 这个问题又比较复杂. 如果我们将变量 p_z 扩展, 例如定义 $y = \ln(\sqrt{p_z^2 + 1\mathrm{GeV}^2} + p_z)$, 则对于有限的 p_z, y 是有限的; 对于有限的 x, y 为 $\ln 2P + \ln x$. 从而对于每一个有限的、小于 $\ln 2P$ 的 y 值均存在粒子.

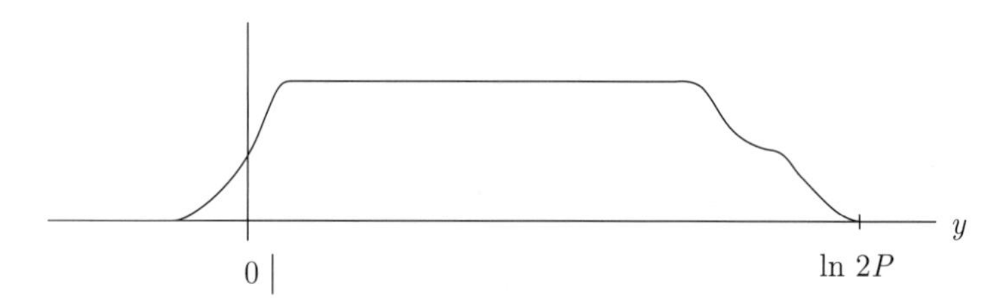

图16.1

我们绘制了每一段 dy 中的平均粒子数的图像. 在该图中, 有限小的 y 在 $P \to \infty$ 时描述的是软部分子的行为; 而有限小的 $\ln 2P - y$ (有限 x) 描述的是快速运动的部分子的行为. 两者之间是一个有限的部分子密度平台, 因此部分子的平均数目随着 $\ln P$ 的增加而增加.

粒子的数密度是容易理解的, 但是我们如何理解波函数呢? 波函数给出了每种给定情况 (给定一系列部分子的 y 值) 的振幅.

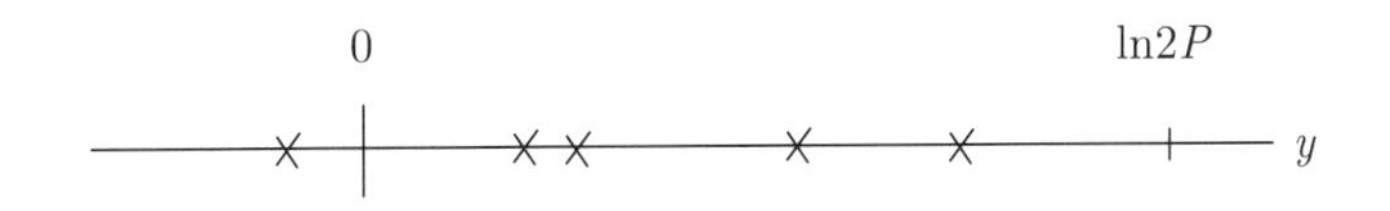

图16.2

该振幅如何随点的位置而变化？它的行为就像厚度为 $\ln 2P$ 的一维液滴. 只有当粒子或多或少地均匀分布在除了 0 和 $\ln 2P$ 附近的每一个地方时, 振幅才会比较大. 0 和 $\ln 2P$ 两个端点之间不存在强烈影响, 它们之间的长平台 (但 $\ln 2P$ 不会特别大) 使它们彼此没有联系.

在数学上我们正在讨论方程 $H\psi = E\psi$ 的具有固定 P_z 的解 (当然我们不知道 H). 记动量算符为 $\mathcal{P}_z$ (形如 $\sum p_z a_k^* a_k$ 等), 我们需要 $\mathcal{P}_z\psi = P\psi$. 其中, ψ 是算符 $W = H - \mathcal{P}_z$ 的质量为 M 的本征态. 当 $P \to \infty$ 时 ($E = \sqrt{P^2 + M^2} \approx P + M^2/2P$), 我们考虑如下极限:

$$(2PW)\psi = M^2\psi \tag{16.51.1}$$

我们关心的是 $P \to \infty$ 时具有确定本征值的算符 PW 的本征态. 我们假设 $P \to \infty$ 时算符 PW 有一个明显的约束, 可以用 $x = p_{\mathrm{L}}/P$ 和 $p_\perp$ 来表示. 这样会非常方便, 但是在小动量端会出现麻烦. 该方程像一个级联, 大 x 通过相互作用项生成小 x (就像湍流方程或宇宙射线簇射). 较小的矩堆积起来, 直到出现新现象以改变方程形式 (就像湍流中的粘度, 或宇宙射线中的电离损失), 这最终决定了软区域的 x (有限 p_z) 的行为. (PW 仅取决于 x 的近似是错误的, 例如 $\sqrt{p_z^2 + p_\perp^2 + m^2} \approx p_z$ 不再成立.) 但那时 "簇射已经完全形成" 并且软区域的行为 (除了其归一化, 即软的总强度) 与它在有限 x 处的初始行为无关. (在软区域相互作用与动能相当.)

此行为是如下方程的解

$$W\psi = 0 \tag{16.51.2}$$

(注意在这里我们省略了 P.) 通常, 如果使用了所有的边界条件, 算子 W 的本征值不会为零, 但是在这里, 我们将有限的边界条件放宽为 $p_z \to +\infty$. (就像求解 Schrodinger 方程 $H\psi = E\psi$, 当它没有 $E = 0$ 这个本征值时, 通过在 $r \to \infty$ 处放宽边界条件, 从而我们可以研究开放的散射态, 其中大 r 处的行为必须被固定, 在这里我们必须最终得到方程 $2PW\psi = m^2\psi$ 的有限 x 的解.)

由于式 (16.51.2) 在 z 方向上速度为 v 的 Lorentz 变换下是不变的, 其中所有的大动量 p_z 均要乘以 f (记 $f = \sqrt{(1+v)/(1-v)}$), 那么可以证明 ψ 可以写成 $f^\beta\psi$ 的形式 (因此 Lorentz 变换不改变 ψ, 而只改变归一化系数). 这意味着在有限小的 x 处发现一

个部分子的概率是 $x^{2\beta}\mathrm{d}x/x$. 我们在 A4 中的假设对应于最低阶 $\beta=0$ (它是从实验而不是理论上得到的). 对于高阶的 β 还存在其他的解, 而通解是各阶解的线性组合, 其系数取决于它们对式 (16.51.1) 的拟合. 我曾希望以此方式实现对 Regge 理论的场论解释, 但这项工作还尚未完成.

A6. 所有强子的软分布都相同. 这是一个由实验指导的大胆假设. 这意味着软部分子对同位旋是中性的. 质子的软分布看起来和中子的一样. 它们之间的差异只能来自更高阶的 β, 因此其幅度按 $P^{-\beta}$ 下降 ($\beta>0$). 我们没有假设软部分子具有 SU_3 对称性 (我认为它会导致 π 和 K 的比率与实验不一致的预期.), 是因为我们认为相互作用力可以有效地确定软的分布, 而这些力并不是 SU_3 不变的.

(这使我感到震惊, 因为软部分子是由 $W\psi=0$ 确定的, 即零质量平方的态. 由于 π 介子的质量很小, 所以软部分子近似地只有 π 介子 (K 介子随着质量的增加大大减少, 因此 SU_3 对称性破坏.) 已知的 π 介子相互作用 (由媒介 ρ 介子描述) 可能允许以适当的 π 介子基来展开 $W\psi=0$ 的解. 如果这样做, 我建议一开始就使用 $\pm p_z$ 对称的软分布会更容易, 这样的分布对应于两个快速的强子碰撞, 而不是单侧的单粒子分布.)

根据场论, 假设 A6 并不明显, 因为原则上快部分子对慢部分子可能会有一些远距离的直接影响. 选择做出该假设是由实验指导的 (实验表明强子碰撞的向右运动的产物仅取决于向右运动的初始碰撞粒子, 而不取决于与之碰撞的粒子). 要了解如何使用此假设, 请参见 B1 和 J. Benecke et al. Phys. Rev. 188, 2159 (1969). 我们稍后将做出物理假设 B1 专门指出没有这种远距离影响.

A7. 连续性要求, 因为软部分子邻近海平面 (即平台区), 所以我们要求平台区内的所有强子具有相同的性质 (例如部分子的平均数目和关联).

A8. 在足够大的快度间隙 Δy (见 A5) 中没有部分子的概率以 $\mathrm{e}^{-\gamma\Delta y}$ 的方式下降, 其中 γ 取决于间隙的量子数 (角动量、同位旋、奇异数). 例如, 假设我们有一个质子态, 我们要求某些部分子 a,b,c 的 $y>y_1$ 而其余的部分子的 $y<y_2$.

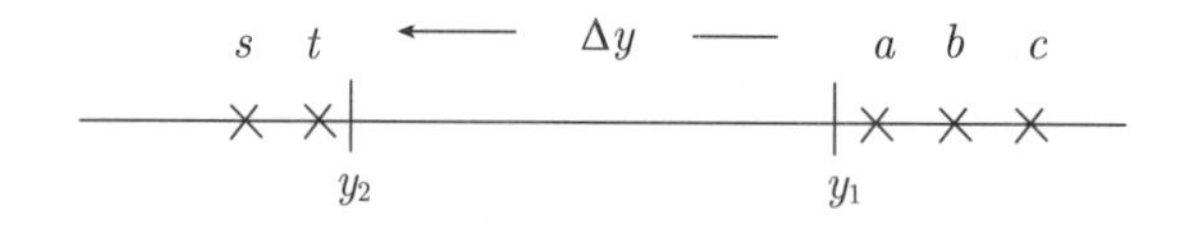

图16.3

假设部分子 a,b,c 的奇异数是 +1, 整个质子 $S=0$, 所以通过"跨越间隙"产生了 $S=-1$ 的贡献. 显然, 这种"跨越间隙的量子数"定义为总量子数减去间隙右边 (a,b,c) 的量子数, 恰好等于左边 (s,t) 的量子数之和. 这种复杂的表述方法可以用于描述两个强子发生碰撞时的分布. 此时, 它是向右运动的强子的量子数减去间隙右边的部分子的量子数.

A8 假设有些不够清楚. 我们必须说明快度间隙 Δy 是如何变化的. 它在两种情况下有用: ①区域 a,b,c 和 s,t 都被完整地表示, 并且由于 P 的增加, 间隙也会变大; 因此 $\Delta y \propto \ln 2P$ 并且振幅按 $P^{-\gamma}$ 的方式衰减. 在第 29 节中, 这曾经被用于分析的质子形状因子. ②间隙在平台上, 并且在间隙的一侧或两侧仍是平台. 这里 a,b,c 是确定的而 s,t 等可取 y 到另一个边界范围内的所有可能值 ($\ln 2P$ 除外), 当 $\ln 2P$ 增大时 Δy 保持不变. 这时, 概率按 $(x_2/x_1)^{-\gamma}$ 的方式变化, 这里 x_1 和 x_2 是 x 在两个间隙端点的值 (这将用于分析深度非弹性散射在 $x=1$ 附近的渐近行为).

第 17 章

极端能量下的强子-强子碰撞

第 52 讲

极端能量下的强子-强子碰撞

虽然我们主要关心的问题是光子-强子相互作用, 但是我们将回顾在描述极端能量下的强子-强子碰撞 $A+B$ 时所做的假设. 我们首先忽略弹性散射和衍射解离, 关注产生多个粒子的过程 $A+B\to C+D+E+\cdots$ 的散射截面.

对于硬碰撞, 假设 A、 B 粒子在 z 方向上的动量分别为 P_A、 P_B, 例如在质心系中 $P_A=P_B=P$. (在这个基础上考虑 z 方向有限速度 v 的变换, 得到 $P_A=fP$, $P_B=\dfrac{1}{f}P$,

其中 $f=\sqrt{(1-v)/(1+v)}$). 我们只考虑 P_A、 P_B 或 $P\to\infty$ 的情况.

在发生相互作用前, 渐近入射波函数是向右运动的动量为 P_A 的 A 粒子的波函数和向左运动的动量为 P_B 的 B 粒子波函数的某种乘积. 这里会出现技术上的问题. 在场论中, 波函数不能简单写为我们所描述的每个粒子的波函数的乘积, 因为这违背了场的特性 (例如, 假设 A 包含一个动量为 p 的费米部分子, 并且 B 也包含一个相同动量的同类费米子, 但场论中不能有两个相同状态的费米子). 因此, 如果将 A 表示为产生算符 F_A^* 作用在真空上, 则 $\psi_A=F_A^*|\mathrm{VAC}\rangle$ 将产生 A 所有的部分子, 而 B 可以通过 F_B^* 产生, 则入射渐近波函数可以表示为:

$$F_B^*F_A^*|\mathrm{VAC}\rangle$$

在软区域, F_B^*、 F_A^* 不对易会带来一些问题 (注意由于 A 和 B 运动方向相反, 对于快速的部分子 $p\sim xP_A$, F_A^* 和 F_B^* 中不会同时出现产生算符). 实际上这个问题只是技术上的, 因为我们只需要相互作用后的态. 仅当我们定量计算相互作用时, 这个问题才会出现. 但是现在我们想谈一谈波函数在相互作用后的形式, 因此可以说 "考虑相互作用加上定义初态时重叠所带来的修正" 之后. 重叠仅影响软部分子, 同时我们假定相互作用也仅影响软部分子. (这里相互作用的影响是指, 虽然 $F_A^*|\mathrm{VAC}\rangle$ 和 $F_B^*|\mathrm{VAC}\rangle$ 都是本征态 $H|\psi\rangle=E|\psi\rangle$, 但相互作用会导致 $F_A^*F_B^*|\mathrm{VAC}\rangle$ 不是本征态).

下面我们将陈述关于相互作用的波函数的假设.

B1. 假设部分子的质量为 1 GeV 量级, 则仅当它们的相对四动量有限时才发生相互作用. 这等价于, 部分子 1、2 仅在它们的相对 y 值 y_1-y_2 为 1 左右或者更小时才发生相互作用, 其中 $y=\ln(\sqrt{p_z^2+1}+p_z)$ (p_z 的单位为 GeV)(所以动量 p_z 互为相反数的两个粒子的 y 也互为相反数).

(我取 1 GeV 作为相互作用衰减的一般能量值. 我怀疑在一些应用场景中更小的值 (例如平均的 $p_\perp$ 值) 才是正确的, 尽管在某些情况下可能是更大的值——当然, 在没有定量理论的情况下, 我们无法精确界定这个值.)

我们使用这个假设来得到相互作用后的出射末态波函数 (以部分子分布的形式). 入射态 A 和 B 的部分子的 y 值分布范围分别为从某个小量到 $\ln 2P_A$ 和从 $-\ln 2P_B$ 到某个小量. 我们把它们放在一起, 并以 $\Delta y=1$ 的宽度平滑它们 (作为相互作用的效应). 这个平滑作用在 $y=0$ 附近将分别来自 A 和 B 的正 y 和负 y 分布连接起来. 由于 A、 B 的平台分布是相同的 (请参阅 A7), 这个平滑操作可以简单地通过将共同平台从一个拓展到另一个来完成. 质心的位置在此处是没有痕迹的. 我们假设这是一般原则.

B2. 在强子-强子的硬碰撞中, 没有特殊的效应可以区分在确切质心处具有有限动量的粒子. 以非接近 c 的速度 v 使进行的纵向变换, 本质上并不改这种粒子的分布 (基于杨振宁的假设).

在我们的讨论中, 粒子是部分子, 变换使得 y 的原点位置改变了 $\ln f=\frac{1}{2}\ln\frac{1+v}{1-v}$ (有限数值), 则上述假设说分布应该看起来相同. 因此, 平滑作用的效果就是将 A 的平台区光滑地扩展至 B.

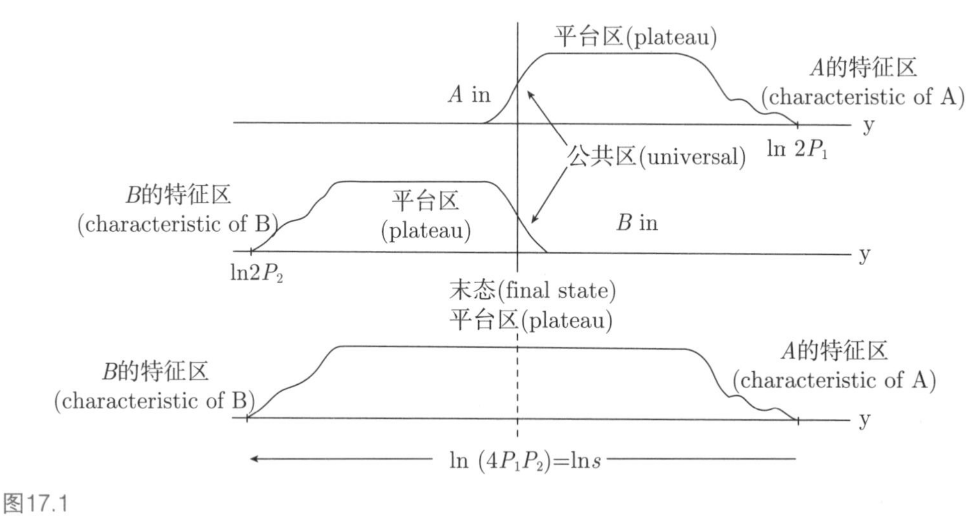

图17.1

我们可能会问 $\Delta y=1$ 的平滑是否会改变 $y=\ln 2P$ 附近的部分子分布, 而后者完全由 A 确定. (这个区域称为 A 的碎裂区, 而 $-\ln 2P_B$ 的附近称为 B 的碎裂区.) 但在 A 附近的分布已经满足波动方程 (从某种意义上说, 如果力程有限, 则液体表面几乎不受液体内部的影响), 因此我们假设它不改变. 所以, 我们设想末态的实强子来自具有以下性质的“原始”部分子态的蜕变.

B3. 强子 A 和 B 的快速碰撞的适当的部分子态的密度矩阵在 A 的单粒子碎裂区 (y 接近 $\ln 2P_A$, 或者 $x=p_{\mathrm{L}}/P>0$) 与 A 的密度矩阵相似, 在 B 的单粒子碎裂区 (y 接近 $-\ln 2|P_B|$, 或 $x<0$) 与 B 的密度矩阵相似, 而在中间区域 ($|x|$ 很小的软区域) 是公共的平台区.

因此, 这是以波函数的形式完整描述了假设 A1 至 A8 所描述的单粒子态. 我们再次强调我们的假设不是互相独立的, 例如, B3 要求每个粒子的平台分布是相同的, 而这已在 A7 中陈述过. 我们并不试图发展一系列假设的逻辑系统, 而只是陈述了若干自洽 (或可能并不自洽, 见后面的夸克假设) 的想法.

我们在 B3 中发展的图像是, 波函数就像是 y 方向上的液体, 表面 A、 B 处的分布是唯一确定的, 但内部的平台或者海区域将表面分开. 若 P 取得足够大, 则可以很好地将它们分开, 因为它们是由具有普适性的 $\ln 2P$ 分开的. 另外, 从 y 中的一点到另一点的关系或关联有一个量级为 1 的阶的有限范围, 因此, 海中的一般行为就像 Markov 链一样, 只要 y 的间隔足够远, 就不存在关联. 这种链所具有的很多明显性质, 预期也会在这里出现, 但这里不会清楚陈述所有这些性质 (例如, 对于足够大的 Δy, 在 Δy 范围内不存在任何给定类型的部分子的概率为 $\exp(-C\Delta y)$, C 是某个常数).

在定义波函数时的"适当"一词是我有意含糊的, 因为我不确定我所描述的末态出射波函数究竟表示所有粒子都结束了相互作用, 还是粒子仍处于初态和末态之间的中间状态. 我还没有清楚解决我对这个问题的困惑, 但是由于我在下一讲中仅是定性地使用了该函数, 因此我在这里不必完全澄清它.

关于假设 B2 和 B3 中小动量区域 y 在 z 附近时的技术脚注.

在绘制 B2 和 B3 的部分子波函数关于 y 的分布图时, 我们假设在 $y=0$ 附近的软区域, A、 B 发生相互作用的结果仅仅是将它们的平台在 $y=0$ 处光滑地连接起来. 这就是我想要的物理, 结合物理粒子在 y 中该处定义具有的一致性, 以及有限速度变换下的不变性, 可以导出假设 C2 (见第 53 讲). 但从技术上讲, 部分子在 y 空间中的曲线 $y=\ln(\sqrt{p_z^2+1}+p_z)$ 可能在 $y=0$ 附近存在一个凸起. 当我们进行有限的 Lorentz 变换时, 这个凸起的位置会移动, 但这是没关系的, 因为波函数不必是相对论不变量 (我感谢 F. Merritt 指出这一点). 但是这个凸起必须被特殊构造, 像 C2 的末态实强子分布中的凸起那样, 不产生物理效应. 这个凸起是在为波函数寻找正确的归一化和定义变量时不小心引入的"理论工艺品". 如果我任意选择使用 $y'=\ln(\sqrt{p_z^2+1/4}+p_z)$, 那么因为 $\mathrm{d}y/\mathrm{d}y'$ 不是常数, 这个结果就不可能在 $y=\ln(\sqrt{p_z^2+1}+p_z)$ 上真正光滑 (在 $y=0$ 附近不光滑).

第 53 讲

极端能量下的强子-强子碰撞 (续)

我们现在继续描述强子碰撞 (仍然忽略衍射解离) 中的产物可能是什么样子. 当然, 我们没有定量的方法可以从部分子的波函数得到出射强子的波函数. 但我们简单地假设

在 y 空间中, 部分子 → 强子的关系与假设 A 中描述的强子 → 部分子的关系非常相似. 稍后我们将描述一些与假设 B3 的描述所不同的态的预期产物, 这些态中存在间隙, 例如, 两个部分子在 y 尺度上处于间隔为 $2P$ 的两端. 我们假设 (B3 的补充):

C1. 若初始波函数包含一个 (或少数几个) 以 y_a 向右运动的部分子 a 和一个 (或少数几个) 以 y_b 向左运动的部分子 b, 它们之间存在大间隙 $y_a - y_b = \ln 2P$, 则由这个波函数解体而产生的强子由三个有限横向动量的区域组成. 在所产生的强子中, y 值接近 y_a 的向右运动的强子由 a 的性质决定; y 值接近 y_b 的向左运动的强子由 b 的性质决定, 而它们之间的强子则分布在一个类似海洋的平台上, 这就是所谓的"与部分子间隙相对应的强子海".

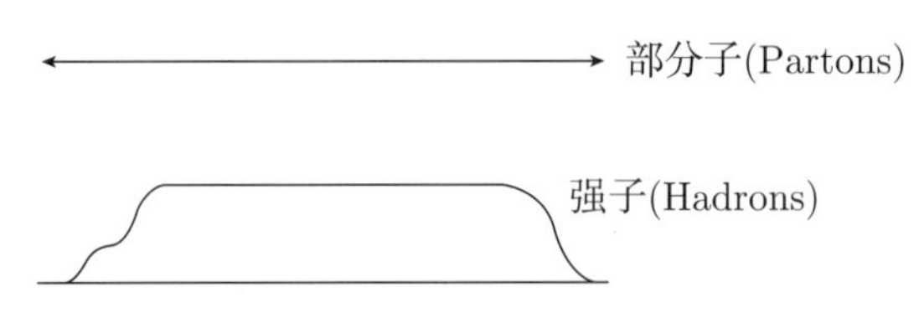

图17.2

有人提出, 这个"与部分子间隙相对应的强子海"本身就是一个间隙. 这与我们接下来的假设 (C2) 不矛盾, 而后者我们将在强子碰撞中使用. 但在我看来, 如果强子像假设 B2 所设想的那样有普适的海洋, 这本身不是合理的, 因为我认为这意味着, 如果有两团强子之间存在间隙, 那么它们之间就会有一片部分子海, 所以如果没有部分子海就没有分离的强子团, 然而实际情况是强子海一定存在. 无论如何, 我坚信在这种情况下实际上存在这样的海, 但是强子动量的间隙与部分子动量的间隙并没有对应关系.

正如 A. Cisneros 指出的那样, 携带相反量子数的两个出射强子团 (例如 $e^+e^- \to$ 强子) 会产生一个偶极强流, 它倾向于将较软的强子辐射到小 x 区域. 随着能量的增加, 防止这种辐射变得越来越困难 (对于两体反应). 相对于产生中间平台的辐射总反应, 产生两团强子的概率都将按能量的指数下降.

对于 B3 中的波函数, 我们可以想象不同的部分子像 C1 那样解体. 它们并不是真正独立的, 在 y 的两端的部分子决定了那里的强子; 而 y 的中间处的部分子影响了中间处的强子, 这个区域的过程不依赖于 y. 因此, 我们再次得到了一个类似于 C1 的强子分布, 该分布有三个区域, 尽管其平台区域可能是一个新的不同的分布, 但仍然是一个海洋. (C1 中的平台对应于初始的部分子间隙, 它和 B3 中的波函数的平台是否相同? 这是一个我尚未决定的难题. 我们将在 C6 中假设它们是相同的, 见第 55 讲.) 这种假设可以通过重复 C1 的描述并仅仅改变海的命名来提出, 也可以用另一种完全等价的方式来给出.

注: C1 的“初始”波函数与 B3 的“适当”的波函数可能存在混淆. 在 e^+e^- 碰撞中, C1 恰好发生在与光子相互作用后——部分子对刚刚产生. 在到达“最终”的初始状态的部分子表示之前, 即在到达 B3 定义的“适当”的波函数之前, 它仍然有时间进行相互作用 (通过哈密顿量中 aa^*a^* 之类的项). 这种相互作用将最初的快部分子转换为两个或两个以上部分子, 而这些部分子又再次被分解等, 以级联的方式进行改变, 例如在低 p_z 区域填充间隙, 并在最终的出射态中创建部分子平台, 从而成为 C1 中的“适当”的初始态.

从强子碰撞中的初始状态到 B3 的最终合适的状态, 没有大量的变化的原因如下. 初始状态的快部分子 (非软部分子) 的分布已经满足 $H\psi = E\psi$, 所以哈密顿量产生的扰动很小. 只有在相互重叠的软区域, H 才会对其做进一步的改变 (以使平台光滑).

C2. 由 B3 的部分子分布所产生的末态强子的分布取决于 y 处的有限范围内的部分子分布的性质.

这不是因为远距离的部分子对没有任何作用, 而是因为它们具有普适的效果. 这里 (以及在 C1 中), 对于有确定质量的在壳强子, y 可以更精确地定义. 我们取 $y = \ln(E + p_z) = \ln(\sqrt{p_z^2 + m^2 + p_\perp^2} + p_z)$, 式中的单位为 GeV (单位的变化仅仅改变 y 的原点).

C3. 综合上述一切, 在强子碰撞 $A + B \to$ 任何产物的过程中, 若在质心系中画产物分布关于 $x = P_z/P$ 的图, 那么当 $P \to \infty$ 时, 产物的分布在负的x 处只取决于 x 和 B, 在正的 x 处只取决于 x 和 A; 而在小的 $\pm x$ 区域, 分布具有 $\mathrm{d}x/|x|$ 的普适行为, 更普遍的, 它以 $\mathrm{d}p_z/E$ 的方式跨越软区域.

向右运动的物质只依赖于 A, 而向左运动的物质只依赖于 B 的想法被称作是有限的 (当 $P \to \infty$ 时) 碎裂. 这个想法由杨振宁等人在 Phys. Rev. 188 2159 (1969) 提出, 但当时人们认为这些区域是完全隔离的、没有联系, 但实际上两者之间存在海洋. 然而, 我们假设这个海洋是普适的, 并且我们假设它不携带左右两个区域的信息 (虽然逻辑上它可以携带).

我们忽略了衍射解离, 但很明显, 如果按一定的百分比将其加入到非弹性散射中, 我们的结论仍然成立. 然而, 弹性散射占总散射截面的比例似乎并不具有普遍性 (例如大 P 的 pp 散射 $\sigma_{\mathrm{el}}/\sigma_{\mathrm{tot}} \sim 0.25$, 然而 $\pi^{\pm}$p 散射的值则接近于 0.17, 参见 G. Giacomelli in Proceedings Amsterdam Conference on Elementary Particles, North Holland Press (1971)). 因此, 有限的碎裂并不是绝对精确的. 它是近乎正确的; 也许在未来, 通过其他

参数 (例如碰撞参数) 刻画的碰撞, 我们可以更精确的了解它. 但是当将这些参数积分时, 当对参数的不同值赋予不同的相对权重时, 它就不再精确了. 尽管如此, 即便有了这一违背其完美普遍有效性的证据, 我们继续以淳朴、简单的方式进行分析, 将细化的任务留给未来.

通过 Markov 假设, 并结合我们关于将部分子间隙的想法 A8 推广到强子等, 可以得到一些其他的结论. 由于强子碰撞不是我们主要关心的问题, 我们将不详细讨论它们, 而只是举出一些例子. 与 A8 类似, 我们假设:

C4. 在足够大的快度间隙 Δy 中不存在强子的概率为 $\mathrm{e}^{-a\Delta y}$, 其中 a 取决于间隙所携带的量子数 (向右运动的粒子 A 的量子数减去所有的间隙右边的强子的量子数). 例如, 若碰撞 $A+B \to C+D$ 中所有的 C 均向右, 而所有的 D 均向左, 间隙为 $\ln 2|P_A|+\ln 2|P_B|=\ln 4|P_AP_B|=\ln s$, 并且 $\mathrm{e}^{-a\Delta y}=(4P_AP_B)^{-a}=s^{-a}$, 其中 a 取决于 $A-C$ 的量子数. 从 Regge 的角度来看, 这个反应的概率是 $s^{-2(1-\alpha)}$, 其中 α 取决于 t 道交换的量子数, 亦即与 $A-C$ 相同. 因此 a 与 $2(1-\alpha)$ (或者任何正确的能量衰减的幂次) 相同, 从而我们与遍举反应建立了联系. (这里 C 可以是像 $\pi+\mathrm{p}$ 一样的具有确定总质量的两个粒子, 而不一定是共振态, 则以上的讨论同样可行. 我不知道这个幂律对于非共振态的实验检验的例子, 再一次, 我们看到了一个普适的原理可以适用于不产生共振态, 或者在更高能量下的 "非共振" 背景的情况, 后者也可以被认为是其他共振态的延续.)

另外, 将上面的假设用到 C 处于边界末端附近的情况, 即 x_C 接近于 1, 而 D 是任意的, 它甚至可以是很多粒子. 此时的间隙为 $\ln(1-x_C)$, 而振幅为 $\mathrm{e}^{-a\ln(1-x_C)}=(1-x_C)^a$. 因此 x_C 的分布为 $\mathrm{d}(1-x_C)^a \approx a(1-x_C)^{a-1}\mathrm{d}x_C$, 其中 $a=2-2\alpha$.

尽管在 $P\to\infty$、$x_C\to 1$ 的情况下, 我们的结果是正确的, 但是这些情况在实际中基本上无法测量. 例如, 假设 C 是一个由 p+p 碰撞产生的质子. 质子也可能来自于质量为 M_R 的共振态的衍射解离, 例如产生质子 W 和 π. 这使质子在 $x=(E_\mathrm{p}-p_\mathrm{p})/M_\mathrm{R}$ 到 $x=(E_\mathrm{p}+p_\mathrm{p})/M_\mathrm{R}$ 的范围内溢出 (当 $P\to\infty$ 时), 其中 E_p、p_p 是质子在共振态的静止系中的能量和动量. 虽然其小于一, 但后者有一个非常小的间隙 (对于 $M_\mathrm{R}^2=2.16$ 间隙为 0.98 到 1), 由衍射产生的质子太少以至于无法在实验上进行分离. 如果在 x_C 不足够接近 1 的区域内做一个产额图, 则不同数量的解离质子将被包含进来, 数据将与 $(1-x_C)^{1-2a}\mathrm{d}x_C$ 相差甚远. 当碰撞的粒子为质子时, 这种困难不会对 π 介子出现.

第 54 讲

高能强子-强子碰撞 (续)

关于从 C2 中得到的“结论”, 我想做出几点评论. 首先, 由于平均粒子数在小 x 区域的形式为 $\mathrm{d}x/x$, 并且以 $\mathrm{d}p/\varepsilon$ 的形式跨越 $x=0$, 显然给定类型的粒子总数 (该类粒子的多重数) 随 $\ln P$ 或 $\ln s$ 呈对数增长. 在图中, 平台区的宽度也随着 s 呈对数增长. 但由于平台区是 (统计上) 中性的, 它对任何可加性的量子数, 如电荷、同位旋第三分量、重子数、超荷、角动量 z 分量等的平均值必须为零 (因为如果不是的话, $\mathrm{d}x/x$ 会给出这些守恒量子数的 $\ln s$ 的依赖性). 从建立平台的级联思想, 我们也能期待这一点. 因此, 当 $P\to\infty$ 时, 类似于 $\int_0^1 \mathrm{d}x\left(x\text{处的}\pi^+\text{的数目}-x\text{处的}\pi^-\text{的数目}\right)$ 的积分将收敛于一个由粒子 A (初始向右运动) 决定的、但与 P 无关的数. 若将上述积分区间改为 -1 至 0, 则相对应的“左数”只与 B 有关.

特别的, 我们可以通过在质心系求和 $x>0$ (即 $p_z>0$) 的所有粒子的量子数, 来定义向右运动的粒子的量子数 (对于可加性的量子数). 当然, 这个数值会因事件的不同而不同, 但是我们希望得到很多事件的统计平均值. 当 $s\to\infty$ 时, “平均的向右的量子数”将趋近于一个常数. 因此我们可以讨论诸如“平均的向右的同位旋第三分量”或“平均的向右的奇异数均值”. 显然, 根据 C2 的想法, 这些平均的向右的量子数必须与向右运动的入射粒子的量子数相同. 平台区不允许任何量子数越过它. (举例来说, 如果我们讨论对称的碰撞 $A+A$, 那么通过量子数守恒和对称性, 向右的量子数 (和向左的量子数) 必须是 A 的量子数. 但在有限的碎裂中, 将左边的 A 替换为 B, $A+B$ 不会改变向右运动的粒子的分布, 因此他们仍然携带 A 的量子数.)

因此, 有趣的是当 $P\to\infty$ 时, 向右运动的粒子平均携带了入射时向右运动的粒子的能量、动量 (减去一个常数)、同位旋第三分量、奇异数、重子数和角动量第三分量等.

注: 我们可以证明, 当忽略 $1/P$ 阶小量时, 向右运动的粒子的总能量 E 和总动量 P 的差值是一个常数 $D=\sum(\varepsilon_i-p_{zi})$ (当 $P\to\infty$ 时, D 不依赖于 P. 如果平台是普适的, 则对每一种粒子 A 均有相同的常数 D). 对于一个有限的正的 x, 一个强子的这个差值是 $\varepsilon-p=\sqrt{P^2x^2+p_\perp^2+m^2}-Px\approx(p_\perp^2+m^2)/2Px$ (m 是强子的质量), 这个数是 $1/P$ 阶的, 因此可以忽略. 对 $\varepsilon-p$ 的主要贡献来自于 $x=0$ 附近, 该处的典型分布形式为

$c\mathrm{d}p/\varepsilon$, 因此对 $\varepsilon - p$ 的贡献为 $c\int_{p_z=0}^{\infty}(\varepsilon - p_z)\mathrm{d}p_z/\varepsilon$, 其中 $\varepsilon = \sqrt{p_z^2 + p_\perp^2 + m^2}$. 该积分结果为 $c\sqrt{p_\perp^2 + m^2}$, 所以 D 是 $c\sqrt{p_\perp^2 + m^2}$ 对横动量和强子类型在平台上的求和. 如果平台是普适的, 则常数 D 也是普适的, 甚至可能根据已经测量的结果很容易地计算得到.

因此在 A 和 B 的碰撞中, 每个粒子都转化为一系列沿着各自方向运动的粒子. 根据守恒律, "粒子束 A" 的能量和量子数与粒子 A 的能量和量子数相同, 但是由于相互作用, 粒子束 A 损失了一个确定的动量 D, 从而比粒子 A 的动量小. 通过相互作用, A 和 B 都损失了动量 D 给对方. (当然, 如果只有软部分子在碰撞中相互作用, 这样的有限动量传递是自洽的、可理解的)

(对于假设 A2 至 A6 所描述的单个强子的波函数, 部分子的总动量是各态的动量之和 P, 但是它们的总能量 $\sum\varepsilon_i = \sum\sqrt{p_i^2 + m^2 + p_\perp^2}$ 不是 $E \approx P$, 这是因为相互作用能补偿了 $\sum\varepsilon_i$ 超过 $\sum p_{zi}$ 的差距).

作为正式描述这些事情的第一步, 我们尝试描述态

$$|A_{\text{in right}}, B_{\text{in left}}\rangle$$

(其中 "in right" 表示具有非常大的纵向动量正 P, 而 "in left" 表示 $-P$) 我们用出射强子态 S 矩阵的一个元素来描述这个态. 当然, 最可能发生的是两个粒子不碰撞, 出射态为 $|A_{\text{out right}}, B_{\text{out left}}\rangle$. 我们希望得到的是发生碰撞的波函数, 所以我们经常将 S 写为 $S = 1 + \mathrm{i}T$, 然后我们只关心 T 矩阵. 我们将不会正确地归一化它, 而只是描述出我们的想法. 形式上, 这个波函数可以按找到各种出射强子的振幅展开. 如果 c^* (形式上) 表示某种强子的产生算符 (种类、横动量 $p_\perp$、纵动量 p 均是 c^* 的指标), 我们可以用 $X|\text{VAC}\rangle$ 来表示这种态, 其中 X 是 c^* 的算符函数. 我们已经讨论过 X 的形式. 若 M 是平台的产生算符假设一个典型的平台的宽度为 x 从 -0.2 到 $+0.2$ (对于有限的 x, M 产生的平台的截断方式是任意的, 它的选择将影响到后面 G^{L} 和 G^{R} 的定义, 但算符 X 不依赖于此). 接下来我们将 X 写为 $G^{\text{L}}G^{\text{R}}M$, 其中 G^{R} 改变海的右边 (对于 $x > 0$, 它包含了产生算符 c^* 以在 M 中放入粒子, 也包含了湮灭算符 c 以在 M 中移除粒子 (或者放入粒子, 这取决于我们对算符 M 的定义). 类似的, 当 $x < 0$ 时, G^{L} 是 c^* 和 c 的算符的函数. 因为算符 G^{L} 和 G^{R} 包含不同粒子的算符 (对与费米子, 一些符号必须调整), 所以他们是对易的. 所以我们可以写

$$\begin{aligned} |A_{\text{in R}}, B_{\text{in L}}\rangle &= G_A^{\text{R}} G_B^{\text{L}} M|\text{VAC}\rangle \\ &= G_A^{\text{R}} G_B^{\text{L}}|\text{M-plateau}\rangle \end{aligned} \tag{17.54.1}$$

其中, $|\text{M-plateau}\rangle = M|\text{VAC}\rangle$. 算符 G_A^{R} 只依赖于粒子 A 等. 如果你想让式子看起来更

顺眼, 可以将左边也写成算符的形式, 若 d^* 是入射粒子的产生算符, 则有

$$Td_A^{\mathrm{R}*}d_B^{\mathrm{L}*}|\mathrm{VAC}\rangle = G_A^{\mathrm{R}}G_B^{\mathrm{L}}|\text{M-plateau}\rangle$$

这样算符 $d_A^{\mathrm{R}*}$ 与 G_A^{R} 等价 (至少在这个二体方程中), 但是 $d_A^{\mathrm{R}*}$ 作用于真空, 而 G_A^{R} 作用于 M-plateau 态.

有一个非常重要、理论上未知的研究问题是极端能量的碰撞 (非常罕见的) 产生了在原来入射方向上具有很大动量的粒子. 例如, 质子-质子在有限角度 (如 $90°$) 的弹性散射, 当 $s \to \infty$ 时, t 与 s 同阶. 关于这些碰撞是由哪种物理图像解释的, 由于我们的主题是光子, 因此我在这里将不会讨论已经尝试过的想法, 但是我可以评论说还没有任何东西被清楚地理解了, 而你可以自己从头开始. (例如, 假设 B1 会被抛弃或量化吗?) (你首先需要粗略地查看实验结果, 从而记住可能需要被解释的定性的显著特征.)

评论: 当我们假设每个强子的软部分子区均是相同的, 并且只有软布分子相互作用时, 我们没有做出与事实相反假设, 即我们没有假设所有的总截面 σ_{pp} 或 $\sigma_{\pi\mathrm{p}}$ 等相等. 我并没有清楚地想明白这一点, 但我一直假设相互作用的波函数部分 (相对于穿过彼此而没有相互作用的部分, 它总是微不足道的) 的归一化关系可以与特定碰撞的总截面联系其来, 而不与其他的想法相矛盾. 例如, 在上面的表达式中, 每个 G_A 都可以携带一个适合的 A 的数值系数 g_A. 这将使总截面与 $g_A^2 g_B^2$ 成正比, 或者说可因子化. 也许前面的假设并不意味着总截面必然相等, 但是它们是可因子化的. 例如, 这意味着 $\sigma_{\pi\mathrm{p}} = \sqrt{\sigma_{\mathrm{pp}}}\sqrt{\sigma_{\pi\pi}}$. 但我们还没有任何证据表明这个关系是正确的.

在这些研究中, 我们没有对横向动量的行为进行阐述 (除了说明强子碰撞中的横向动量有限外, 这是直接来自实验的结果). 显然, 许多有趣的理论问题仍然存在, 例如横向动量分布函数是什么, 对于 x 的不同取值, 或者对于 π 和 K 介子它是如何变化的? 遍举截面应如何随 t 等变量变化? 这些所有现象都被排除在我们的分析之外, 这是未来一个很好的研究方向.

第 18 章

深度非弹性散射的强子末态

第 55 讲

部分子与电磁场的相互作用

我们假设, 在用部分子描述强子的原始场哈密顿量中, 存在部分子与电磁场矢量势的耦合项. 从最小电磁耦合的精神出发, 我们假定它们以满足规范不变性的、最简单的传播子算符的方式进行耦合. 即我们假设:

D1. 部分子与电磁场的耦合是理想的最小耦合算符. 该形式也适用于部分子是理想自由粒子的情况.

当部分子的自旋为 1 或更高时, 耦合算符的形式不唯一. 但我们将假设部分子的自旋要么为 0 要么为 1/2, 因此暂时不需要考虑耦合算符的唯一性问题. 尽管存在失去一般性的潜在风险, 接下来我们仍明确地假设 (当然, 该假设是我们通过讨论 νW 和 W_1 的实验提出的, 而不是理论上的先验假设):

D2. 所有带电的部分子都是自旋为 1/2 的粒子, 它们通过流算符 $e_\alpha\gamma_\mu$ 与电磁场耦合, 其中 e_α 是部分子的电荷 (α 是表示部分子的类型的指标).

在第 27 讲中, 我们已经展示了如何通过 A1、A8 和 D1、D2 假设导出深度非弹性散射的标度律性质, 这里不再重复. 这里我们将讨论光子散射的产物, 着重考虑深度非弹性 ep 散射区 $q^2=-2M\nu x$, $M\nu=P\cdot q$ (P 为质子的动量, q 为虚光子的动量), ν 是实验室系 (质子的静止系) 中的虚光子能量. 我们使用虚光子完全类空的坐标系, 即 $q_\mu=(0,-2Px,0,0)$、 $P_\mu=(P,P,0,0)$、 $q^2=-4P^2x^2$、 $2M\nu=4P^2x$. 该坐标系中散射前后的部分子波函数如图 18.1 所示:

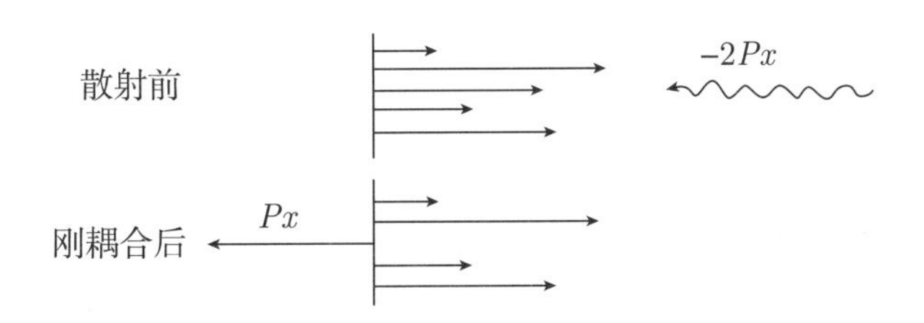

图18.1

即一个部分子 (类型为 α) 在散射后向左运动, 剩下的部分子仍像在原来的质子中一样向右运动, 但失去了部分子 α 所带走的动量 x. 此图发生的相对概率为 $e_\alpha^2 n_\alpha(x)$, 其中 $n_\alpha(x)$ 是初始质子中动量分数为 $p_z/P=x$ 的 α 类型的部分子的数量. 因此, 深度非弹性区的强子产物就来自于具有上述分布的那些部分子. 反应的总截面正比于 $\sum_\alpha e_\alpha^2 n_\alpha(x)$, 因此单次散射的密度矩阵是不同类型的部分子的加权叠加, 权重 w_α 依赖于 x: $w_\alpha(x)=e_\alpha^2 n_\alpha(x)/\sum_\beta e_\beta^2 n_\beta(x)$; 权重之和为 1.

我们的这些假设的一个明显后果是: 在这个体系中粒子的横向动量是有限的, 并且当我们改变 P(或者 ν) 而 x 固定时, 粒子的纵向动量将以 P 为标度, 即如果以 P 为单位, 粒子纵向动量为 ηP, 那么当 $P\to\infty$ 时粒子的纵向分布将独立于 P (仅依赖于 η).

我们期望找到 $\mathrm{d}\eta/\eta$ 在 η 接近为零附近的行为. 对于正的 η (向右运动), 我们期望它表现出类似于强子碰撞中 B3 所描述的波函数 M 平台的普适特性. 对于负的 η, 我们则处于 "初始部分子间隙的平台区" (定义见 C1). 我们没有假设这两个平台区是相同的, 所以 $\mathrm{d}\eta/\eta$ 的系数不必相同. 如果它们不同, 我们就很难定义在过渡区域发生的事情,它不能简单地表示为 $\mathrm{d}p_z/\varepsilon$, 因为这要求正、负 η 时的系数相同. 然而, 这个问题在某种程度上是我们选择特定坐标系的结果. 注意, 这里的“刚耦合后的”态是初始的部分子态 (依照 C1 下面的讨论). 在它成为“合适的”出射波函数之前, 仍然有来自哈密顿量的相互作用. 这将使得向左运动的部分子级联到间隙中, 并将软区域弥散到负的 η 区域中, 从而对向右运动的系统进行了大的调整 (因为, 对于有限的 x, 由于缺少了一个部分子, 它们不再是 $H\psi=E\psi$ 正确的解).

这一切显得相当复杂, 很难做出确切的预言. 然而, 我们可继续假设每一次的相互作用在快度上局限于某一个范围, 尽管其中有许多的相互作用可能填充到间隙等. 但我们应该至少尝试坚持这样的原则, 即向左运动的部分子决定了向左运动的末态强子, 向右亦然. 我们将这一想法正式纳入下面的假设, 作为 C1、C2 的推广 (这里单独写出来, 是因为当特例 C1、C2 成立的时候, 该假设有可能是不成立的).

C5. 在质心系中 (或在纵向运动速度明显低于光速的坐标系中), 对于由一些向右运动分布的部分子和其他向左运动分布的部分子所构成的初态, 其产生的末态强子分布中, 那些向右运动的强子完全由初始向右的部分子决定, 而不依赖于那些初始向左的部分子. (左右交换亦然)

如果假设 C5 是正确的, 则 $\mathrm{d}P_z/\varepsilon$ 的连续性似乎暗示两个平台区是连续的. 虽然我并不确定, 但应该把它作为一个明确的假设写下来; 如果它是正确的, 那将消除我们所有的困难, 即 $\mathrm{d}\eta/\eta$ 区域在强子-强子散射过程中将是普适的.

C6. 对于任何初始部分子分布, 强子在平台区的分布都是相同的. 这个假设目前的依据很弱, 很可能是错的, 但是一个有趣的猜想.

现在我们对向左运动的粒子做更详细的讨论. (与 A. Cisneros 关于这些问题的谈话使我获益匪浅.) 对于这些粒子, 一个比 η (可低至$-x$) 更方便的变量为 $z=-\eta/x=-p_z/Px=P\cdot p/P\cdot q$, 它是向左运动的粒子动量占向左运动的总动量的分数. 根据 $z=P\cdot p/P\cdot q$, 它还是实验室系中以光子能量 ν 为基数的粒子的能量分数. 这个变量适合用来描写虚光子是如何碎裂的. 当然, 当 x 固定、 $\nu\to\infty$ 时, 正如我们说过的, 分布是 z 标度无关的.

如果我们可以确定只有 α 类型的一个部分子出射 (顺便说一下, 这对于中微子散射基本可以做到. 在夸克模型中, 中微子散射可以使一个夸克向左出射), 那么向左出射的粒子的分布将是唯一的, 记作 $D_\alpha(z)$. 对于给定的 z 值, π 介子的个数仅是 z 的函数: $D_\alpha^\pi(z)$; 而给定 z_1、 z_2 的 π、K 介子的概率仅取决于 z_1、 z_2: $D_\alpha^{\pi\mathrm{K}}(z_1,z_2)$; 这些函数与 x 无关. 它们不依赖于 x, 是因为向左出射的强子只依赖于向左运动的部分子 (α) 和来自强子的相邻的软区域 (如果有的话), 而后者是普适的且不受从质子中移除 x 部分子的影响. 后者不影响向左运动的强子, 因为它相对于向左运动的强子的动量不是有限的, 而是以 $P\to\infty$ 的形式增长.

给定 x 处的实际分布将依赖于 x, 这是因为产生不同类型部分子的相对概率依赖于 x. 实际的分布 $D(x,z)$ 将是各种部分子的加权平均:

$$D(x,z)=\sum w_\alpha(x)D_\alpha(z) \tag{18.55.1}$$

其中, 权重 $w_\alpha(x)$ 正比于 $e_\alpha^2 n_\alpha(x)$:

$$w_\alpha(x)=e_\alpha^2 n_\alpha(x)/\sum_\beta e_\beta^2 n_\beta(x)$$

这些函数 $D_\alpha(z)$, 或等价地, 它们在 M-平台区上的产生算符 D_α^{R} (如果 C6 成立) 分离了部分子的某些特性. 如果我们的假设都是正确的, 这些特性是非常基本的. 我们将在后面讨论一个具体的部分子模型 (夸克模型), 并讨论从实验中提取 $D_\alpha(z)$ 的可能性, 以及通过对 $D_\alpha(z)$ 形为的特殊猜测来寻找 $w_\alpha(x)$ 的可能性. 在我看来, 每一种部分子碎裂时的各种可能的、特别的函数特性都非常有趣, 其中有可能包含通向强相互作用机制的核心的入口.

这些相同的函数 $D_\alpha(z)$ 将出现在某些其他实验中, 例如深度中微子质子 $\to\mu+$ 其他产物的实验. 对那些实验的分析与此几乎相同, 除了基本耦合可能不同, 所以尽管 $n_\alpha(x)$ 相同, 但权重 $w_\alpha(x)$ 不同.

在 $\mathrm{e^+e^-}$ 散射中, 假设 D2 说我们的初始状态只是一对权重为 e_α^2 的部分子 α 和反部分子 $\overline{\alpha}$. 所以, 在假设 C6 下, 末态为 $\sum_\alpha e_\alpha^2\left(D_\alpha^{\mathrm{R}}D_{\overline{\alpha}}^{\mathrm{L}}+D_{\overline{\alpha}}^{\mathrm{R}}D_\alpha^{\mathrm{L}}\right)|\text{M-plateau}\rangle$, 产生任意方向的强子分布为:

$$\sum_\alpha e_\alpha^2 D_\alpha(z)$$

其中, α 对部分子和反部分子求和.

如果在某些实验中我们可以确信某个部分子 α 向左出射, 那么正如我们已经看到的那样, 我们预期的总“向左运动的量子数”(对所有事件取平均的、所有向左运动的强子的某个可加性量子数之和) 将是部分子 α 的量子数. 从而原则上我们可以从实验上定义或确定部分子的量子数. 如果该态不是纯态, 我们还必须知道权重 $w_\alpha(x)$. 通过许多不同种类的实验, 原则上可以确定 $w_\alpha(x)$ 以及部分子的整体量子数.

深度非弹性 ep 散射中向右出射的粒子来自质子的碎裂, 表示为 $E_{(\mathrm{p}-\alpha,x)}(z)$, 注意这里质子已经去掉了一个动量为 x 的 α 部分子. 显然这个物理量不是基本的. Drell 的

实验 $\mathrm{p}+\mathrm{p} \to \mu^+ + \mu^- +$ 强子有同样的末态 (左右两侧), 因此实验产物也完全可以用 $E_{(\mathrm{p}-\alpha,x)}$ 来表示, 进而 (假设 $n_\alpha(x)$ 已经计算出) 可用深度 ep 散射的产物来表示. 我们把这个问题留给读者, 请你写出明确的关系, 并提出实验来验证你的想法.

注意: 根据我们的这些假设, 强子末态为

$$\sum_\alpha w_\alpha(x) D_\alpha^{\mathrm{L}} E_{(\mathrm{p}-\alpha,x)}^{\mathrm{R}} |\text{M-plateau}\rangle$$

其中, D_α^{L} 是向左运动的部分子 α 的算符, $E_{(\mathrm{p}-\alpha,x)}^{\mathrm{R}}$ 为向右运动的碎片的. 但这只能被认为是一种助记方式, 因为该表达式作为一个算符 M 来看是不大可能的. 貌似没有什么能阻止我们写出 $D_\alpha^{\mathrm{L}} D_\beta^{\mathrm{R}} |\text{M-plateau}\rangle$, 但该式有两个夸克的总量子数 $(\alpha+\beta)$, 不能通过具有积分量子数的强子算符写出来. (我感谢 J. Mandula 指出这一点.) 对这些思想进行有效的数学表示是一个极好的问题.

应该警告读者, 对于反应特殊产物的这些标度性质的预测, 只有在比总截面 (νW_2 与 W_1) 展现标度无关性的能量还要高得多的能量上才成立. 这一警告来自于非相对论的理论经验. 在许多非相对论量子力学的类似定理中, 总和比单项的行为更好. 这是因为, 假设某些状态只是"输入"的, 从而在计算总概率时忽略了某些相互作用, 则随后的相互作用可能不会改变状态被"输入"的总概率, 但可能在不同的末态上重新分配该概率.

小 x 的特殊情形

在小 x 的特殊情况下的预言特别简单. 首先考虑右侧 (初态质子). 这里, 部分子分布就像除去极低 x 的部分子、软区域被扰动 (通过与左边产生的平台区的相互作用) 的质子中的一样. 因此, 任何有实际意义的 x 的部分子都与质子的完全一样. 我们可以预期强子的分布会像质子强子散射中的一样 (至少对于 $z \gg x$), 如 $F_{\mathrm{p}}^{\mathrm{R}}$ 或 $F_{\mathrm{p}}^{\mathrm{R}}(z)$, 因此 x 足够小时, $E_{(\mathrm{p}-\alpha,x)}^{\mathrm{R}} \approx F_{\mathrm{p}}^{\mathrm{R}}$.

接下来, 对于小 x, 所有 $n_\alpha(x)\mathrm{d}x$ 都以 $C_\alpha \mathrm{d}x/x$ 的方式变化, 其中 C_α 为常数, 所以 $w_\alpha(x) = C_\alpha / \sum_\beta c_\beta = \gamma_\alpha$, 常数 γ_α 在小 x 时不依赖于 x. 用 D_Γ^{L} 表示各种部分子贡献的混合 $D_\Gamma^{\mathrm{L}} = \sum \gamma_\alpha D_\alpha^{\mathrm{L}}$, 每种部分子加以权重 γ_α. 对于小 x, 我们的强子分布几乎为:

$$D_\Gamma^{\mathrm{L}} F_{\mathrm{p}}^{\mathrm{R}} |\text{M-plateau}\rangle$$

也就是说, 对于小 x, 质子碎裂为独立于 x 的形式, 与强子散射的结果相同. 虚光子也以一种与 x 无关的普适方式碎裂. 由于我们假设所有强子的低 x 区域相同, 因此 C_α、γ_α 以及 D_Γ 不依赖于光子击中的粒子种类 (当然以总散射截面归一). 一个小 x 光子和一个强子的行为就像两个强子的散射一样, 每个都以自己的特征方式碎裂. 故光子的碎

片不依赖于 x.

q^2 有限、$\nu \to \infty$ 的区域

对于有限 q 而 q^2 为负, 我们仍然可以使用前面的坐标系, 其中 q 只有一个空间分量 Q, 除非 $Q=0$.

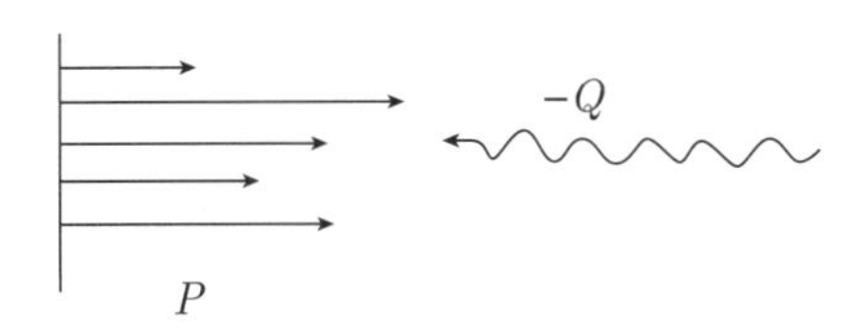

图18.2

这里很清楚, 只有 x 在零点附近才会受到光子 Q 的影响, 也就是只有软区域才会受到影响. 然而, 它们以一种非常复杂的方式受到影响, 因为在软区域相互作用很重要. 因此, 我们不能预测那里会发生什么, 但我们可以注意到 (a) 这点于每一种 $A+\gamma \to$ 产物的反应过程都是一样的, 因为我们根据 A6 可知, 每个强子都有相同的软区域; (b) 在上述系统中, 有限 x 的碎片只是系统 A 的部分子的特征, 因为只有软区域受光子的影响.

由 (a), 左边的产物可以用 $z=P\cdot p/P\cdot q$ 来描述, 其中 P、p、q 分别为质子、产物、光子的四动量; 对于有限的 z、$\nu \to \infty$ 时, 左边产物依 $D_{\gamma,q^2}(z)$ 分布. 分布显然取决于光子的虚质量 q^2, 因为软区域的复杂相互作用依赖于光子动量. 在另一个方向 (变量为 $q\cdot p/q\cdot P$), 质子碎裂与强子散射的情况相同. 当然, 这些考虑也适用于 $q^2=0$, 但此时我们的坐标系是不合适的.

对于任意有限的 q^2, 我们也可以使用质心系.

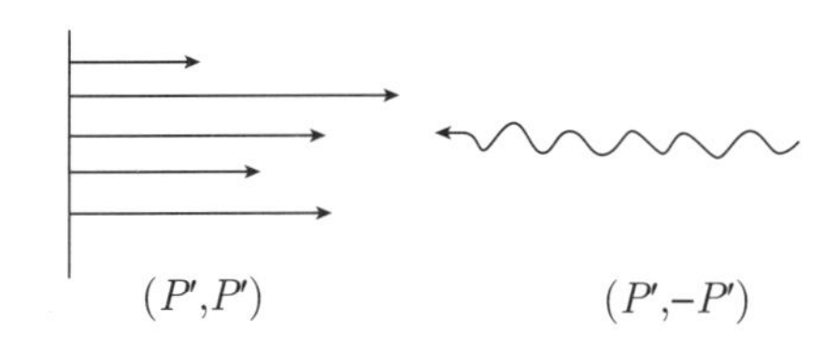

图18.3

能量守恒和动量守恒意味着虚光子 ($P' \to \infty$、 q^2 有限) 只与靶质子 (或强子 A) 的软部分子相互作用. 这种相互作用是复杂的, 但对于给定的 q^2, 任何靶强子都会产生相同的分布. 不管软区域是受到另一个强子、还是光子的干扰, 靶强子的行为总是一样的. 末态强子态为

$$D^{\mathrm{L}}_{\gamma,q^2} F^{\mathrm{R}}_A |\text{M-plateau}\rangle \tag{18.55.2}$$

因此, 对于高能非弹性散射而言, (虚或实) 光子的行为就像强子一样, 因为它似乎有自己的 (q^2 依赖的, 或 $q^2 = 0$) 碎裂产物, 在它的方向上, 强子也以其特有的方式碎裂.

这当然与矢量介子思想有很好的结合, 即自由光子 ($q = 0$) 有一定的合理概率成为虚矢量介子, 从而在与强子散射中表现出类似强子的行为. 我们现在注意到, 我们不必确定它看起来像强子的概率以及该概率随 q^2 的变化情况, 因为无论如何, 它作为一个整体, 在 $\nu \to \infty$ 的散射中应该表现得像强子那样.

在质心系 (以及 q 类空的图像下) 有耦合项, 其中光子首先劈裂成部分子, 例如一快一慢, 这些慢的部分子与强子的软部分子相互作用或湮灭. 这样, 入射光子有一定的振幅 (或概率) 看起来像部分子本身的图像就恢复了. 随着 q^2 上升 (当然在 $x = -q^2/2M\nu$ 有限的情况下), 这些图的贡献就会消失, 只有光子与强子中部分子散射的直接耦合项仍然重要.

大 q^2 和小 x 区域的连续性

最后我们将我们的有限 q 区域与小 x 区域匹配. 正如我们以前的做法, 我们将假设, 当 ν 很大、 $-q^2$ 大但 $-q^2/2M\nu$ 小时, 极限可以按任意一个顺序取, 即我们可以从有限 q^2、 $\nu \to \infty$, 或者从有限但很小的 x、 $\nu \to \infty$ 两种方式取极限.

因此对于大 q^2, 式 (18.55.1) 必须与 (18.55.2) 一致, 这很容易做到. 对于大 q^2, 只需加入结果: $D_{\gamma,q^2} = D_{\Gamma}$. 即: 当 $-q^2$ 足够大时, 光子的碎裂产物将与 $-q^2$ 的增大无关. (当然, 在所有情况下我们都以总截面作归一, 而总截面随 $1/q^2$ 而变.)

第 19 章

作为夸克的部分子

第 56 讲

作为夸克的部分子

现在我们可以通过各种模型来讨论部分子携带量子数的情况, 但只限于讨论最有趣的那个例子. 同学们应当尝试其他例子, 例如 Sakata 模型, 看看通过现在已完成的或已提出的实验, 我们能否排除这些模型.

我们假设带电的部分子有三个种类, 再加上它们的反粒子, 共六个种类. 这三个种类称为 u、d、s, 分别携带 (低能夸克模型中的) 三种夸克态的量子数. 这是我们通过以下假设总结的:

E1. 带电部分子是夸克. 我们之前的大部分假设, 是受场论或者基于高能实验的考虑指导的, 或者我们相信如此. 而这个假设当然不是, 它是一个启发性的猜测. 但如果场论太普通的话, 这个猜测也是与事实相悖的. 因为在这种过于普通的理论里, 会有一个夸克数为 1 (且在局域的波包中, 有非整数电荷) 的基本态, 而且从夸克数守恒的观点来看, 系统应该有夸克数为 1 的本征态. 换句话说, 我们预期看到携带夸克量子数的实粒子. 但它们还没有被观测到. 或许可以想象它们具有很大的质量, 但这会导致之前对 GeV 能区的部分子相互作用的所有假设很难被采用等问题. 可能有某个方法能调和所有这些矛盾, 这是最有趣的理论问题之一. 为了强调这一点, 我将做出另一个不必要的假设, 我不会使用这个假设, 但是我引入它来提醒你们这个问题.

E2. 物理的夸克不存在. 如果你更喜欢 "物理的夸克有很大的质量" 这个说法, 那就用这个吧, 但是为了调和它与 E1 以及我们使用的其他假设之间的矛盾, 你仍然有理论工作要做. 当然 E1 可能是错的, 未来最重要的一个实验工作就是弄明白 E1 是否确实正确, 还是说不可能, 因此我们应当尽可能多地得到可检验的结果. 正如在第 32 讲中讨论的, 目前我们已经从实验中得到, 在任何情况下:

E3. 中性部分子同样存在. 我们现在并不知道它们可能是什么样, 只知道它们可能不是矢量 (因为 ω, ρ 的简并没有被解除).

尽管调和 E1、E2 和场论之间矛盾的问题可能会非常困难, 但调和 E1、E2 和我们明确做出的关于部分子和强子分布的其他假设, 看起来 (至少乍看起来) 一点也不难!

仔细回顾我们的假设可知这点. 正如已经提到的, B1 可能存疑 (相互作用只存在于 y 相差较小的部分子之间), 但它只是用来使后面的假设看似更合理, 而且它可能被后面这些假设所取代.

对于部分子函数 D_α^{R}, 在与 "向右运动的量子数" (在第 54 讲中讨论的) 的关联中, 有一个特别有趣但不矛盾的结论: 现在这个量子数应当不是整数. 这些数在统计意义上定义为所有事件的平均值, 尽管在每一个事件中必须是整数, 但平均值当然不必是整数. 例如, 如果我们知道一个夸克 (且没有反夸克) 被送到了右边, 那么右边的重子数减去反重子数的平均值 (至少在极高能量下) 应该是 $+1/3$.

部分子没有整量子数的事实并不能排除这个结论, 还需一番论证. 想象 $\ln P$ 非常大, 夸克按波函数分布在一个长平台区 (末态): (平台左缘是从初始的单夸克, 通过一长串像

a^*a^*a 这样的级联效应来产生的)

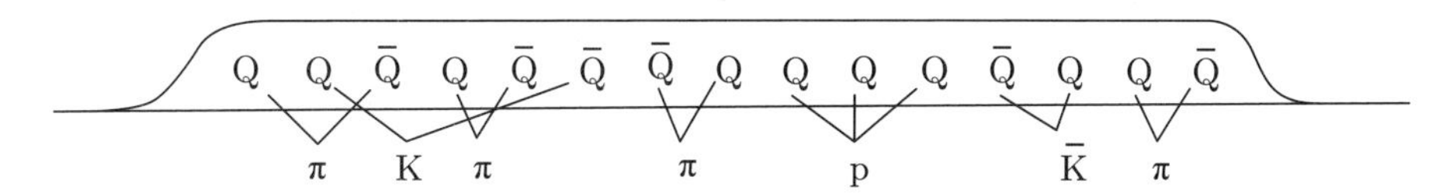

图19.1

然后在变成末态强子的过程中, 各种夸克束结合在一起, 形成合理的强子量子数. 在这个过程中, 如上图所示, 夸克在 y 的有限范围内结合. (当然, 全部的三重对称性必须为零, 因为初态三重对称性为零; 在我们的图示中, 初态的重子数为一.) 我们假设, 在每个 $\mathrm{d}y$ 区间, 都有一定的非零概率挑选三个夸克 (或三个反夸克) 形成一个重子 (或反重子). 同样地, 应该有一定概率挑选到奇夸克. 于是可见, 作为在 y 上有足够长平台区的统计问题 (足够长的 Markov 链), 夸克数 (和奇异数) 是随机的, 这些变量的平均值在平台区的中心区域是零. 这意味着, 末态强子向右或向左的平均量子数趋于一个常数, 而正如我们假设的, 这个常数依赖于初态向右或向左夸克的特性. 至于你从平台区什么位置划分以判定左右, 只要接近平台区的中央处, 就完全没有区别.

这个结果如此有趣, 而且它的实验验证体现了对部分子夸克的非整数量子数假设的直接测量, 所以我们应该讨论一下对它的可能的验证. 首先在电子产生中, 一般来说我们没有单一种类的夸克向左出射, 不得不通过这种或那种方法 (见下面的方法) 先知道 $w_\alpha(x)$, 于是结果的优美性有些令人迷惑. 另一方面, 对于接近 1 的 x, 我们已经在实验 (第 31 讲, $\nu W_{2\mathrm{n}}$ 与 $\nu W_{2\mathrm{p}}$ 之比) 的指导下假设了只有 u 夸克存在, 如果事实果真如此, 那么在 $x=1$ 附近, 我们向左运动的夸克可能是一个纯的 u 夸克. 另一种确保纯夸克的方法是通过我们下面讨论的中微子散射.

第二, 尽管在平台区形成 π 介子很容易, 但是形成 K 介子可能难一些, 而形成重子就更困难了 (因为它们的质量?). 如果是这样的话, 我们的确需要一个非常长的平台区来达到重子数平衡, 尽管超荷的平衡可能更简单, 而同位旋最简单. 因此, 在实验可达到的能量范围内, 我预期同位旋对量子数规则符合得最好, 接下来是超荷, 最后是重子数 (也就是, 要求最高能量).

最简单的是同位旋. 例如我们预期, 向左运动的同位旋 z 分量: $\sum I_{zi}N_i$, 即每个向左运动的强子产物的同位旋 z 分量之和 (例如在 q_μ 为纯类空矢量的参考系, 或者可能是质心系), 对于给定的 x, 每次碰撞给出的值为:

$$\sum I_{zi}N_i = \left[\frac{1}{2}\left(\frac{4}{9}\left(u(x)-\overline{u}(x)\right)\right)-\frac{1}{2}\left(\frac{1}{9}\left(d(x)-\overline{d}(x)\right)\right)\right]/f^{\mathrm{ep}}(x) \qquad (19.56.1)$$

对于较小的 x (有 $u(x)=\overline{u}(x)$ 等), 它会从零开始增加, 但不会增加到 $+1/2$ 以上 (也不会减少到 $-1/2$ 以下), 对于 x 接近 1, 它会趋于 $+1/2$ (此时, 我们认为 $u(x)$ 占主导).

这个关系可以通过以下两种方式来应用. 第一种方式, 我们假设已经通过其他方法知道了 $u(x)$, $\overline{u}(x)$ 等, 例如通过第 33 讲中阐述的中微子散射, 或者通过 $\mathrm{p}+\mathrm{p}\to\mu^+ +\mu^- +$其他产物 的分析, 或者可能通过某个进一步建立的方程. 在这种情况下, 式 (19.56.1) 是一个定量的预测, 可以检验关于部分子是夸克的所有想法的一致性. 第二种方式, 它本身可以用来给出关于 $u(x)$, $\overline{u}(x)$ 等六个独立函数的进一步信息, 使得这些函数可能被分别确定. 于是这些结果可以与其他方法得到的结果进行对比, 但是不能直接作为模型的验证.

然而, 即使这些函数并非完全独立, 诸如式 (18.55.1) 也可能被用于检验夸克模型, 这是因为有求和规则 (9.31.2), 例如 $\int_0^1 (u(x)-\overline{u}(x))\,\mathrm{d}x=2$, $\int_0^1 \left(d(x)-\overline{d}(x)\right)\mathrm{d}x=1$, 因此式 (19.56.1) 的分子对 x 的积分应该为 $7/18$.

此刻我不知道哪种实验信息可以率先得到, 所以在分析这些理论预期的一般讨论中, 我遇到了 "马和马车哪一个更早到"[①]这种困惑. 类似的关系非常多, 于是组织它们是一件困难的事情. 因此我将仅仅指出我们的理论所预期的某些一般关系式, 至于如何选择最佳方式来使用它们, 以及如何结合它们与实验进行比对, 这些问题则留给你们.

第 57 讲

部分子作为夸克 (续)

还有另一种方法, 可以确保在末态得到反冲的同类型纯夸克, 即我们在第 33 讲中讨论的深度非弹性中微子或反中微子散射. 当然, 正如 Cabibbo 所建议的, 我们假设通常

① 原文 "which comes first the horse or cart" 源自英语中的习语 "put the cart before the horse", 意指本末倒置、前后颠倒. 译者认为, 原文此句意为 "谁引导谁".

的弱耦合项 $GJ_\mu^* J_\mu$ 中, 弱相互作用流的强子部分是以夸克的形式给出的. 也就是说, 我们明确假定:

E4. 弱相互作用是通过流 $\overline{Q}'\gamma_\mu(1+\gamma_5)Q$ 实现的, 其中 Q 是 u 夸克的 Dirac 算符, Q' 是 "Cabibbo 夸克" 的 Dirac 算符, 该夸克为 d 夸克时, 振幅为 $\cos\theta_C$, 该夸克为 s 夸克时, 振幅为 $\sin\theta_C(\sin\theta_C \approx 0.24)$.

在接下来的讨论中我们将假设, 流相互作用是类点的, 不过这是由实验来决定的. 然而, 这是个有趣的假设, 但是它的合理性不在我们的讨论范围之内; 无论如何, 都不影响我们对前述流算符生成产物的评述及对相关问题的讨论. 在所有情况下, 我们都可以将产物视作动量为 q_μ 的虚 W 介子场 W_μ (由轻子产生) 与 E4 中弱相互作用流耦合的效应所生成的, 从而进行讨论. 正如之前所说 (式 (9.33.2)), J_μ 的全部矩阵元可以用 W_2、 W_1、 W_3 来表示, 所以我们至少可以利用它们来分析产物在自旋与角度遍历求和之后的性质. 也就是, 对于特殊类型的产物, 总的 W_1、 W_2、 W_3 可以分割成部分的 W_1、 W_2、 W_3. 我们只讨论标度律区域. 我们已经看到 νW_2 与 W_1 有关, 产物也应具有这种关系. 但更有趣的是, 我们注意到 $f_1^{\bar{\nu}\mathrm{p}} - f_3^{\bar{\nu}\mathrm{p}}$ (即反中微子与质子散射的标度化函数 $2MW_1 - 2MW_3$) 就纯粹是 $u(x)$. 因此, 对于产物也有同样的关系, 也就是, 对于 $\bar{\nu}$p 散射, W_1 中产物的概率 (在固定 q 和 ν 时, 为截面随实验室中微子角度变化的合适系数) 减去 W_3 中产物的概率, 完全等于向后散射的 u 夸克的产物的概率 (向前的是少了一个 d 夸克的质子, 概率为 $\cos^2\theta_C$, 后者在一级近似中可以忽略不计, 因为 $\sin^2\theta_C$ 只有 0.06). 因此, 通过研究这个组合中左边的产物, 我们研究的是碎裂产物, $D_\mathrm{u}(z)$, 预期是单夸克的产物, 事实上是 u 夸克的产物.

通过选择其他的组合, 我们可以挑选不同类型的反冲夸克. 例如, 对于中微子和质子的散射, $f_1^{\nu\mathrm{p}} + f_3^{\nu\mathrm{p}}$ 给出纯粹的 $\bar{\mathrm{u}}$ 夸克, 给出各种产物的概率为 $D_{\bar{\mathrm{u}}}(z)\overline{u}(x)$; 不依赖于 x 的固定分布, 总截面为 $\overline{u}(x)$. 同样地, 对于中微子和质子的散射, $f_1^{\nu\mathrm{p}} - f_3^{\nu\mathrm{p}}$ 几乎只给出 d 夸克 (d 夸克有 $\cos^2\theta_\mathrm{C} = 0.94$; s 夸克有 $\sin^2\theta_C = 0.06$)

从这些分布可以确定出夸克的总量子数. 就这样, 某些模型可以被排除, 但其他的还不能. 例如, 我们无法区分夸克模型和三重态模型, 三重态模型中有三组, 共 9 种部分子 (和 9 种反部分子). A, B, C 三组, 每一组都有三个态, 像具有各种整数量子数的夸克. 因此, 对于 νp 散射, 在夸克模型中我们预期会产生一个纯 u 夸克, 而在三重态模型, 关于 $f_1 - f_3$ 的实验中预期会产生一个同位旋为 $+1/2$ 的部分子, 但这个部分子是 A 型, B 型或 C 型的概率相等, 所以其他量子数的平均值可以是 1/3 的整数倍, 正好等于 u 夸克的值, 这也是 A, B, C 选择为整数电荷的原因. (其他实验, 例如 $\mathrm{e}^+ + \mathrm{e}^- \to$ 任何产物,或左右蜕变的关联性可能可以区分这些模型.)

产物预测

对于深度非弹性 ep 散射, 给定末态强子沿左侧 (光子) 方向的分布 (为了方便, 没有归一化) 中隐含了大量预测, 根据式 (18.55.1), 这个分布一般为:

$$\begin{aligned}D(x,z) &= \sum e_a^2 n_\alpha(x) D_\alpha(z) \\ &= \frac{4}{9}u(x)D_{\mathrm{u}}(z)+\frac{4}{9}\overline{u}(x)D_{\overline{\mathrm{u}}}(z)+\frac{1}{9}d(x)D_{\mathrm{d}}(z)+\frac{1}{9}\overline{d}(x)D_{\overline{\mathrm{d}}}(z) \\ &\quad +\frac{1}{9}s(x)D_{\mathrm{s}}(z)+\frac{1}{9}\overline{s}(x)D_{\overline{\mathrm{s}}}(z) \end{aligned} \tag{19.57.1}$$

其中 $D_{\mathrm{u}}(z)$ 等是我们之前讨论的纯 u 夸克等的产物的分布. 一般来说有六个函数, 所以很难分析, 除非 $u(x)$ 等都是已知的. 不过, 通过对测量进行某些组合, 可以减少涉及的函数. 我们举个例子来说明.

假设我们想要产生一个 π^+ 介子, 分布函数记为 $D^{\pi^+}(x,z)$ 或 $D_{\mathrm{u}}^{\pi^+}(z)$ 等. 通过同位旋反射, u 夸克产生 π^+ 介子的概率与 d 夸克产生 π^- 介子的概率相等; 同样, 通过电荷共轭, 也与 $\overline{\mathrm{u}}$ 夸克产生 π^- 介子的概率相同. 这样我们看到, 对于 π 介子的产生, 实际上只有三个独立函数

$$\begin{aligned} D_{\mathrm{u}}^{\pi^+} = D_{\overline{\mathrm{d}}}^{\pi^+} = D_{\overline{\mathrm{u}}}^{\pi^-} = D_{\mathrm{d}}^{\pi^-} \\ D_{\mathrm{d}}^{\pi^+} = D_{\overline{\mathrm{u}}}^{\pi^+} = D_{\overline{\mathrm{d}}}^{\pi^-} = D_{\mathrm{u}}^{\pi^-} \\ D_{\mathrm{s}}^{\pi^+} = D_{\overline{\mathrm{s}}}^{\pi^+} = D_{\mathrm{s}}^{\pi^-} = D_{\overline{\mathrm{s}}}^{\pi^-} \end{aligned} \tag{19.57.2}$$

事实上, 如果我们在给定 z 时测量 π^+ 的数目与 π^- 的数目之差, 式 (19.57.1) 会减少到一个函数:

$$D^{\pi^+}(x,z) - D^{\pi^-}(x,z) = A(z)\left[\frac{4}{9}(u(x)-\overline{u}(x)) - \frac{1}{9}\left(d(x)-\overline{d}(x)\right)\right] \tag{19.57.3}$$

(对于虚光子与质子的散射)

其中, $A(z) = D_{\mathrm{u}}^{\pi^+}(z) - D_{\mathrm{u}}^{\pi^-}(z)$[①]. 因此, 我们预期分布 (作为 z 的函数的概率) 对所有 x 都相同. 当我们对 x 取各种值时, 我们可以在相差一个系数的意义下, 确定出

① 译者注: 原文误为 $A(z) = D_{\mathrm{u}}^{\pi^+}(x) - D_{\mathrm{u}}^{\pi^-}(z)$.

$\frac{4}{9}(u(x)-\overline{u}(x))-\frac{1}{9}\left(d(x)-\overline{d}(x)\right)$. 这正如式 (19.56.1) 那样, 但我们不必测量 z 的全空间的值来进行积分, 也不必测量其他粒子. 仅在某个方便的 z 处测量 π^+ 和 π^- 就足够了. 绝对系数可以通过两种方式确定, 要么根据求和规则式 (9.31.2), 要么通过假设: 当 $x\to 1$ 时, 只有 $u(x)$ 留存且 $\frac{4}{9}u(x)\to f^{\mathrm{ep}}(x)$, 即当 $x\to 1$ 时是已知函数. 当然, 其他信息可以从相同的中子实验中得到, (我们可以得到 $\frac{4}{9}(d-\overline{d})+\frac{1}{9}(u-\overline{u})$).

π^+ 和 π^- 的数目之和并没有给出多少关于分布的新信息, 但我们可以粗略地预测它对 x 的依赖[①]

$$D^{\pi^+}(x,z)+D^{\pi^-}(x,z)=\left(D_{\mathrm{u}}^{\pi^+}(z)+D_{\mathrm{u}}^{\pi^-}(z)\right)\left\{\frac{4}{9}(u(x)+\overline{u}(x))\right.$$
$$\left.+\frac{1}{9}\left(d(x)+\overline{d}(x)\right)+\frac{1}{9}\frac{D_{\mathrm{s}}^{\pi}}{D_{\mathrm{u}}^{\pi^+}+D_{\mathrm{u}}^{\pi^-}}(s(x)+\overline{s}(x))\right\} \quad (19.57.4)$$

花括号中的表达式与 $f^{\mathrm{ep}}(x)$ 相同, 除了最后一项的系数 ($f^{\mathrm{ep}}(x)$ 中只是 $\frac{1}{9}$). 不过, 这一项可能很小 (不仅因为质子中 s, $\overline{s}$ 应该小于 u, $\overline{u}$, 而且因为 u 的系数为 $\frac{4}{9}$, 大于 $\frac{1}{9}$), 所以 π^+ 与 π^- 的分布之和可能与 x 近似无关, 且当以 $f^{\mathrm{ep}}(x)$ 来进行归一化时只依赖于 z.

Arturo Cisneros 提出了一个假说, 下面我们会进行更详细的解释, 这个假说相当于假设在 $z=1$ 附近, 函数 $D_\alpha(z)$ 以 $(1-z)$ 的各种幂次衰减, 尤其当 $z\to 1$ 时, 函数 $D_{\mathrm{u}}^{\pi^+}$ 远大于 $D_{\overline{\mathrm{u}}}^{\pi^+}$ 和 $D_{\mathrm{s}}^{\pi^+}$. 这使得当 $z\to 1$ 时, 式 (19.57.3) 和式 (19.57.4) 的系数相等. 因此, 这意味着在这个区域, 当我们改变 x 时, 发现 π^+ 的概率是 $u(x)+\overline{d}(x)$ 的直接度量, 而发现 π^- 的概率是相同标度下 $\overline{u}(x)+d(x)$ 的度量. 这还能启发我们进一步单独确定函数 $n_\alpha(x)$. 事实上, 如果这个假说是符合事实的, 就可以通过测量虚光子与质子、中子散射后在 $z=1$ 附近的带电介子的分布函数, 来确定 $u(x)$, $\overline{u}(x)$ 等六个函数 (在整体相差一个常系数的意义下). 如果只用质子作为靶粒子, 不对中性介子进行测量, 就无法确定 $n_\alpha(x)$, 而实验上对中性介子的测量是很困难的.

我们可以对其他粒子产物进行类似处理, 例如 K 介子. 这时有六个独立的函数 $D_\alpha^{\mathrm{K}^+}(z)$, 其他函数可以通过同位旋反射或电荷共轭得到. (例如, $D_{\mathrm{u}}^{\mathrm{K}^+}=D_{\overline{\mathrm{u}}}^{\mathrm{K}^-}=D_{\mathrm{d}}^{\mathrm{K}^0}=D_{\overline{\mathrm{d}}}^{\overline{\mathrm{K}}^0}$. 同学们可以验证, 对于 ν 与质子的散射, 如果我们在给定 z 时测量向左的粒子, $N^+(z)$ 表示 K^+ 的数目, 诸如此类, 那么我们会得到以下结论: 同位旋之差取决于一个函数, 而依赖于 x 的系数与之前相同:

$$N^+-N^0+N^{\overline{0}}-N^-=\left(D_{\mathrm{u}}^+-D_{\mathrm{u}}^0+D_{\mathrm{u}}^{\overline{0}}-D_{\mathrm{u}}^-\right)(z)\left(\frac{4}{9}(u(x)-\overline{u}(x))-\frac{1}{9}\left(d(x)-\overline{d}(x)\right)\right)$$

① 译者注: 原文花括号中第三项有误, 已改正.

另一个组合 (不要求区分 K^0 和 $\overline{\mathrm{K}}^0$) 也分解成两个函数, 一个 x 的函数, 一个 z 的函数.

$$N^+ - N^0 - N^{\overline{0}} + N^- = \left(D_{\mathrm{u}}^+ + D_{\mathrm{u}}^0 + D_{\mathrm{u}}^{\overline{0}} + D_{\mathrm{u}}^-\right)(z)\left(\frac{4}{9}(u(x)+\overline{u}(x)) - \frac{1}{9}\left(d(x)+\overline{d}(x)\right)\right)$$

四者之和严格依赖于 z 的两个函数:

$$\begin{aligned} &N^+ + N^0 + N^{\overline{0}} + N^- \\ &\quad = \left(D_{\mathrm{u}}^+ + D_{\mathrm{u}}^0 + D_{\mathrm{u}}^{\overline{0}} + D_{\mathrm{u}}^-\right)\left\{\frac{4}{9}(u+\overline{u}) + \frac{1}{9}(d+\overline{d}) + \left(\frac{D_{\mathrm{s}}^+ + D_{\overline{\mathrm{s}}}^+}{D_{\mathrm{u}}^+ + D_{\mathrm{u}}^0 + D_{\mathrm{u}}^{\overline{0}} + D_{\mathrm{u}}^-}\right)\frac{1}{9}(s+\overline{s})\right\} \end{aligned}$$

但是对任意 z 值, 花括号中最后一个因子可能接近 $f^{\mathrm{ep}}(x)$. 最后, 第四个关系式包括两个函数:

$$\begin{aligned} N^+ + N^0 - N^{\overline{0}} - N^- &= \left(D_{\mathrm{u}}^+ + D_{\mathrm{u}}^0 - D_{\mathrm{u}}^{\overline{0}} - D_{\mathrm{u}}^-\right)\left[\frac{4}{9}(u-\overline{u}) + \frac{1}{9}(d-\overline{d})\right] \\ &\quad + \left(D_{\mathrm{s}}^+ - D_{\overline{\mathrm{s}}}^+\right)\frac{1}{9}\left(s(x)-\overline{s}(x)\right) \end{aligned}$$

(由于我们并未假设 SU_3 不变性, 因此超荷的测量对奇异和非奇异夸克的敏锐程度不相同).

Cisneros 的假设 $E6$ (在下面) 在这里意味着, 当 $z\to 1$ 时, 只有和 D_{u}^+ 和 D_{s}^+ 留存, 分别记为 α, β. 当 $z\to 1$ 时, 对左侧 K 介子的测量是对 u, d 函数各组合的直接度量.

K^+的数目 $=\alpha u+\beta\overline{s}$, K^0的数目 $=\alpha d+\beta\overline{s}$

K^-的数目 $=a\overline{u}+\beta s$, $\mathrm{K}^{\overline{0}}$的数目 $=\alpha\overline{d}+\beta s$

在这方面, 正如在所有情况下一样, νn 的数据提供了额外的信息, 即在上述方程中互换 $u(x)\leftrightarrow d(x)$ 和 $\overline{u}(x)\leftrightarrow\overline{d}(x)$.

我们还没有讨论向右分布, 但这里各种实验之间也有关系. 我们只提一个作为例子. Llewellyn Smith 的求和规则式 (9.33.7)①, 忽略 $\sin^2\theta_{\mathrm{C}}$ 项, 作为总截面, $f_3^{\overline{\nu}\mathrm{p}}(x) - f_3^{\nu\mathrm{p}}(x) = -6\left(f^{\mathrm{ep}}(x) - f^{\mathrm{en}}(x)\right)$ 对每个 x 都成立. 我们现在看到右边 (强子碎裂区) 的产物, 可见质子两边的产物相同, 但对于中子则不同, 所以对于 en 实验, 我们必须观察同位旋反射产物. 然后, 如果不去观察左边的产物, 那么这个关系式适用于右边任何产物的分截面.

最后, 把我们关于部分子的所有假设列成一张表, 然后注意到, $f^{\mathrm{en}}/f^{\mathrm{ep}}$ 的比值强烈表明, 当质子有一个近乎 $x=1$ 的夸克, 剩余部分的动量很小时, 则这个夸克是 u 夸克. 我们尝试用 SU_6 群表示的语言将此推广到 56 重态的任意重子, 结果表明 SU_6 只是定性而非精确定量的手段.

① 译者注: 原文误为式 (9.33.6).

<u>E5</u>. 基本的 56 重态中的重子, 它由 x 接近 1 的部分子和 x 很小的剩余部分组成的振幅, 随 x 的变化形式为 $(1-x)^\gamma$, 最小的 γ 出现在部分子是夸克的情况, 于是部分子对应 SU_3 的基础表示 ③ (不是反夸克), 剩余部分对应复共轭表示 $\overline{③}$[1], ③ 与 $\overline{③}$ 得到八重态[2].

十重态中的一个成员 Δ, 相比于八重态, 它包含一个近乎 $x=1$ 的夸克的概率小一些. 对于总截面, 我们已经讨论了这可能导致的影响. 对于产物, 当然也有影响.

我们还假设, 如果一个态是向左的纯夸克, 它有一定振幅是 z 近乎 1 的向左的重子, 这个振幅正比于重子包含一个近乎 $x=1$ 的高速同类夸克的概率. 于是对于产物有很多影响, 而且我们已经提到, 当 $x\to 1$ 时, 来自 $u(x)$ 的影响比来自所有其他部分的影响更大. 还有其他方面的影响, 例如 (Cisneros, 私人交流) $\mathrm{e}^+ + \mathrm{e}^- \to$ 强子, 因为 $\overline{u}u$ 有四倍于 $\overline{d}d$ 的概率构成 x 近乎 1 (质心处) 的质子, 因此其他任意成分构成中子的概率也是四倍关系.

如果 E5 是正确的, 我们想对介子做类似假设. 这个类似的假设是, 当一个夸克占了大部分动量时, 它将是低能夸克模型所预测的组成介子的夸克类型. 于是我们 (与 Cisneros 一致) 假定:

<u>E6</u>. 对于包含一个近乎 $x=1$ 的部分子的介子, 这个部分子是夸克 ③, 剩余部分是自旋为 1/2 的 ③, 以及有相同概率是电荷共轭的构型 (所谓电荷共轭的构型是指, 近乎 $x=1$ 的部分子是 $\overline{③}$, 而剩余部分是 ③)

我们搭建了一个很高的纸牌屋, 做了这么多基础薄弱的假设, 一个接一个, 而很多可能是错误的. (基础最薄弱的大概是 $C6$, 即间隙和强子的平台区相同, 但即使这个假设是错误的, 也不会改变任何其他假设的效力, 只是在算符表达式中, 我们将必须小心使用正确的平台区.) 尽管如此, 这已经是目前我能做的最佳猜测了, 我们可以试着当它们是有效的假设来使用.

对实验和理论的最大挑战可能是在高能碰撞中获得夸克量子数的证据. 低能夸克模型虽然很好, 但还不够, 人们总是止不住怀疑, 观察到的规律是否有某些完全不同的基础, 或者某种程度上只是偶然. 高能实验所确立的夸克模型的证据 (我们已经在很多地方指出了这些证据, 最后几讲以及更前面都提到了, 例如 Llewellyn Smith 的求和规则式 (9.33.6), $g_{1\mathrm{p}}-g_{1\mathrm{n}}$ 的自旋求和规则, 等等), 马上就能验证低能夸克模型所解释的规律的真实性. 这坚定了夸克量子数的重要性是理解高能物理的最深刻意义这一猜想.

暂时假设已经得到了这些证据, 那么接下来一个严峻的问题将是关于理论的——高

---

[1] 译者注: 剩余部分是双夸克 (diquark), 对应 ③ ⊗ ③ = $\overline{③}$ ⊕ ⑥ 中的 $\overline{③}$.

[2] 译者注: ③ ⊗ $\overline{③}$ = ① ⊕ ⑧.

能夸克和低能夸克的特点之间到底有什么关系. “部分子作为夸克” 的模型并不意味着低能模型 (也就是, 为什么涉及夸克反夸克对时, 波函数没有更复杂), 反之亦然. 目前它们的关系还不清楚. 现在开始研究这个需要一点勇气, 因为你可能会浪费时间, 也许部分子是夸克的假设将无法证实. 如果你确实开始了, 那么一个可能的出发点是, 在高速运动的系统中考虑像 $\Delta \to \mathrm{p}+\gamma$ 这样的低能矩阵元, 此时所有 (或某些) 动量的量级是 P, 所以可以使用部分子波函数 (在 Bjorken 关于 g 的求和规则中, 我们有一个这样的关系, 式 (9.33.16))

最后应当指出, 即使我们的纸牌屋幸存下来并被证明是正确的, 我们也没有因此证明了部分子的存在. 我们所有讨论的最终目的, 是为了将流作用于质子态 $J_\mu \mid \mathrm{p}\rangle$ 表示为像 $D^{\mathrm{L}}_{\alpha}E^{\mathrm{R}}(\mathrm{p}-\alpha, x)^{\mathrm{M|VAC}}$ 这样的算符的线性组合, 并产生只有出射强子的末态的结果 (对于较大的 ν, $-q^2 = 2M\nu x$). 形式地照此执行而不提及部分子, 可能会是明智的选择 (类似于 Gell-Mann 和 Fritzsch 的做法, 他们用各种量、流的对易规则来描述单举总截面的部分子结果, 并在一般意义下定义部分子 “存在” 与否).

从这个角度来看, 在搭建我们的纸牌屋时, 部分子会作为一个不必要的脚手架来使用.

另一方面, 对于预期有什么样的关系, 部分子一直是一个有用的心理指引, 如果它们继续以这种方式给出其他合理预期, 它们当然开始变得 “真实”, 或许和其他任何为描述自然而创建的理论结构一样真实.

无论如何, 我们终将看到. 有所期待, 是件好事.

附录

附录 A　夸克碎裂产物的同位旋

夸克碎裂产物的同位旋

之前的讨论 (第 56 讲) 引出了这样一个想法, 即朝一个方向运动的产物的平均总量子数表现为可加性的夸克量子数, 这是令人惊讶的, 尤其是当我们注意到, 对同位旋 3 分量成立的结论对任何其他分量也成立, 例如同位旋 1 分量或同位旋 2 分量 (当然, 实际上它们几乎无法测得). 看起来, 一个同位旋为 1/2 的对象可以用一组同位旋为 1 的

对象 (例如 π 介子) 来表示, 这在一开始似乎是不可能的, 除非我们有无数这样的对象.

因此, 我们觉得建立一个很简单的特殊数学模型, 以证明这在原则上确实可行, 是一件有趣的事情.

当我们认识到, 我们之前在数学公式方面的尝试是不完整的, 必须只能看作助记方法时 (见第 55 讲关于 D 和 E 算符的注释), 建立数学模型就显得尤为重要. 通过例子, 这个小模型可以帮助我们正确地形式化表达我们的想法.

在这个模型中, 假设夸克只带 1/2 同位旋, 强子只有由夸克反夸克对组成的同位旋为 1 的 π 介子.

假设我们从某个流湮灭 (类似于 e^+e^-, 但同位旋方向更具一般性), 开始分裂成一对夸克 Q_α, $\overline{Q}_\beta$ (α, β 是 SU_2 表示的指标, 在这个问题中保持固定) 的情况入手. 相互作用之后:

$$Q_\beta \xleftarrow{\quad -P \quad} \Big| \xrightarrow{\quad P \quad} Q_\alpha$$

附图1.1

哈密顿量作用后:N 个单态夸克对

$$\underbrace{Q_\beta \qquad Q_i}_{\pi_1} \quad \underbrace{\overline{Q}_i \qquad Q_j}_{\pi_2} \quad \overline{Q}_j \cdots Q\overline{Q} \cdots Q \quad \underbrace{\overline{Q} \qquad Q_\alpha}_{\pi_N}$$

形成的强子 (π 介子)　π_1　π_2　π_N

种类　$\boldsymbol{V}_1$　$\boldsymbol{V}_2$　$\boldsymbol{V}_N$

接下来, 哈密顿量的作用是产生在 y 空间中均匀分布的单态夸克对, 一个典型是 $Q_i\overline{Q}_i$ 对 i 进行等权遍历求和. 这种夸克对的数目 N 正比于 $\ln 2P$, 我们取为很大. (也可以假设数目服从 Poisson 分布, 平均值为 N, 等等, 但我们避免了只会混淆我们观点的复杂情况——选择 N 固定)

接下来, 假设通过一个简单的规则, 这行夸克转化为 π 介子, 即每个 π 介子由 y 空间中一对相邻夸克形成. 因此 (图中) 如果第一个新的单态对的指标为 i, 下一个对的指标为 j, 诸如此类, 那么第一个 π 是由指标为 β 的反夸克和指标为 i 的夸克形成的; 下一个 π 是由指标为 i 的反夸克和指标为 j 的夸克形成的; 诸如此类.

我们用同位旋三分量矢量 $\boldsymbol{V}$ 来描述 π 的同位旋态. 所以, 如果 π 是中性介子 π^0, 则 $\boldsymbol{V}$ 只有 z 分量, $\boldsymbol{V}=(0,0,1)$. 如果是 π^+, 则 $\boldsymbol{V}=\dfrac{1}{\sqrt{2}}(1,\mathrm{i},0)$, 等等. 指标为 γ 的反夸克和指标为 δ 的夸克形成以向量 $\boldsymbol{V}$ 描述的 π 的振幅, 正比于 2×2 矩阵 $\sigma\cdot\boldsymbol{V}$ 的 $\gamma\delta$ 矩

阵元, 记为 $\langle\gamma|\sigma\cdot\boldsymbol{V}|\delta\rangle$, 其中 σ 是 Pauli 矩阵. (我们现在考虑的是相对振幅和概率, 最后再全部归一化.)

因此, 发现同位旋分别为 $\boldsymbol{V}_1\boldsymbol{V}_2,\cdots\boldsymbol{V}_N$ 的 N 个 π 介子的总振幅为 $\mathrm{Amp}=\sum\limits_{i,j\cdots}\langle\beta|\sigma\cdot\boldsymbol{V}_1|i\rangle\langle i|\sigma\cdot\boldsymbol{V}_2|j\rangle\langle j|\sigma\cdot\boldsymbol{V}_3\cdots\sigma\cdot\boldsymbol{V}_N|\alpha\rangle$, 对 i, j 等求和是因为新发现的 $\overline{\mathrm{Q}}\mathrm{Q}$ 对处于单态. 显然有

$$\mathrm{Amp}(\boldsymbol{V}_1\cdots\boldsymbol{V}_N)=\langle\beta|(\sigma\cdot\boldsymbol{V}_1)(\sigma\cdot\boldsymbol{V}_2)\cdots(\sigma\cdot\boldsymbol{V}_N)|\alpha\rangle \tag{A.1}$$

有了振幅 (当然, 是 SU_2 不变的形式), 我们就可以提很多问题. 发现 N 个 π 介子任意构型的相对概率是振幅的模方

$$P(\boldsymbol{V}_1\cdots\boldsymbol{V}_N)=\mathrm{Tr}\left[\rho_\beta(\sigma\cdot\boldsymbol{V}_1)(\sigma\cdot\boldsymbol{V}_2)\cdots(\sigma\cdot\boldsymbol{V}_N)\rho_\alpha(\sigma\cdot\boldsymbol{V}_N^*)\cdots(\sigma\cdot\boldsymbol{V}_2^*)(\sigma\cdot\boldsymbol{V}_1^*)\right] \tag{A.2}$$

其中, ρ_α, ρ_β 是对应于态的 2×2 密度矩阵, $\rho_\alpha=a+\sigma\cdot\boldsymbol{A}$, $\rho_\beta=b+\sigma\cdot\boldsymbol{B}$. 对于态 $|\alpha\rangle$, $\rho_\alpha=|\alpha\rangle\langle\alpha|$; 例如, 如果 α 是 z 方向上的 1/2, $|\alpha\rangle=\begin{pmatrix}1\\0\end{pmatrix}$, 则 $\rho_\alpha=\begin{pmatrix}1&0\\0&0\end{pmatrix}=\dfrac{1}{2}+\dfrac{1}{2}\sigma_z$.

因此, 在这种情况下, $a=1/2$, $A_z=1/2$, $A_x=0$, $A_y=0$. 如果 α 是同位旋沿某个单位矢量方向的态, 那么 $\boldsymbol{A}/a$ 就是这个单位向量. 同位旋 z 分量的期望值显然是 $A_z/2a$.

现在, 假设我们观察有限个 π 介子的同位旋性质, 对其他 π 介子的特征求和. 事实上, 我们将处理两种情况: 对所有其他介子求和以实现概率的归一化, 以及对所有其他介子求和但有一个除外, 就仿佛我们研究的是产物 π 介子的数目 k 加上其他东西. 不管是哪一种情况, 对未观察到的 π 的求和, 都意味着对 V 的 3 个垂直分量的求和, 记为 $\sum\limits_V$ (即 $\sum\limits_V(A\cdot V)(B\cdot V)=A\cdot B$). 此处我们需要公式

$$\sum_V(\sigma\cdot\boldsymbol{V}^*)(a+\sigma\cdot\boldsymbol{B})(\sigma\cdot\boldsymbol{V})=3a-\sigma\cdot\boldsymbol{B} \tag{A.3}$$

这很容易证明.

现在来找出归一化因子, $\eta=\sum_{V_1V_2\cdots V_N}P(V_1\cdots V_N)$. 在对 V_1 求和时, 通过式 (A3), 将 ρ_β 从 $b+\sigma\cdot\boldsymbol{B}$ 转换为 $3b-\sigma\cdot\boldsymbol{B}$. 接下来对 V_2 求和时, 转换为 $3^2b+\sigma\cdot\boldsymbol{B}$. 依次下去, 到第 N 项时, 转化为 $3^Nb+(-1)^N\sigma\cdot\boldsymbol{B}$, 与 ρ_α 一起求迹给出 (设 $\mathrm{tr}(1)=1$)

$$\eta=3^Nab+(-1)^N(\boldsymbol{A}\cdot\boldsymbol{B}) \tag{A.4}$$

对于较大的 N, 这几乎就等于 3^Nab, 所以我们将除以它得到归一化的概率. 因此, 第 k 个 π 介子是 V_k 型的归一化概率为

$$P_k(V_k)\ =\ \frac{1}{3^Nab}\sum_{V_1\cdots V_N,\text{除了}V_k}\mathrm{Tr}\Big[\rho_\beta(\sigma\cdot\boldsymbol{V}_1)\cdots(\sigma\cdot\boldsymbol{V}_k)\cdots$$

$$(\sigma\cdot\boldsymbol{V}_N)\rho_\alpha(\sigma\cdot\boldsymbol{V}_N^*)\cdots(\sigma\cdot\boldsymbol{V}_k^*)\cdots(\sigma\cdot\boldsymbol{V}_1^*)^{①}\Big]$$

现在同样地, 我们可以对 $\boldsymbol{V}_1,\boldsymbol{V}_2$ 直到 $\boldsymbol{V}_{k-1}$ 求和, 将 ρ_β 转换为 $3^{k-1}b+(-1)^{k-1}(\sigma\cdot\boldsymbol{B})$; 也可以通过类似的方式, 先对 $\boldsymbol{V}_N$, 再对 $\boldsymbol{V}_{N-1}$ 等, 直到对 $\boldsymbol{V}_{k+1}$ 求和, 将 ρ_α 转换为 $3^{N-k}a+(-1)^{N-k}(\sigma\cdot\boldsymbol{A})$. 于是净得 (约定 $\mathrm{tr}(1)=1$):

$$P_k(V_k)=\frac{1}{3}\mathrm{Tr}\left[\left(1+\left(-\frac{1}{3}\right)^{k-1}\frac{\sigma\cdot\boldsymbol{B}}{b}\right)(\sigma\cdot\boldsymbol{V}_k)\left(1+\left(-\frac{1}{3}\right)^{N-k}\frac{\sigma\cdot\boldsymbol{A}}{a}\right)(\sigma\cdot\boldsymbol{V}_k^*)\right] \quad (A.5)$$

现在, 任何关于单粒子分布函数的问题都可以从中得到答案. 例如, 对 $\boldsymbol{V}_k$ 的所有可能求和并核实归一化 (N 较大时).

第 k 个 π 介子为 π^+ 的平均概率 $P_k^{\pi^+}$, 可以在式 (A5) 中令 $\sigma\cdot\boldsymbol{V}=\frac{1}{\sqrt{2}}(\sigma_x+\mathrm{i}\sigma_y)$ 来得到. 若为 π^-, 则令 $\sigma\cdot\boldsymbol{V}=\frac{1}{\sqrt{2}}(\sigma_x-\mathrm{i}\sigma_y)$. 因此, 第 k 个强子的平均同位旋为 $P_k^{\pi^+}-P_k^{\pi^-}$, 等于一个类似于式 (A5) 的项, 只是用 $-\mathrm{i}\sigma_x\cdots\sigma_y$ 加 $\mathrm{i}\sigma_y\cdots\sigma_x$ 替换 $\sigma\cdot\boldsymbol{V}_k\cdots\sigma\cdot\boldsymbol{V}_k^*$. 首先注意到, 如果只使用来自 ρ_α 的项, 这等于 $2\sigma_z$, 于是给出 $\frac{2}{3}\left(-\frac{1}{3}\right)^{k-1}B_z/b$. 同样地, 只有当 σ 沿 z 方向, $\sigma\cdot\boldsymbol{A}$ 中的项才有贡献. 我们得到

$$P_k^{\pi^+}-P_k^{\pi^-}=\frac{2}{3}\left(-\frac{1}{3}\right)^{k-1}\frac{B_z}{b}+\frac{2}{3}\left(-\frac{1}{3}\right)^{N-k}\frac{A_z}{a} \quad (A.6)$$

这个结果证实了我们所有的预期. 首先, 如果 k 在平台区的中间, 量级为 $N/2$, 而不是接近两端, 那么 $P^{\pi^+}-P^{\pi^-}\sim\left(\frac{1}{3}\right)^{N/2}$ 非常小. 从而, 平台区变成同位旋中性. 只有当 k 较小 (即靠近 β 端) 或接近 N (即靠近 α 端), $P_k^{\pi^+}-P_k^{\pi^-}$ 才能不那么小. 在前一种情况下, 如果 k 值有限, 靠近 β 端, 忽略量级为 3^{-N} 的项, 我们可以得到

$$P_k^{\pi^+}-P_k^{\pi^-}=\frac{2}{3}\left(-\frac{1}{3}\right)^{k-1}\frac{B_z}{b} \quad (A.7)$$

这个结果只依赖于 β 那一端的夸克, 实际上 (当 $N\to\infty$) 完全不依赖于另一端的夸克. (显然, 对于接近 N 的 k, 我们会得到完全相反的结果.)

最后, 左边所有 π 介子的总同位旋 z 分量的量子数是

$$\sum_k(P_k^{\pi^+}-P_k^{\pi^-})=\sum_{k=1}\frac{2}{3}\left(-\frac{1}{3}\right)^{k-1}\frac{B_z}{b}=\frac{1}{2}\frac{B_z}{b}$$

即向左运动的夸克的 z 分量量子数! k 的求和范围取为从 $k=1$ 到接近 $N/2$, 只计向左运动的, α 依赖项的贡献仅为 $3^{-N/2}$ 量级, 它们的求和也是这个量级; 就仿佛我们对

① 译者注: 原文公式有误, 已改正.

上面的左项求和到无穷大. 很明显, 结果对我们在平台上打住的确切位置并不敏感, 只需要我们在远离两端的某点上停止对 k 的求和即可.

(有人可能会进一步注意到, 忽略 3^{-N} 时, $P_k^{\pi^+}+P_k^{\pi^-}-2P_k^{\pi^0}$ 对每个 k 都等于零. 这个结果源自夸克的总同位旋为 1/2 而没有更高. 这推广到真实情况, 原则上可以成为对部分子同位旋特征的检验, 我们将证明留给读者. 如果向左运动的来自单个部分子 (任意种类或叠加), 并且如果部分子的同位旋是 0 或 1/2, 那么 $N_{(z)}^{\pi^+}+N_{(x)}^{\pi^-}-2N_{(z)}^{\pi^0}$ 对左边的任意 z 都等于零.)

附录 B　部分子作为夸克的检验

部分子作为夸克的检验

根据 J. D. Bjorken 的工作, 我们注意到, 可以用已知量对中微子和反中微子的截面之和给出相当接近的预测. 因为这些总截面的测量, 是对夸克量子数的最简单的检验, 我们在这里给出分析.

我们以 $Gs/2\pi$ 为所有截面的度量单位, 其中, G 是费米常数, s 是质心能量的平方. 于是对于核子, 我们的单位是 GEM/π, 其中, E 是实验室能量.

中微子与自旋为 1/2 的粒子的总截面是 2. 如果是反粒子, 则为 2/3. 因此中微子与质子的截面为

$$\sigma^{\nu\mathrm{p}}=2\int_0^1 x\left(d+\frac{1}{3}\overline{u}\right)\mathrm{d}x,$$

因子 x 的出现是因为截面随 s 变化. 对于中子, 我们用 u 替代 d, 诸如此类, 因此中微子与核子的平均截面是

$$\sigma=\frac{1}{2}(\sigma^{\nu\mathrm{p}}+\sigma^{\nu\mathrm{n}})=\int_0^1 x\left(d+u+\frac{1}{3}(\overline{d}+\overline{u})\right)\mathrm{d}x$$

反中微子与核子的平均截面是

$$\overline{\sigma}=\frac{1}{2}(\sigma^{\overline{\nu}\mathrm{p}}+\sigma^{\overline{\nu}\mathrm{n}})=\int_0^1 x\left(\overline{d}+\overline{u}+\frac{1}{3}(d+u)\right)\mathrm{d}x$$

由于 $\overline{d}$, $\overline{u}$ 是正的, 但毫无疑问小于 d, u, 所以我们看到, $\overline{\sigma}/\sigma$ 一定远小于 1, 但大于 1/3.

二者之和为

$$\sigma+\overline{\sigma}=\frac{4}{3}\int_0^1 x(u+\overline{u}+d+\overline{d})\mathrm{d}x$$

然而, 将式 (9.31.3) 与式 (9.31.4) 相加并积分, 我们得到

$$\int_0^1 x(f^{\mathrm{ep}}+f^{\mathrm{en}})\mathrm{d}x=\frac{5}{9}\int_0^1 x(u+\overline{u}+d+\overline{d})\mathrm{d}x+\frac{2}{9}\int_0^1 x(s+\overline{s})\mathrm{d}x$$

实验上这个积分是 0.31, 所以如果我们忽略积分 $\int x(s+\overline{s})\mathrm{d}x$, 则有 $\sigma+\overline{\sigma}=\frac{4}{3}\cdot\frac{9}{5}\cdot(0.31)=0.74$. 但是 $s+\overline{s}$ 当然必定小于 $u+\overline{u}$ 和 $d+\overline{d}$, 以 x 加权时, 当然小得更多了. 计入最后一项也很难产生 10% 以上的影响. 因此, 我们对部分子夸克模型有一个非常严格的检验: $\sigma+\overline{\sigma}$ 不能超过 0.74, 但也几乎必定不能低于 0.74 达 10% 以上.

也可以分别计算 $\sigma^{\nu\mathrm{p}}+\sigma^{\overline{\nu}\mathrm{p}}$ 和 $\sigma^{\nu\mathrm{n}}+\sigma^{\overline{\nu}\mathrm{n}}$ 的上限 (f^{ep} 和 f^{en} 使用其他比例); 它们分别为 0.64 和 0.84.

这些估算数值必须有几个百分点的修正, 因为我们忽略了 $\sin^2\theta_{\mathrm{c}}$. 当然, 它们只在渐近能量下有效, 不过李政道指出, 电子数据表明, 这应该只有几个 GeV.